心理学术语力

杨眉 著

GUANGXI NORMAL UNIVERSITY PRESS
广西师范大学出版社
·桂林·

XINLIXUE SHUYU LI
心理学术语力

图书在版编目（CIP）数据

心理学术语力 / 杨眉著. --桂林：广西师范大学出版社，2022.11
ISBN 978-7-5598-5327-1

Ⅰ. ①心… Ⅱ. ①杨… Ⅲ. ①心理学－通俗读物 Ⅳ. ①B84-49

中国版本图书馆 CIP 数据核字（2022）第 157407 号

广西师范大学出版社出版发行
（广西桂林市五里店路 9 号　邮政编码：541004
网址：http://www.bbtpress.com）
出版人：黄轩庄
全国新华书店经销
广西民族印刷包装集团有限公司印刷
（南宁市高新区高新三路 1 号　邮政编码：530007）
开本：880 mm × 1 240 mm　1/32
印张：15.75　图：4 幅　字数：326 千字
2022 年 11 月第 1 版　2022 年 11 月第 1 次印刷
定价：78.00 元

如发现印装质量问题，影响阅读，请与出版社发行部门联系调换。

第三版序言：术语就是力量

这学期在北师大课堂上，一位同学与大家分享了另一位老师说的一句话，大意是如果人生可以倒着活，也就是从老活到小，那样的人生会更好。我猜这位老师也许是把“老”作为一种知识和智慧的象征，因此倒着活不仅可以省去很多人生缺憾甚至人生至悔，而且可以更充分地实现生命的潜能，并懂得在此时此地去体验生命的意义、价值和幸福。

虽然这不现实也不合逻辑（“老”并不必然意味着知识和智慧，而且有智慧的“老”也是要在时间的积累和个人的努力中才能够实现的），但我们可以把“倒着活”当作一个象征。

因此，现实中“倒着活”其实是可行的，而且这个方法并不难，那就是站在巨人的肩上，尽可能汲取古今中外经典中的精华，并知行合一、坐言起行，将其用于自己的生活实践中。

每个人成长中亲自试错的成本太高、耗能太大，为了少走弯路，应多走属于正道的捷径，我们只需要懂得主动去学习、思考和实践前人的精神遗产，然后做出新的综合（创造）就可以活出更多的精彩。所以，“倒着活”是完全可行的。

在我看来，具备“术语力”就是“倒着活”的重要方法之一。

这里的“术语力”是我生造的一个词。我的依据是：任何一门学科都是一个概念或术语系统，因此，对任何一门学科的掌握都可以体现在对其术语系统的掌握中。所以，培根那句众人皆知的名言“知识就是力量”，如果从操作的角度上看，可以换作“术语就是力量”。

我从 1985 年开始给非心理学专业的学生讲“健康人格心理学”[1]选修课以来，一直在努力寻找最合适的心理学科普方法。以弗洛伊德为例，我是在经历了十轮教学之后，才找到了向普通大学生教授弗洛伊德的方法，才知道该如何把弗洛伊德等心理学家思想中符合公众自助的方法介绍给同学们。又过了一段时间，大约在 20 年前，我才真正找到用心理学术语科普心理学常识的方法。然后就有了这本书的第一版《送你一座玫瑰园——能有效提升生活质量的心理学术语》。

西方心理学界有一个说法：“每个人都是一个通俗心理学家。”这句话有两层含义：一是人们在日常生活中会总结出一些有助于解决问题的有益的心理学思想；二是这些流行的朴素心理学思想大多数只是个人经验，无法推广到其他人的生活中。

大家做了这么多年的通俗心理学家，现在就需要这些术语帮我们把自己的生活经验甚至是生活智慧分门别类、对号入座，将其提升到理论的水平，而理论是有后劲的，不仅可以帮我们极大提升生活质量和幸福感，还可以作为精神遗产传递给下一代。

1　我 1985 年讲授这门课的时候，用的是“个性心理学”（Personality Psychology）这种译法，后更名为“人格心理学”。1996 年以后，根据课程内容，又将其更名为积极心理学取向的“健康人格心理学”。（本书脚注若无特别说明，则均为作者注）

此外，虽然科学心理学诞生于西方，但是心理学思想却是与人同在的，有人的地方就有心理学思想。尤其就应用心理学而言，我们这些通俗心理学家与科学心理学的距离没有想象中那么遥远。因为，很多心理学术语是我们“日用而不知”的，比如习惯、性格、能力、情绪、安抚等；有的术语也非常友好，比如需要、潜能、自我调节、自愈和原生家庭等，是稍加思索就可以大致理解的；另外还有一些术语仅仅从其字面意思来看就是很有冲击力的理念，比如问题解决、发展任务和自我心理防御机制等。

当然，我们的理解与心理学理论之间还是存在距离的，甚至是存在误解的；还有一部分术语是我们完全不知道的，而所有这一切都是心理学科普所要做的工作。

为了让大家对这些术语有更深刻的印象，这里还要从心理科学的角度简单介绍一下这些术语的前世今生。[1]大部分术语的“前世”就是人们日用而不知的那部分。例如 24 个优势性格，平时我们都在用，也许用了几千年，但是以塞利格曼和彼得森为核心的团队用 3 年多的时间实证后，它们才能够齐步走入心理学词典，这个时间还不足 20 年。还有小部分术语是心理学家自己的发现，比如自我心理防御机制中的那十多个术语，先是弗洛伊德顶着无数压力在我们看不见摸不着的无意识层面发现了它们，并用了很长时间去捍卫它们；之后，他的女儿安娜·弗洛伊德接力，发现了更多的自我防

---

1 我的个人观点，有些心理学思想未必一定要经过实证才可以被称作科学，但是目前的趋势如此。特此说明。

御机制；接着，又有神经心理学家对无意识及其压抑说（防御机制的基础概念）做了验证。再如加德纳提出的多元智能这个概念，其发现和实证过程虽然没有那么艰难，但前后却也经历了近 20 年的时间才得以完善。

所以，所有这些术语都来之不易，都值得我们去珍惜。而我们能够向它们致敬的最重要方式就是：在生活中运用它们，用它们提升我们的个人成长和生活质量，借它们站在巨人的肩上，更好地走向自己的未来。

这几年，网上流行过一句话："听过很多道理，依然过不好这一生。"我的回答是："谁告诉你仅仅知道了道理，就可以过好这一生？！"我还听学生说过一句话："我有职业同一性，我热爱我的专业，可是有些课太难，让我非常不快乐。"我的回答是："谁告诉你，做自己喜欢的事情，就一定全都是欢喜？就好比高考，大家都喜欢上大学，而且是上好大学，可是有多少人会喜欢为上大学而付出的辛苦？"

这里的关键是行动，是知行合一，是坐言起行。

下面简单介绍这本书的使用方法。

这本书是以术语方式科普心理学概念的。任何学科都是一个术语系统。我在教学中总结出用术语做心理教育的经验，后来又将其用到科普著作中。一个术语就是一个小理论，它们可以帮助我们站在前人的肩上，让我们少走很多弯路，多走很多健康的捷径。这是帮助我们节能成长的重要方法。

所以，这本书需要跳着读、翻着读，具体来说，就是你拿起这本书后，先随便翻阅，看到哪一个术语，打动了你，你就停下来细读。读一章，了解一章的主要心理学概念，然后就做一章的练习。一周之后，再翻着读第二章，也许读到一定章节后，我们可以一周内读两章，并且做两套练习题。这样大约需要 3 个月或更多时间读完这本书。如果你真的记住了这些术语中的大部分，并认真做了大部分练习题，那么，就可以少走很多弯路，并发现很多捷径，我将其称为：**节能成长**。

这本书就以这样的方式呈现给大家，我只负责上半场，下半场则要诚邀各位接力了。

行动！如果没有行动，一切都只是纸上谈兵，而因此过不好自己的生活，就是毫无悬念的必然了。

所以，本书只适用于行动力强的人。

谢谢，谢谢你们阅读这本书，谢谢你们开启了探索自我内心玫瑰园的历程。谢谢你们的参与，使这些来之不易的术语能够实现它们的价值，也使这本书得以完成它来到这个世界的使命。

再次由衷感谢各位的参与！

2021 年 11 月 2 日

于北京滴水斋

第二版序言： 选择健康，选择幸福！

这本书的第一版有个看起来有点奇怪的书名《送你一座玫瑰园——能有效提升生活质量的心理学术语》。

为什么会用这样一个书名？大家可以去看我的第一版序言，这个书名其实是受另外一本书的启发，同时也因为我在自己的咨询实践中发现，很多人的心理问题不仅都是一过性的，而且他们自身都拥有非常奇特的自我调节、自我修复、自我痊愈和自我成长的天赋潜能，它们是那样的迷人和美丽，就如同大自然在我们心中安放的一座美丽无比的玫瑰园。发现它，珍惜它，浇灌它，培育它，让它花开满园，这不仅是我们做人的权利，也是我们做人的责任。

现在这本书的第二版更名为《心理关键词影响你的一生》，这是花城出版社余红梅编辑提议的，她为了让这本书能够被更多人注意到，做了大量的市场调查，决定为此书第二版更名。后来经过我们多次讨论，确定了现在的书名。虽然我一直非常喜欢此书第一版的书名，但是我知道，现在这个书名将更醒目、更容易被读者接受。

说心理关键词（准确说是“心理学术语”）可以影响人的一生，一点也不过分。

说起来，这个世界的所有学科都与人有关，因此都会对人的一生产生或多或少的影响。比如哲学、文学、历史、医学、生物学，还有数学和物理学等等。但是，在所有学科中，与人心灵关系最密切、最能直接影响人、最具有可操作性的，当属心理学。

很多人认为，一个人的生活质量和幸福感与其所经历的事情相关，尤其是早年有过不幸经历的人，就更与幸福无缘。其实不然，经历虽然无比重要，但是为什么我们周围有着同样遭遇的人却可以有那么不同的生活质量和幸福感？比如同样是残疾人，张海迪的生活质量与幸福感为什么会比绝大多数残疾人甚至比绝大多数身体健全的人都高？

这当中的奥秘就在于：再决定。

“再决定”是心理学中的一个术语。我们都知道，很多人，包括心理学家都强调童年经历的重要性，但是“再决定说”认为：无论一个人有过怎样不幸的童年，一个成年人都可以通过再决定而改变自己的命运。同理，无论一个人当前有什么样的不幸经历，他都可以通过再决定去改变自己的命运。就如中国古话中的“浪子回头金不换”，浪子选择回头，从此成为极为难得的贤人。

我们可以选择做一个永远躺在自己不幸经历里的人，也可以选择做一个从此不再以不幸经历为借口的人。

按照再决定理论，每个人都应该有第二次、第三次甚至更多的机会，而这个机会是可以自己给自己的！

为了促进公众的心理健康，为了增进公众的生活质量与幸福感，为了帮助大家做出符合自己持续发展的再决定，我以术语罗列的形式写成这本心理学科普小册子。一个术语就是一个集装箱，一个术语就是一个小理论库，用与不用，效率会大不一样。我在这本书里选取的术语，是我在27年的咨询与教学经历中所发现的与人息息相关并且与再决定关系最为密切的心理关键词。它集中了生活中抽象出的智慧，用它指导我们的再决定，会使我们的生活质量和幸福感得到极大提升。

在咨询与教学中，我发现，由于多重原因，大多数人都未能发现并且发掘自身的天赋潜能，这导致很多闪光点被埋没，同时被埋没的，还有人的生活质量与幸福感。

心理健康、生活质量、幸福感、持续发展、个人成长、自我实现、自我超越等等，所有这一切迷人的生活现实，都可以借由我们的再决定实现。作为本书的作者，我由衷希望：读过这本书后，能够激起大家再决定的愿望，而我所提供的每一个心理关键词，都可以成为我们再决定时的工具，可以帮助我们在再决定的道路上少走弯路。

每分每秒，我们都可以选择自己的新生。

此时此刻，我们就可以开始自己新的选择。

我们的生活质量与幸福感，由我们做主！

2010年6月30日

于北京滴水斋

第一版序言：我承诺送你一座玫瑰园

书名的灵感来自琼妮·格瑞伯（Joanne Greenberg）的一本自传体小说 *I Never Promised You a Rose Garden*[1]。琼妮·格瑞伯少年时因精神分裂症而接受心理治疗，幸遇坚信心理治疗同样适用于精神分裂症的医生菲妲·芳瑞曼，16 岁的少女琼妮在芳瑞曼医生那著名的栗色小屋中接受了整整 3 年的心理治疗，终于重返社会，成为当时精神分裂症被心理治疗治愈的罕见个案之一[2]。再后来，她上大学、结婚、生子，写了许多书，其中一本便是 *I Never Promised You a Rose Garden*。

那是 1950 年的事，也就是在那个时候，抗精神病药物开始用于临床，并为治疗精神疾病做出了巨大的贡献。

芳瑞曼医生的谈话疗法在精神病治疗上的局限性，以及当时社会对精神病人存在的巨大歧视，使琼妮决定以写书的方式与精神病

---

1 此书第一版出版于 1964 年，作者杨眉将书名译为《我从未承诺给你一座玫瑰园》。——编者注

2 琼妮的个案十分独特，是在抗精神病药物产生之前发生的。目前对精神分裂症的标准治疗方式是：先对病患实施药物治疗，在病患的阳性症状被控制后，辅以心理治疗，以帮助病患恢复其社会功能。

人的污名化标签做抗争，去改变当时社会精神病人被妖魔化的现象。与此同时，也让人们了解精神病人是很有勇气的，他们通过自身的遭遇对精神健康有比常人更多的理解、欣赏和贡献。但是琼妮也知道，以她个人微薄的力量，要想改变整个社会对精神病人的误解甚至歧视是非常难的，因此，她在一开始就坦然宣布：“我从未承诺给你一座玫瑰园。”

但是，你眼前这本书的情况不一样。因为这本书是写给基本正常的人群的，是为了帮助正常人具备基本的心理保健常识和方法。

首先，我的来访者绝大多数都是心理基本健康的人，他们只是在人生的一些重大事件和某个时期有所困扰，由于缺乏有效的自助方法，产生了一般性的心理问题，所以暂时处于心理“亚健康”状态。而当他们意识到自己的问题，开始调动自身调节力后，通常不仅能够有效处理自己当时面临的困境，而且能获得成长的意识和方法。

其次，刚开始做咨询时，我眼里看到的都是问题，但是随着时间的推移，我发现，很多人的问题，不仅都是一过性的，而且他们自身都拥有非常奇特的自我调节、修复、痊愈和成长的天赋潜能。只是由于每个人对其发现与发掘的不同，会出现不同的道路和结果。至于心理问题本身，则常常是生命向我们示警和求助的信号。例如：焦虑是我们面临难题的信号，恐惧是我们面临危险时机体对我们发出的信号。

再者，自我从 1984 年开始做心理咨询以来，这 20 多年，我已经做了近 3000 例心理咨询个案和 20 多例心理治疗个案，其中时间最长的一个心理治疗个案做了 105 次。因而，我总结出的经验以及我所发现的人的巨大自调节潜能和成长能力是有一定的普遍意义的。

所以，与孤军奋战的琼妮不一样，我敢于做出我的承诺。如今看来，每个人心中都存在着一座美丽的玫瑰园，只是和一般基本正常的人相比，精神病患者和他们的亲人只是暂时处于被其阳性症状缠绕与蒙蔽的状态，因而完全无暇顾及自身的美丽。当然，怎样发现并发掘他们内心的玫瑰园，那应该是另一本书的内容……

世界卫生组织（WHO）提出："21 世纪不应该继续以疾病为主要研究对象，而应该把人的健康作为医学的研究方向。"

向心理健康者做心理学知识的科普，让人们具备基本的自我心理保健意识和方法，让人们因为了解自己、发现自己、把握自己和实现自己而感觉快乐和幸福，是我写此书的初衷，现在更成为我的志向。

此外，由于工作的缘故，我得以在有限的时空见识并体验千百种人的人生。这不仅使我在成长的过程中避免了走许多弯路，而且使我较早地发现了自己心中的玫瑰园。因此，我今天所拥有的自我认识与把握已不再是我的个人财富，我愿以文字的形式与大家分享。

其实，世界上的所有学科都在帮助人增进自我认识。只是心理学与其他学科的区别在于：它不仅在宏观与微观上加深着人的自我认识，也提炼出了许多可以操作的方法。

了解自己是预测和把握自己的前提，但是，人不可能也没必要完全了解自己。所以，我只选取了咨询中我所发现的 20 多个与人的心理保健和健康发展有关的心理学术语，加上其所涉及的概念，总共有大约不到 100 个心理学术语。

我以术语罗列的形式写成这本心理学科普读物，是因为任何一门学科都是一个术语系统，每一个术语都是一个高度概括的小理论，掌握术语对了解一门学科有着至关重要的作用，而掌握心理学中有关人自身认识和调节的术语，对促进我们的心理卫生水平，提高我们的成长能力、生活质量与幸福感，有着至关重要的作用。

我以客观描述的方式把我所观察到的人们所拥有的那些关乎心理健康和生活质量的心理学知识以概念形式罗列出来，并以随笔文体写成科普作品，剩下的就要靠读者自己去完成了。

我的观点是：一个人在了解了自己所具备的特点和内在资源，并知道大自然赋予了自己多么奇妙的成长功能后，就会充满激情地走上实现自我的道路。

其实，尽管本书内容有近 3000 人的咨询个案与 20 多人的治疗个案做支撑，我对人的了解仍然极为有限。因为大自然实在太神奇，它创造了人类，让人们有基本相似的外形，有一些可以共同归为大类的特点，以使我们在这个世界上不会孤独。但它同时又让每一个人成为独一无二的个体，成为一个永远不会被淹没在茫茫人海中的独特存在。上千个咨询个案的积累只让我简单了解了大自然在我们人类身上所做的前半部分工作，使我总结、归纳、提升了一些一般规律，而对于每一个个体，我仍然所知甚少，而且以后也未必能知道更多。

对每一个个体的了解与开发，原是大自然赋予我们每个人的权利。

在这个世界上，没有人比我们自己更有条件了解我们自己，没有人比我们自己更有愿望了解我们自己，也没有人比我们自己更有责任认识我们自己。

我能做的，只是让你知道：大自然在我们每个人心中安放了一座美丽无比的玫瑰园。

发现它，珍惜它，浇灌它，培育它，终会看到花开满园。这不仅是我们做人的权利，也是我们做人的责任。

因此，正是在这个意义上，我兑现着我的承诺：

送你一座玫瑰园！

2005 年

于北京滴水斋

目录

01 第三版序言：术语就是力量

06 第二版序言：选择健康，选择幸福！

09 第一版序言：我承诺送你一座玫瑰园

上编：自我认识与认识他人

003 **你了解自己有多深，你的路就有可能走多远**

——术语一：自我觉察

自我觉察是指人们对自己的躯体、情绪、行为和态度反应的及时识别，从而快速区分这些反应背后的需要和动机（是什么和为什么）。及时的自我觉察，导向准确的自我认识和高效的自我管理。

029 练习一：了解自己身体感觉的基线

030 练习二：了解自己产生负性情绪时的身体反应

031 练习三：了解自己产生正性情绪时的身体反应

032 练习四：在现实的苦恼与快乐发生时做自我觉察和认识

033 练习五：自我认识

036 **你了解并且满足自己的需要了吗？——术语二：需要**

若从“需要”的角度为心理健康下定义，那么心理健康就是：不仅能以建设性方式满足自身的需要，而且还知道在满足自己需要的同时照顾他人的需要。

076 练习一：请按马斯洛需求层次理论确认自己当前占主要地位的需要

077 练习二：找到自身需要受挫的原因并努力提高满足需要的能力

079 练习三：你能区分自己的需要和想要吗？

081 练习四：学习用建设性方式满足自己的需要和合理愿望

084 **我们的情绪，我们的朋友——术语三：情绪**

情绪是人脑的高级功能，是人类生存适应的心理工具。由于它的存在，人类才得以延续生命并享受生活的美好。情绪的发生、发展有自己的规律。情绪总是在不断变化的。情绪就像海潮，有潮涨就有潮落。

101 练习一：解构情绪

102 练习二：让快乐成为一种习惯

104 练习三：在头脑中建一个秘密花园

106 练习四：愤怒管理

111 练习五：情绪表达练习

115 **你可知你拥有可以无限发展的潜能？——术语四：潜能**

人的能力分为显能和潜能。显能是已经显示出的能力，而潜能是人尚未表现出来且自己尚未意识到的，但有可能在将来显现的能力。潜能存在于我们每个人身上，它正静静地、耐心地等待着我们去发现、去开发，并将其变为显能。

125 练习一：对自身潜能的发现与认识

126 练习二：用多元智能框架去发现自己的优势潜能

128 练习三：在开放的试错与排错中发现自己的新潜能

131 **你可知大自然为你安排的发展任务？——术语五：发展任务**

大自然给不同年龄段的人安排了不同的身心成长目标，或者说是发展任务。很多心理学家致力于破解造化设置的人生发展之谜，他们中很多人因此有了许多伟大的发现与建树。

175 练习一：给青少年期与中年期的人：假如你只剩下三个月的时间

176 练习二：你到底想要什么？为什么？

178 练习三：你希望身后别人如何评价你？

180 练习四：确立健康的生活方式

181 练习五：中老年人的终活练习

183 练习六：年轻人如何协助老人做“生命整合纪念册”？

185 **你了解自己所具备的心理防御功能吗？——术语六：自我心理防御机制**

西格蒙德·弗洛伊德和他的女儿安娜·弗洛伊德认为，协调个体生命的最基本原则便是降低焦虑与不快。因此，每当人在遇到挫折、感觉焦虑时，便会在无意识中迅速调动自我防御机制，以否认或歪曲现实的方式，协调本我、超我与现实的关系，从而降低焦虑，并发展出自我心理防御机制这样一种无意识的生存策略。

226　练习一：认识自己的“三我”
228　练习二：学习与自己的本我友好相处
231　练习三：学习与自己的超我友好相处
234　练习四：学习更全面地理解他人

236　**你要提防你自己——术语七：暗影**

暗影是新精神分析家卡尔·古斯塔夫·荣格提出的一个概念，指的是人类精神中最隐蔽、最深奥的部分，其中包括了人性中最糟糕的方面，也包含了人性中最有生命力和创造力的方面。暗影是我们从动物祖先身上遗传来的、具有一切动物本能的集体无意识的组成部分。

248　练习一：了解自己人性中的弱点及其造成的麻烦
248　练习二：学习避开他人的暗影
250　练习三：确立自己的底线
251　练习四：养成慎独的习惯

中编：自我接纳与接纳他人

255　**自我接纳一小步，走向自信一大步**
——术语八、九、十：自信、自我接纳与自我效能

自信是一种对自己和世界的积极感觉与信念。相信自己有力量和能力解决人生中的诸问题并取得成功，而且也相信别人信任并尊重自己。自信以自我接纳为起点，以提升自我效能为目标。

268 练习一：自我接纳宣言

270 练习二：学习喜欢并且关爱自己

271 练习三：学习接纳别人

272 练习四：提高自我效能

274 **善解人意是一粒和谐的种子——术语十一：共情**

共情是一种能设身处地替他人着想的态度和能力。共情与人际关系、工作关系、家庭关系以及个人的心态等都有十分密切的联系。对于一切与人打交道的工作，如教师、医生、警察、心理治疗师和人事部门等，共情的态度和能力则是刚需。咨询中，我见过太多因缺乏共情而造成人际问题和心理问题的案例了。

289 练习一：感受性增强训练

292 练习二：提高对他人的理解力

297 练习三：学会倾听

302 **人际关系中的维生素——术语十二：安抚**

通俗地说，安抚这个概念就是其字面所表达的意思，包括物质安抚和精神安抚。不同的是，在美国心理学家艾瑞克·伯恩之前，很少有心理治疗家把安抚的重要性上升到如此高度："人们需要得到他人的注意或说安抚才能够生存。"在他看来，在这个由人组成的世界上，我们每天所进行的不过就是安抚的交换而已。

316 练习一：回顾自己得到的安抚

318 练习二：学习高质量的自我安抚

319 练习三：学习回报自己得到的安抚

319 练习四：学习主动给予他人安抚

下编：自我成长以及与他人共同成长

323 好习惯收获好命运 ——术语十三：习惯

为了帮助那些在后天环境中迷失方向的人重新找回自我，造化让我们拥有了一种可以在后天通过学习而具备的新的反应机制——习惯。因此我们可以说，习惯是造化为了确保万无一失，而赋予人类的极为奇妙的后天补偿功能，是神奇无比的造化为人类安排的保险装置。

343 练习一：现有习惯清单

344 练习二：新习惯养成法

346 练习三：培养自己的积极思维习惯

348 练习四：让快乐成为一种习惯

351 人分析事物的视角决定其心情和发展 ——术语十四：归因方式

归因理论是解释他人和自己行为发生原因的一种理论，是指人对他人或自己的行为进行原因归结和说明解释的过程。归因的目的在于实现对环境的预测和控制。不同的归因风格导致不同的心情、身体状态、生活质量和成就。归因是社会认知的内容之一。

366 练习一：成功树上的内归因训练

368 练习二：责任感训练

370 练习三：假如我能再多 5% 的努力？

373 凭能力和性格赢取干干净净的成功

——术语十五、十六：能力和性格

有能力的人，再具备一些优势性格，几乎就是完美。能力不太强，但是有优势性格，也不失为完满。有能力，但性格很糟，这样的人，往往会成为自己和他人的劫数。无能力，又无性格优势，对人对己，都可能是负担。

396 练习一：问题解决能力训练

398 练习二：对不可逆事件做认知重构

399 练习三：感恩冥想——我们手中的千人本

402 最好的医生是自己

——术语十七、十八：自我调节力与自愈力

自我调节与自愈是密不可分的，自我调节是过程，自愈则是结果。尽管并非所有的自我调节一定会导向自愈，但是，所有的自愈都是自我调节的结果。

419 练习一：认识自己的自我调节力

420 练习二：学会觉察自身自我调节力的信号

422 让我们做家庭问题的终结者

——术语十九、二十：原生家庭与再决定

原生家庭是指一个人从小生长的家庭，包括父母和兄弟姐妹，还可能有祖父母或其他亲人。我们在原生家庭的早期经历会影响我们对自己、他人和世界的看法与互动方式。原生家庭对一个人初始状态的影响怎么估计都不为过。因此，原生家庭才是几乎所有心理治疗家在做诊断时都会考虑的首要因素。

445 练习一：为父母的问题行为做一次辩护人

446 练习二：原生家庭为我提供了哪些资源？

447 练习三：我从原生家庭继承了哪些特点？

451 练习四：接受自己曾经有过一个不愉快的童年

452 **你可以依赖的最重要的内在资源——术语二十一：心理健康**

从操作角度看，心理健康体现为自我认识和认识他人、自我接纳与接纳他人、自我成长以及与他人共同成长。心理健康是一个人可以依赖的最重要的内在资源。有心理健康做基石，人的其他内在资源才有可能获得最高效的利用和提升，从而帮助人实现节能成长。

468 练习一：制定一个符合你主客观条件的身体保健计划

468 练习二：科技节食——恢复与自己的联结

469 练习三：设置几个重要的仪式时间

470 第三版结束语：让心理学术语照亮我们的经验世界

473 第一、二版结束语：你不知道你有多么美丽！

477 致谢

上编：

自我认识与认识他人

你了解自己有多深，你的路就有可能走多远 ——术语一：自我觉察

在我身上有点什么东西，我不知道它是什么
——但我知道它是在我身上。

——沃尔特·惠特曼

术语一：**自我觉察**（Self-awareness），是指“把自我作为观察和分析的客观对象，包括对自己身体的感觉以及对自己行动和心理过程的感知和认识”[1]。

操作上看，自我觉察是指人们对自身躯体、情绪、行为和态度反应的及时识别，从而快速区分这些反应背后的需要和动机（是什么和为什么）。及时的自我觉察，导向准确的自我认识和高效的自我管理。

---

1 David Ricky Matsumoto, *The Cambridge Dictionary of Psychology* [M]. Cambridge University Press, 2009,464.

善于自我觉察的人，能够及时通过自身躯体、情绪和态度的反应，敏感而准确地了解自己当下的态度，进而把握自己的行为。而有些人在遇到问题时之所以会越陷越深甚至无法自拔，根源在于缺乏最初的自我觉察。

生活中某个事件会不会引起我们的躯体和情绪反应，往往不由当前的事件所决定，而是由我们早年是否有过类似的经历所决定（其余的由我们的认知所决定）。比如，如果我们早年被严父的苛责伤害过，那么，眼下男性领导对我们的正当批评也常常会被我们曲解成训斥甚至是责骂。

具体来说，一个儿时常常被父亲训斥的年轻人，当领导指出他工作中出现的问题时，还来不及去想其他，他的躯体就已经开始做出反应：他会产生发抖、手脚冰凉、心跳加速或者头痛欲裂等身体反应，这在心理学上被叫作身体记忆。当事人需要稍缓片刻，才会意识到自己的身体反应。可是，很多时候，往往在他能够理性应对眼前的情况时，他已经采取了与当前情境不匹配的过度反应。

所谓**身体记忆**（Body Memory），是一种内隐记忆，它会被人的五种感官所唤醒，例如会被特殊的气味、声音、形象、味道和触觉等因素激活，从而让人产生各种躯体反应：心跳加速、出汗、发冷、发热、眩晕，甚至头疼、胸口发闷、呼吸受阻等。身体记忆包括多种形式，运动员的肌肉记忆就是一种。再比如，“小时候的味道”指的就是被当下的嗅觉和味觉唤醒的儿时的美好回忆。而“身体记忆中最难以磨灭的印记是创伤造成的”[1]。

创伤学中的身体记忆是指：身体本身可以通过细胞记忆来记住创伤。它们包括种种生理上的痛苦感受，这是记忆储存和诉说创伤的方式。即使创伤结束，它们仍然存在，并会在类似的场景中被激活，使当事人体验到强烈的躯体不适甚至是痛苦。

上面所举的就是一个典型案例，明明眼前的领导是在就事论事和自己谈工作改进的问题，可是因为这个年轻人儿时的经历被唤醒，于是眼前的领导在一瞬间就成了可怕的严父。

“身体记忆是我们生命历史的潜在载体，最终是我们整个存在的载体。它不仅包括我们的行为和行为的进化倾向，同时也是将我们和自己的过去紧密联系在一起的记忆核心。”[2]

我们理解身体记忆这个概念，与身体建立起密切的连接，就能够更好地通过身体反应做出准确的自我觉察。而如果我们有足够敏感的自我觉察，就能及时分辨自己的身体感受以及情绪传递给我们的信息，能迅速管理自己条件反射式的行为。而如果缺乏自我觉察，就会受情绪支配，立刻采取行动，而这种即时采取的行动，常常会给自己造成一系列麻烦。

如果上述那位把领导看作严父的年轻人具备自我觉察能力，那么在他觉察到自己的恐惧后就会说服自己：“没关系，我不用怕这个领导，他不是要伤害我，他只是与我意见不同，而我的情绪也只

---

1 Thomas Fuchs, The phenomenology of body memory[D]. 2012: 9–22.

2 同上。

是条件反射而已。”这样自我解释之后，他的情绪就会平静下来，会对分歧坦然处之。而不会因为一时冲动而采取让自己后悔莫及的行动。

这就是通过自我觉察把自己的身体记忆和当前的情境区分开来，从而有效避免采取不当行为。

之所以要从身体记忆开始谈对情绪的自我觉察，是因为身体是情绪的物质基础。美国神经科学与心理学教授安东尼奥·达马西奥认为，身体为情绪提供了表现的舞台："情绪本身、欲望和简单的调节反应，都是在（通过进化形成的，用以帮助管理身体的）天赋智慧的大脑指引下的身体剧场中出现的。”[1]

神经生物学（生命科学的分支）对创伤的研究也证实了创伤对身体造成的影响："巨大的压力或精神创伤能在生理上损害大脑。……加利福尼亚大学圣迭哥分校精神病学家默里·斯坦博士发现，儿时曾屡遭性虐待且至今有创伤后应激障碍（简称 PTSD）的妇女，海马体（大脑中司记忆的部位）体积缩小了百分之七。”[2] 同一篇文章还介绍了其他研究者的相同发现。

有些时候，尤其在遇到重大创伤事件之后，出于自我保护，人会出现“失忆症”，TA 会完全忘记曾经遭受的伤害，相关记忆一

---

1 安东尼奥·R. 达马西奥 . 寻找斯宾诺莎——快乐、悲伤和感受着的脑 [M]. 孙延军，译 . 北京：教育科学出版社，2009：51.

2 尼古拉斯·魏德 .《纽约时报》科学版 破译生命的密码 [M]. 赵沛林，译 . 长春：长春出版社，2001：124.

片空白，就好像从来没有发生过一样。但是，“身体从未忘记”[1]，当 TA 再次遇到类似事件时，其身体会用疼痛、僵硬、窒息和无力感以及各种防卫姿态，如紧抱双臂、驼背、走路困难、双手握拳等瞬间激活过去的创伤记忆。

因此，自我觉察需要从与自己的身体建立连接开始。我们要了解自己身体记忆的特点：痛苦时会有什么身体反应？恐惧时会有什么身体反应？焦虑时会有什么身体反应？快乐时会有什么身体反应？激动时会有什么身体反应？通过增加对自己身体反应的敏感度，学会及时觉察自己的情绪和想法。如此，才有可能建设性地解决所面临的问题。

大家看小说时常常会看到这样的话：“倾听内心的呼声。”可是很少有人知道，如何才能够听到内心的呼声。

其实大自然的设计非常巧妙，它通过身体向我们传递各种重要的信息。因此我们要能够辨析身体所专用的语言，如：紧张时的僵硬或敏感，痛苦时的眼泪和哽咽，激动时的心跳与眩晕，快乐时的心花怒放，苦恼时的胸闷，喜悦时的眉飞色舞，伤心时的手脚冰凉，疲倦时的身体困乏，焦急时的内心烦躁，恐惧时的牙齿打战、双拳紧握等，所有这些形容身体状态的语言，其实都是大自然在向我们传递有关我们自身情绪的信息。

1　巴塞尔·范德考克．身体从未忘记：心理创伤疗愈中的大脑、心智和身体 [M]．李智，译．北京：机械工业出版社，2016：90–93.

所以，如果我们学会翻译身体语言，我们就能够准确捕捉躯体反应背后的情绪，从而“听到”内心的呼声，并在此基础上，做出恰当的决定。

无论在与自己的关系中还是与他人的关系中，自我觉察力都非常重要。不仅如此，自我觉察力还可以帮助我们发现自身的潜在能量和能力，使我们最大限度地做最好的自己。

可是，现代生活节奏太快，人们被种种压力推着往前走，根本没有时间停下来与自己相处并思考自身的种种问题，导致一些人的自我觉察水平变得越来越低，影响到自身的发展和完善。

生活中，那些大声喧哗、对他人的侧目而视浑然不觉的人，那些从来不知道根据他人的言谈举止反思自己、调节自己行为的人，那些对自己的身体、心情、需要缺乏关注甚至完全忽略的人，那些从来不知道根据自己身心所发出的信号照顾自己、调节自己行为的人，那些总是被同一块石头绊倒的人，那些很少知道体谅别人难处的人，都是缺乏自我觉察力的人，因此也是缺乏成长能力的人。

自我觉察力也会促进对他人的觉察力。

那些能够根据别人的一个眼神、一次皱眉、一个难以觉察的迟疑、一个欲言又止的身态语而及时反思自己，并且在必要时调节自己的人，那些很少在一个问题上错两次的人，那些对自己的所作所为有清楚的了解和认识的人，那些被他人称作“善解人意”的人，往往都是既善于自我觉察又善于人际觉察的人。

自我觉察是**自我认识**的基础。

我从 1984 年开始做心理咨询，从 1992 年开始做心理治疗，这么多年了，最重要的发现就是，几乎所有心病的根源都可以追溯到与自我认识有关的三个主要问题：我是谁？我从哪里来？我将往何处去？

“我是谁？”中包含的问题有：自己的身体、外表、举止、体质、气质类型、能力、性格特点、兴趣、知识水准、潜能以及自己的社会角色等。

我常在课堂上让学生回答有关“我是谁”的问题，大家不断说出自己的看法，我也会请同学在黑板上把大家的回答一一记录下来。这个练习每做一次都会对学生产生强烈的冲击。

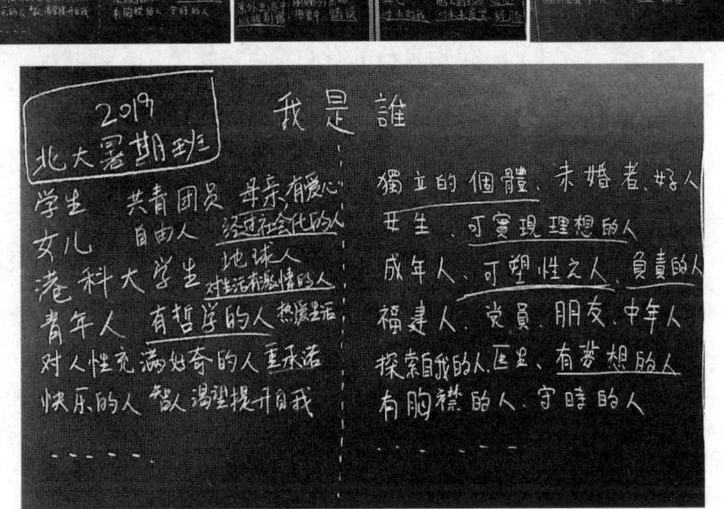

以上是2019年北大暑期班同学的回答，我指着黑板上同学记录下的密密麻麻的有关“我是谁”的回答问他们：“这里哪个回答最给你冲击感？”

一位女同学指着“可塑（性）之人”回答说：“这个回答给我很大的冲击，我突然发现，因为这一点，我们每个人都可以将自己的命运掌握在自己手中，这让我觉得生活充满了希望。”

另一位同学说：“我以前从来没有如此全面地思考过有关‘我是谁’的问题，今天看着大家罗列的这么多答案，我突然发现自己成了自己‘最熟悉的陌生人’。”

之前的讨论中，有一位同学指着黑板上的“我是一个懂得珍惜自己的人”说：“这句话给我的冲击最大，我突然意识到以前我对自己的珍惜是不够的。”

知道自己是谁，是为了确定自己将往何处去，然而这还不够，我们还需要知道自己从哪里来。

我们的“所来”，包括自己的身心特点、籍贯、家庭状况、社会资源、学历、工作经历、生活经历等。

表面上看起来这是一个非常简单的问题，其实有着很深刻的意义。

家庭状况、社会资源、学历等对人的影响众所周知，如在深圳做日结工作的三和青年[1]，他们的窘境和“丧”在很大程度上是由

1　一群居住在深圳三和人力市场附近的城中村、以日结工作为生的年轻农民工。他们住廉价旅馆，很多人常常一天只吃一碗5块钱的面条，喝2块钱一大瓶的水，打工状态是“做一天玩三天”。（想对这个群体做更多了解，可参考：田丰，林凯玄．岂不怀归：三和青年调查[M].北京：海豚出版社，2020.）

他们的“所来”决定的。他们都来自农村，太缺乏社会资源和支持，起点低、平台窄，如果没有超人的努力与意志，很难实现扎根城市的梦想。

还有一个因素会影响人们现在和未来的“所来”，那就是——早年生活经历。比如，一个看起来非常挑剔的人，如果你对他的早年经历有所了解，也许你看他的眼光就会柔和许多，因为也许他今天的挑剔是由于他的父母本就非常的严苛。再如一个总是担心丈夫有外遇的妻子，往往是因为她小时候在自己的原生家庭中看到并体验过父亲对母亲的背叛。而一个过分节俭的人，往往有一个不堪回首的、被侮辱与被损害的艰辛童年。

因此，一个事件是否会引起我们的情绪反应，主要问题不在于这个事件本身，而在于我们早年是否有相似的经历。早年被父母或老师苛求的人，今天在单位遇到一个苛求的领导时，往往就会做出过度反应。早年经常被别人取笑、挖苦的人，成年后不仅不懂幽默，而且常常会对别人的笑话做出过度反应。

你是一个喜欢讨好别人的人吗？如果是的话，那可能是因为你来自一个不讨好别人就无法生存的环境。

你是一个喜欢指责别人的人吗？如果是的话，那也许是因为你来自一个总被父母指责的家庭。

你是一个爱打架的人吗？如果是的话，那也许是因为你来自一个只会用拳头说话的环境。

你是一个热爱生活的人吗？如果是的话，那通常是因为你的父母给了你一个美好的童年。

你是一个有教养的人吗？如果是的话，那通常是因为你身边有许多有教养的长辈。

我们从哪里来，不仅会影响我们今天的生活态度，还会影响我们对事物的判断。美国社会心理学家做过一个实验，让穷人和富人的孩子分别画出一个 5 分的硬币。结果，穷人的孩子画出的硬币要大于硬币本身，而富人的孩子画出的硬币则小于其本身，或者接近其标准尺寸。这个实验表明，对于穷人的孩子来说，硬币是钱的一种，它很有价值，所以会夸大其形状；而对于富人的孩子而言，他们会更客观、真实地看待一枚硬币的价值。这是孩子们自身的认知带来的偏差。今天流行的所谓“贫穷限制了人的想象力”的说法也是这个道理，只是这个说法后面应该再加一句话，“开放与好学可以超越贫穷对想象力的限制”，不管你早年有什么样的贫穷甚至不幸经历。

“我将往何处去？”包括对自己未来人生的设计，或说是人生规划，如自己希望在情感上、经济上、社会成就上达到什么样的目标，以及实现这些目标的具体方法等。

如果说“没有思考的人生不值得过”，那么对大多数人而言，没有规划的人生将很难过。而且这个“难过”往往是双重的：一是心里难过，二是生活本身不好过。

有这样一个个案，甲一上大学就被校园中的出国潮所裹挟，他以为那也是自己最想要和最需要的，因此，就把自己的所有时间都用于学英语、考英语，可是当他拿到托福 100 多分的成绩单后，却突然产生了巨大的空虚和无意义感。在反复思考和与咨询师讨论后，他才意识到，他真正想要的不是出国。也正是在这时，他才突然发现，没有规划的人生是多么浪费生命。

高考报志愿、找工作、与人相处、恋爱、结婚、生子、继续教育、退休等等，所有这些问题，哪一个离得了对自我的认识？

所以，自我认识的问题解决得不好，即使眼前敷衍过去了，以后它往往会再次横亘在我们面前，变成一个想持续发展的人永远也绕不开的问题。

人生中没有哪件事能绕过自我认识，只是影响程度不一样而已。

比如一个身高一米八的人却给自己买小码衣服，尽管一般人不会犯这样的低级错误，但由于不了解自己的体形、肤色等而乱穿衣的人难道还少吗？不了解自己的兴趣和能力而选错专业、找错工作的人还少吗？

信不信，一个人缺乏自我觉察和自我认识，他会连盘子都端不好？

比如，一个因为一分之差而落榜的高考生，他由于种种原因在当前不得不以端盘子为生。如果他缺乏对自己当前处境的正确认识，一心只觉得自己足够聪明，只会天天抱怨社会不公，天天感叹自己是大材小用。他在工作中把自己当成一个受害者，把老板和顾客当作加害者，在工作时就会带着满腔的怨气甚至愤怒而毫无自我觉察，端盘子时的他又怎么可能对顾客展现出发自内心的微笑和体贴？

相反，那些知道自己是谁、从哪里来、将往何处去的人，不论因何种原因沦落到何种地步，最终都会以脚踏实地的顽强努力，为自己赢取光明的未来。

再看高考上大学。

如果说在中国现有的高考制度下，中小学生的确很难体验学习的快乐，那么，大学就该是一个人体验和享受学习的快乐的起点。

但是，环顾周围的大学生，有多少人正在快乐地体验着学习？又有多少人正在幸福地享受着学习？

这里的问题同样出在缺乏自我认识上。如果一个学生至少在高中阶段开始有意识地了解自己，探索自己，了解自己的兴趣、爱好，知道自己擅长什么，不擅长什么；如果他在报高考志愿时又懂得忠于自己并在必要时捍卫自己选择专业的权利，那么，象牙塔中感到痛苦和不幸的学生就会少许多，而从大学时代就开始享受学习生活的人又会多许多。（当然，前提还得是家长和老师懂得尊重他的独立性和选择的权利）。

为了自己所热爱或至少是喜欢的专业而上大学，那是快乐与幸福的，心理学上，这叫具备了职业认同；而为了上大学而上大学，甚或仅仅是为了有一个好工作而上大学，那往往会是不快乐甚至是不幸的。

有一次，一个学生来咨询，非常苦恼地述说他对自己所学专业的不满，甚至想要退学重考，但是又缺乏勇气，因此，那段时间他每天处于退学还是不退学的矛盾中无法自拔。

我问他：既然这么不喜欢这个专业，为什么你当初要报这个志愿？

他一脸无辜地看着我，脱口而出：“我当时负责考试，我爸妈负责报志愿呀！”

这哪里还仅仅是个人的悲哀？！

与人相处也离不开自我认识。比如恋爱，为什么人的初恋难以持续发展？最根本的原因不是“初恋时我们不懂爱情”，而是“初恋时的人不懂自己”。

有这样一个个案，这位年轻人因为是家庭中几代单传的独子，因此受到整个家族的百般呵护。后来，他开始了第一次恋爱，但是不久对方就提出了分手，理由是：“你实在太幼稚。”

他对此一直百思不解，不明白自己什么地方让对方感觉幼稚。直到有一天，他才意识到，自己初恋时是多么的孩子气，他根本不是以成熟状态在与对方谈恋爱，而是像孩子对待自己的家人一样任性、随意、自我中心，完全不懂得顾及对方的感受。自从有了这样的自我认识后，他在与人相处时变得敏感和体贴，对自己和他人也增加了觉察力。

再比如，恋爱中的女孩子为什么情绪总是反复无常？为什么她刚刚还笑靥如花，转瞬间即阴云密布？她的不满有多少是针对她的恋人，又有多少是针对她自己的？

其实，恋爱中的少女之所以会有如此大的情绪变化，不是因为她喜欢任性或者她只会任性，而是由于她认识自己不足，对自己缺乏足够的信心，于是常常在误解甚至曲解恋人之后出现许多失控的言行。

再往深里看，不懂自己到底是谁，不懂自己到底想要什么，又怎么可能懂得自己需要什么样的恋人？

现在有些学生谈恋爱，不是因为情之所至，而是因为“别人在谈恋爱”，因为“别人都谈恋爱了，如果我没有谈，别人会觉得我没能力，我会没面子”，不为自己的需要谈恋爱而为别人的看法谈恋爱，这样的感情又怎么可能持久？！

与亲友、同学、同事、师生、上下级相处也一样，如果我们想和别人保持可以持续发展的人际关系，首先就要从自我觉察和自我认识入手。我们要知道自己在不同的人面前有不同的身份，并懂得按照基本的社会角色规范行事，否则很难与人建立健康的人际关系。

现在的独生子女在家里通常都是被超限满足的，自己还没有意识到自己缺什么，父母、亲人已经把一切都安排好了。总被这样对待，久而久之就导致了这样的情况：他们不仅对自己真正的需要缺乏觉察力，相对应的，也缺乏对他人的需要和情绪的觉察。

比如，他们会要求老师或领导像自己的父母一样对自己无微不至、有求必应，要求同事像朋友一样理解自己、关照自己。凡是那些必然会碰钉子的事，全都由他们不知道自己究竟是谁以及自己应遵守什么样的规则而引发。

为什么与“自我觉察与自我认识”相关的问题现在越来越突出？

这与我们快速发展的经济进程和全球化是相对应的。

计划经济时代，人生的路只有那么几条，且其原则还是：“服从国家分配。”因此，我们只需要服从国家的指挥就足够了。在那个时代如果有人敢说“因为我有自己的兴趣和特点，这个工作不适合我，那个工作才适合我”，等待他的可能只有一个结果：没有工作。

现在不然，人生路已从十字到米字到网状到无穷多样，发展的空间也早已从家门口到全中国乃至全世界，如果我们不知道自己是谁、从哪里来、要往何处去，我们就会在人生机会的海洋中被淹没，这是咎由自取。

总体而言，机会多一定比机会少好，但是，如果一个人不知道自己是谁，机会越多，他的烦恼甚至痛苦就会越多，他出现“选择恐惧症”的可能性就越大。

因为无论一个人面临多少机会、多少道路，他同一时间内真正能拥有的只能是一个机会、一条道路。拥有这个，就意味着失去了无数其他个，这已经让人有所不甘，若一段时间后还发现所选择的这个并非最适合自己，这种悔不当初的失落感与挫败感积累多了，自然就会出现**“选择恐惧症”**（Symptoms of Decidophobia）——因为害怕做出错误的选择而最终不做任何选择的现象，最终有可能导致对他人的病态依赖，以至于无法控制生活的方向。

如果将缺少机会的痛苦和在大量机会前不知所措的痛苦量化，我想二者未必能分出高下。某种意义上，后一种痛苦可能比前一种痛苦的程度还深一点。

因为这里还存在社会比较的问题，在缺少机会的年代，由于绝大多数人都缺少机会，个人分摊到的痛苦相对就小些。而在当前，在周围存在大量机会的情况下，自己无法选择或选择失误所造成的痛苦就会很大，尤其在与成功的选择者进行比较之后。

而一个知道自己是谁、从哪里来、将往何处去的人在多种机会和选择面前则会很有定力和主张。因为知道自己从哪里来，就是知道自己的优势和劣势，选择时就会尽可能扬长避短；知道自己将往何处去，在选择中就会为了自己最想要的而从容应对眼前的得失——不论那些“机会”看起来有多么诱人。

说到自我认识，这里还有必要特别谈谈三观——价值观、世界观和人生观——对人的意义。说到三观，曾有一位同学的话给过我触动，她说：“老师，我们从小就被教育要有正确的三观，可是，到底什么是三观呢？”

现在网上的年轻人也常常提到三观，可是三观到底与我们有什么关系呢？它在心理学中又处于什么位置？三观的基础是价值观，早从弗洛伊德开始，就已经在研究价值观或道德观（他称之为“超我”）对人的影响。其后的荣格、阿德勒等心理学家也都在其治疗中注意价值观对人的影响，荣格理论中的“良知原型”，阿德勒理论中的“社会兴趣”与“合作”等概念，都体现了明确的价值取向。

1958 年，美国心理学家科尔伯格在其博士学位论文中首次专门探讨人的道德的发展阶段，之后他不断修正、完善自己的学说，直到近 30 年后才出版其著作《道德发展心理学》。1974 年，他与人合作建立了道德教育协会，其中的心理学家、教育学家在科尔伯格去世后仍然积极投身于道德研究和干预。科尔伯格之后的美国心理学家塞利格曼和彼得森则从积极心理学角度阐述了优势性格（即符合道德的健康人格特质）对人生蓬勃发展的意义。

有关心理学的道德研究是一个太大的话题，这里不展开。下面只从一个最直观的角度谈三观，尤其是价值观对人生的影响。大家都知道人生选择的意义。表面上看，人生随时都可以做选择，但其实人生中最重大的选择不过几次，而决定这些选择是否可以持续发展的关键就在于价值观。

关键时刻，你选择“正道做人，凭本事立身”（这是我自己高度概括后的健康三观[1]），你就为自己确立了可持续发展的基石，你的收获基本就只是时间问题了，当然，也需要有正确的方法。如果关键时刻，你选择投机取巧、不劳而获的“捷径”，除非幡然醒悟重回正道，否则失败大概率上也就只是时间问题。

各位如果因为太年轻缺乏这方面的想象力，那么就看看那些文学经典里的人生故事，或者比较一下身边父母辈、祖父母辈的人生，根据他们的退休生活和晚年状况去反推他们的三观，尤其是价值观对他们今日生活质量的影响。因为是去比较家中的长辈，因此可以暂时排除环境因素，而只考虑他们的个人因素。去思考为什么在基本一致的制度环境中，甲做了贪官污吏，而乙却保住了晚节？

我们的自我认识中要包括对自己三观的了解和觉察，如此，我们才能够保证自己不会走偏，保证自己的持续发展。

1　之所以说“正道做人，凭本事立身”是一种健康的三观，是因为这里包含的价值观是：正道是对的，靠本事立身是对的。其人生观是：我要在自己的一生中为世界奉献正道和本事。而其世界观是：我相信这个世界是值得信赖的，我相信这个世界是鼓励一分耕耘一分收获的。

人有自我觉察和自我认识，未必就能够做好，因为人性有一大弱点：知与行往往很难统一。但是，没有自我觉察和自我认识，则一定做不好。因为无论做人还是做事，都是需要以“知己”为前提的。

苏联作家柯切托夫有一本小说：《你到底要什么？》。

你是谁？你从哪里来？你可知自己到底要什么？

你可知这个世界太大，而我们太小，以我们有限的存在，能拥有的太少，为了能最好地拥有，我们就必须首先知道：我是谁？我从哪里来？我到底要什么？

有这样一个个案，一个人在很小的时候，其父母就随大流让他学钢琴，他很听话，初中时就考过了钢琴九级，父母坚信他有音乐天赋，坚持让他朝这个方面发展。但是，经过非常痛苦的思考之后，他决定放弃钢琴，后来，他在自己所选择的专业上有很突出的作为。

回忆起那段往事时他说：“当我发现和那些真正有天赋的同学比，自己并不具备学习钢琴的潜质，我最初很绝望，因为我的文化课也不是很好，我不知道自己究竟该怎么办，不知道自己是否还有前途可言。但是，我既然已经非常清楚自己不能够做什么，就应该选择自己认为有意义的专业，现在看来，幸亏当时做了那个选择，否则我的人生会充满失落的痛苦。”

一个人，只要认识了自己就可以更好地做自己。

做自己就是做自己喜欢的、擅长的事情，就是做能使我们的潜能得到充分发挥的事情，就是做能让我们产生美好体验的事情。而做自己的最大回报就是让我们拥有做某件事的**内在动机**（Intrinsic

Motivation），即自身行为是由内部奖励而不是外部奖励所驱动的。也就是说，我们从事某种工作或做出某种行为的动机来自个人内部——这个行为或者这件事本身让我们感觉有趣、有意义和有价值，我们从事它的时候会感觉兴奋、愉快、充满热情、充满激情。

与内在动机相对应的是**外在动机**（Extrinsic Motivation），也就是为了获得外部奖励或者避免惩罚而从事某一行业或做出某种行为。如为了获得金钱、名誉、权力而去做某件事——为了有好工作而上大学，为了有好成绩而努力学习，这里的“好工作”和“好成绩”都是来自外部的奖赏。

被外在动机推动的人，工作和行为过程中常常会感到厌倦、疲惫，在得到了想要的外在奖励时，常会在短暂的兴奋和快乐之后产生空虚和无意义感。而拥有内在动机的人则不然，其所从事的事情不仅让他们感到快乐，而且由于超常的投入和专注，他们往往会有过人的成就，名与利只是必然的副产品。

大家一定都有这样的体验，在从事自己喜欢的体育运动，读自己喜欢的书，看自己喜欢的电影，做自己喜欢的事情时，我们不仅会忘记时间，而且总是兴致勃勃、创意无限。

所以，在某种意义上，一个拥有内在动机的人就是拥有内在永动机的人。因为他所热爱的事满足了他的多重需要：自主、好奇、求知、探索、挑战、快乐、潜能实现和自我价值感。因此，他会有取之不尽、用之不竭的内在动力。

所以，“做自己”的人无论正在做着什么工作，无论自己是否获得了世俗意义上的成功，都会感到充实、幸福，感觉生命充满了意义，觉得生活十分美好。

当然，有的时候，两种动机会同时作用，比如一个热爱学习的学生，他既是因为喜欢学习而学习，好成绩也会让他高兴、让他体验到成就感，但是偶尔糟糕的成绩也不会影响他的学习积极性。

做自己的人是很少产生难以排解的心理困扰的。虽然他们在面临具体问题时也会感到烦恼，但这种烦恼只是暂时的，会随着每一个具体问题的解决而消退。不仅如此，由于他们有明确的人生目标，因而每一次具体问题的解决都是在为他们的成长添砖加瓦。

一个人能否做自己是需要内外条件共同作用的。

今天，全世界处于全球化与网络化时代，一个人只要不违背伦理底线和法律法规，他可以选择的机会是相当多的。

但是，外部环境具备让人做自己的条件并不意味着人人都能做自己。因为并非每个人都能在社会潮流中保持信念、坚守自我。排除环境等因素对人的限制与束缚，这又牵涉到人的自我觉察和自我认识问题。

一个人，在不确知自己是谁、从哪里来、将往何处去的情况下，最安全、最保险的做法就是：从众，也就是跟着社会的潮流走。

在一个基本正常的社会，一直跟着潮流走，至少可以保证晚年衣食无忧；而弊端则是，即使取得了世俗意义上的成功，却不一定有快乐和满足感。

打个比方，本来你是一朵开放后可以灿烂许久的菊花，却硬让自己跟着潮流做一朵虽然美丽却稍纵即逝的昙花。

你没有实现自己的理想，怎么会快乐？你最绚丽的时刻是做别人的时刻，你怎么会快乐？你的生命没有尽情地绽放过，你怎么会快乐？

做自己的标志是适得其所。大材小用和小材大用都一样，都是未能适得其所，因而都会引起紧张与不快的体验。

年轻时忙着追潮流，对上述负性体验的感受不会太深。人到中年后，有了成功，却没有快乐，此时才惊觉当年选择的失误。虽然理论上说，仍然可以重新开始，如法国画家高更，他 40 多岁后才开始做自己，但那时需要付的代价又有几人能够承担？更何况，还有多种无法割舍的人际关系的羁绊。结果就是，很多人只能不了了之，给晚年留下挥之不去的遗憾。

有谁曾说过，世界上最美好的体验存在于一个人最想做的事中。

是非成败转头空，唯有体验的过程永恒，这应该也是这 20 多年体验性经济飞速发展的重要原因。各企业和服务业都开始关注顾客体验，为消费者生产出具有更好体验的产品和服务，从而在其心中留下尽可能长久的美好记忆。

认识自己也是为了能引导自己，做自己的导师。

我们都有过对人生导师的幻想、热望，以及寄托着巨大期望的憧憬。

我们都有过对人生导师的坚信，坚信只要找到了他，我们就有望提升自己，从此踏上通往成功的坦途。

我们也都有过对人生导师的神化，认为他比好老师更为杰出，能指点我们全部的生活，拥有我们所有成长问题的答案。

不仅仅是因为人类集体无意识中存在着“导师原型”，也由于人需要引导，所以我们才会如此执着地去寻找那种“全能”导师。

人需要引导，引导使我们有方向感和安全感，好的引导可以使我们超越自己，使我们充分发掘自己的潜能。但现实是，人遇到人生导师的概率并不高，遇到那种全能导师的概率则几乎是零。

这个世界本不存在万能导师。如果有，他也只存在于我们自己心中。

尽管有时长辈对我们的了解更多，但是，没有一个人会比我们自己更愿意了解自己。尽管比起前辈我们还缺乏成长经验与方法，但是，没有一个人会比我们自己更希望看到自己的成长。尽管我们的亲友都希望我们过最好的生活，但是，没有人会比我们自己更渴望过属于我们自己的最好的生活。

哪里有愿望，哪里就有道路。

如此强烈的认识和实现自己的愿望，使我们具备了成为自己的导师的可能。更何况，我们降生之时，在自己的内心深处，已经拥有了一个与生俱来的内在导师，有人称之为“真我”，荣格称之为“自性”（自身的神性）[1]。

这个内在的自我，深植在人们的内心深处，只要你愿意并且足

1　按照荣格的说法，自性（self，自身的神性，简称自性，又译作自我）指人格的中心点，是个体精神中追求完满的一种先天的内在倾向。（详见：卡尔·古斯塔夫·荣格.荣格自传：梦、记忆、思想 [M].陈国鹏，黄丽丽，译.北京：国际文化出版公司，2011：289—290.）

够努力，就能找到它并且拥有它。

而一旦我们开始认识自己，我们就可以自我引导，带领自己过一种最适合自己、也是最好的生活。

我们的内在自我会首先告诉我们：无论我们是否有钱，是否有地位，是否有成就，我们每个人都拥有独一无二的个人价值，这是独一无二的宝藏。

我们自身的导师还会帮我们认识到：我们是严谨的，还是随意的；是爱思考的，还是爱行动的；是内向的，还是外向的；是强壮的，还是柔弱的；是有特殊兴趣的，还是缺乏兴趣的；是开放的，还是保守的；是爱交友的，还是爱独处的；是有远大志向的，还是只想过好小日子的。

了解这一切，我们在做我“将往何处去”的人生设计时，就可以有的放矢，引导自己以最小的代价过上最适合自己的生活。

人通向自我认识的道路有许多条。

有的人天生对自己敏感，小小年纪就十分清楚自己是谁，自己将往何处去。但是，这样的幸运儿是非常少的，这个世界上的绝大多数人都是在无数次试错、排错中逐渐真正认识自己的。

有的人天性顺从，早早全盘接受父辈对自己的定位，终其一生，就是代父辈实现理想。

有的人是在成长的过程中，在对他人和自己的观察、比较中了解自己。

有的人是在经历了某个重大生活事件后逐渐认识自己，开始对自己的人生有了思考。

有的人是在大量的阅读与思考中完成对自己的探索，寻找到符合自己的生活道路。

也有的人是在与朋友不断探索中觉察和认识自己的。

当然，人并非只有具备主动的自我觉察与认识能力才能生存。有的人粗枝大叶、得过且过，照样也过了一辈子，只是他付出的代价往往不仅仅是虚度了自己的一生，还可能影响到后代的一生。

更何况，很多时候，生活不允许我们得过且过，到关键时刻再被动地进行自我认识和选择，要付出的代价就太大了。

主动自我认识还是被动自我认识，这是一个问题。

这是一个关乎其他问题能否有效解决的前提问题。

这方面比较典型的例子应该是今天那些选择“丧”和“躺平”的青少年。面临同样的困惑与问题，大多数青少年会选择主动思考，并在试错、排错中认识自己和环境的关系，及时调整自己以适应环境，如有条件考学的就努力学习，知道自己没有条件考学的就选择去工作以养活自己和自己的理想。他们在这个脚踏实地解决具体问题的过程中收获了对自己的认识和发现，从而为未来的发展打下坚实的基础。而选择“躺平”或者“丧”的青少年则主动放弃思考人生意义和为自己人生奋斗的权利。他们不知道，即使是有意义的人生也一定会遇到很多看起来毫无意义，但是却非做不可的琐事；此外，即使是“躺平”或者“丧”也是需要资本的，除非他们有可以长生不老并且财富自由的父母，否则总有一天，他们会面临最基本的生存问题，等到那个时候再去被动思考，其将面临的就不仅仅是能否养活自己，而是整个生命质量与生命尊严的问题了。

我们发展的边界与我们的自我认识成正比，自我认识有多深，我们发展的可能性就有多大。

早认识自己的优势，就能早发挥自己的优势。早了解自己的需要，就能早满足自己的需要。早发现自己的局限，就能早终止对自身资源的浪费。

袁隆平、钟南山，以及获诺贝尔和平奖的“穷人的银行家”穆罕默德·尤努斯等等，他们中的哪一个人，不是在对自己有充分认识的基础上做出自由选择，从而创造出了辉煌的人生，并为世界做出了巨大的贡献的？

自我觉察与自我认识，这是我们探索内心玫瑰园的起点，是自我发展、自我成长的起点。如果我们在有意识的自我认识中追求自身的成长，那我们不仅能更好地理解自己的感觉和行为，更好地倾听自己内心的呼声，还会有更多的机会和自由去改变想要改变的、创造想要创造的。

本章涉及术语：自我觉察、身体记忆、神经生物学、自我认识、选择恐惧症、内在动机、外在动机。

在你的觉醒中你有新生和古代的奇迹，
你和新花一样的年轻，和山岳一样的古老。

——泰戈尔

练 习 题

说明：了解心理学术语固然重要，但是如果我们不去实践，再好的理论都难以让我们的生活产生积极变化。

前段时间，网络上流行这样一个说法："听过很多道理，却依然过不好这一生。"

我特别想反问这些人："谁告诉你们，懂得了道理，就可以过好自己的生活？！"

事实是：再好的道理，如果不去实践，还不如不懂它，因为至少还可以免去内心的纠结。

其实，很多时候，不是因为我们懂得了某个道理，就会做出某种行为，恰恰相反，是我们做出了某种行为，才懂得了那个道理。比如我们是在孝敬父母的实践中懂得了这件事的重要性，也是在友爱亲朋的过程中，知道了付出友爱的意义。

因此，为了帮助大家学以致用、知行合一，让这些术语或者说小理论真正成为我们自己的智慧，本书每一章后都附上了一些实践内容，其中大部分是在西方心理治疗者提炼出的自助方法上做了增减，也有一小部分是我在自己的教学与咨询实践中参照西方理论与实践，设计出的可操作方法。

建议：

1. 最好能与一个朋友共同做这些小练习。你们不仅会给彼此提供对比参照，也会因为别人的参与而增加彼此认识自我的广度和深度。

2. 准备一个笔记本，把每次的练习都写在一个固定的本子上。

3. 最好一周只挑出一天的时间读一章，然后用 6 天的时间做练习。

4. 请保持认真和耐心。

练习一：了解自己身体感觉的基线

（一）请逐一体验并尽可能用描述身体状态的词句准确回答以下问题：

1. 我现在头部的感觉是：清醒？混乱？头疼？头晕？……

2. 我现在心脏部位的感觉是：心跳加速？平静？胸闷？胸痛？……

3. 我现在胃部的感觉是：堵得慌？胃胀？胃空？舒适？……

（二）仔细体验自己现在的情绪和想法并回答问题：

1. 我现在的情绪是：兴奋？激动？期待？毫无兴趣？……

2. 我现在的想法是：好奇？跃跃欲试？思如泉涌？质疑？……

（三）请记录你此时此刻想做的事：

1. 我此时此刻想做的是：

2. 我此时此刻想说的是：

（四）如果有可能，与朋友讨论并分享做这个练习的感觉与感想。

（五）复盘全过程，总结你在练习中对自我觉察这一术语的新认识和新发现。

练习二：了解自己产生负性情绪时的身体反应

比如你常常会出现的负性情绪是：生气？愤怒？痛苦？焦虑？忧伤？

你可以先选其中一个做练习。下面是例题：

请先回忆一件中等强度[1]让你生气的事件，然后仔细体验自己的身体反应。

（一）请逐一体验并尽可能用五感准确描述身体的反应：

1. 我现在头部的感觉是：头痛欲裂？头晕目眩？气血上涌？……

2. 我现在心脏部位的感觉是：胸口憋闷？呼吸困难？心跳加速？……

3. 我现在胃部的感觉是：堵得慌？胃胀？胃疼？……

（二）仔细体验自己现在的情绪和想法并回答问题：

1. 我现在的情绪是：生气？不满？难过？……

2. 我现在的想法是：我要指责对方？我要尽快解决问题？……

（三）请记录你此时此刻想做的事：

1. 我现在想做的是：指责对方？替自己辩解？立刻解决问题？……

2. 我现在想说的是：都是别人的错？找原因没有意义，解决问

---

1 对你自己而言，不会引起过度强烈情绪反应的事件，否则会波及身心安全。

题才是正道？……

（四）如果有可能，与朋友讨论并分享做这个练习的感觉与感想。

（五）复盘全过程，总结你对自己的新认识和新发现。

从最初忆起那件生气的事而唤醒的身体记忆和反应，到后来冒出来的情绪和想法，以及最后的行动念头，你从中了解到什么？你对自己有什么新的看法？你现在对自己在生气时产生的这一系列反应有什么想法？

这个练习多做几遍，你以后再遇到会诱发你生气的环境时就会有更成熟的应对方式。

练习三：了解自己产生正性情绪时的身体反应

你常常会出现的正性情绪是：快乐？喜悦？满意？幸福？

你可以先选其中一个做练习。下面是例题：

请先回忆一件中等强度让你快乐的事，然后仔细体验自己的身体反应。

（一）请逐一体验并尽可能用五感准确描述身体的反应：

1. 我现在头部的感觉是：轻松？舒服？清醒？……

2. 我现在心脏部位的感觉是：舒心？呼吸顺畅？心旷神怡？……

3. 我现在胃部的感觉是：舒服？温暖？没有感觉？……

（二）仔细体验自己现在的情绪和想法并回答问题：

1. 我现在的情绪是：心情舒畅？喜悦？心花怒放？……

2. 我现在的想法是：生活很美好？我太幸运了？……

（三）请记录你此时此刻想做的事：

1. 我现在想做的是：我要把快乐记录下来？我要给身边的人带去快乐？……

2. 我现在想说的是：我很幸运？我珍惜我的幸运？我要分享我的幸运？……

（四）如果有可能，与朋友讨论并分享做这个练习的感觉与感想。

（五）复盘全过程，总结你对自己的新认识和新发现。

练习四：在现实的苦恼与快乐发生时做自我觉察和认识

说明：有人曾经将自我觉察比喻为用第三只眼睛看自己。这个比喻很形象，自我觉察就是使自己像他人一样从旁观察自己，对自己此时此地的身体反应、情绪与行为进行觉察，并实现对自己的认识。前面已经说过，身心是互相关联的，心理学研究表明，很多时候，一个人的经历和与之相联系的想法与念头，会由于种种原因进入我们的无意识之中，一些创伤性体验更是化作身体记忆，深入人的骨骼和肌肉中。以后再碰到类似情境时，最先有反应的会是你的身体，而不是你能够意识到的情绪和念头。比如一个人生气时，最先体验到的是身体上的紧绷、双手握拳、血往上涌等。而一个人快乐时，会体验到呼吸顺畅、兴奋激动、热情洋溢、活力四射等程度不同的情绪。

所以，如果我们对自己的身体反应足够敏感，那么当我们出现类似的躯体反应时，就可以迅速地根据身体发出的信号去反推自己的情绪和认知，并判断其与当前的环境是否匹配，从而采取有效的应对方法。当生气的反应过于强烈（过度）时就要注意控制自己，不要有过激行为；快乐到得意忘形（过度）时，就要注意收敛自己的孩子气。

这样的自我觉察不仅会提高我们自我认识和自我调节的能力，而且会增加我们对他人情绪与行为的敏感度。

请在现实生活中用以下步骤觉察和认识自己：觉察身体→觉察情绪→觉察想法→觉察需要→觉察瞬间的决定。

（一）请分别找一件最近发生的中等程度的快乐事件和不快乐事件，按照以上步骤进行自我觉察和自我认识：

1. 事件一：

2. 事件二：

（二）记录你做此练习的感觉与感想。

练习五：自我认识

（一）五分钟内，在本子上以“我是……”开头，尽可能多地进行罗列：

我是：

我是：

我是：

我是：

我是：

我是：

（二）把上述有关自己的陈述做大致分类。

1. 与对自身躯体认识有关的，如自己的身高、体重、长相等。

2. 与自己性格特点有关的，如我喜欢和人交往、我外向、我敏感、我爱生气等。

3. 与社会角色有关的，如我是学生、我是医生、我是领导等。

仔细查看自己的分类，把从中得到的启发记录下来。

（三）和朋友交流。

看他对你的陈述有什么看法，并想一想他的看法对你有什么启发。

（四）复盘自己的发现和朋友给予你的启发。

仔细比较两者之间的异同，并与朋友讨论：你对自己有没有什么新的发现？这些新的发现对你有什么新启发？把对自己的认识与发现以小结方式记录在本子上。

认识自己并不等于就能够改变自己，这中间一定要有一个学以致用或说是知行合一的过程。但是，一个真正想改变自己的人一定要从自我觉察与自我认识入手。目前为止，我们已经做了五个可以增进自我觉察和自我认识的练习，这些练习会让你对自己有更多的发现，让你产生很多感想，同时，你也会做出有关自己的新决定。因此，请完成下面的练习：

1. 我的发现：

2. 我的感想：

3. 我的决定：

当上面的所有步骤都完成后，现在，请对自己说：

我很高兴我为自我觉察与自我认识做出了这么多的努力！

你了解并且满足自己的需要了吗？
——术语二：需要

但是你听，生存的欲望，

在蜂群和花丛中向我歌唱。

——赫尔曼·黑塞

我们是否知道自己都有哪些需要？我们是否知道这些需要十分需要我们的关照？我们是否知道如果我们忽略甚至压抑自身需要，它们迟早会以某种方式惩罚我们？

我在咨询与教学中发现，若从需要的角度为心理健康下定义，那么，心理健康就是：不仅能以建设性方式满足自身的需要，而且还知道在满足自己需要的同时照顾他人的需要。

这里有几个关键词：需要、满足、建设性、他人。

需要（Need）是一个人由于内在匮乏而引起的一种紧张状态。需要包括生理和心理两方面。

西方人本主义心理学家马斯洛对人的需要做了很深入的研究，在研究的早期，他把人的需要分作两类，共五个层次，用图示恰如一个金字塔。这个金字塔由下往上，递次为：生理需要、安全需要、归属需要、尊严需要和自性实现（自我实现）[1]的需要。

按照马斯洛的观点，人的需要通常由低向高递次发展，但真正达到自性实现的人只有1%。

下面是美国西彭斯堡大学的教授C.乔治·伯瑞（C.George Boeree）博士所做的马斯洛需求层次理论的图示：

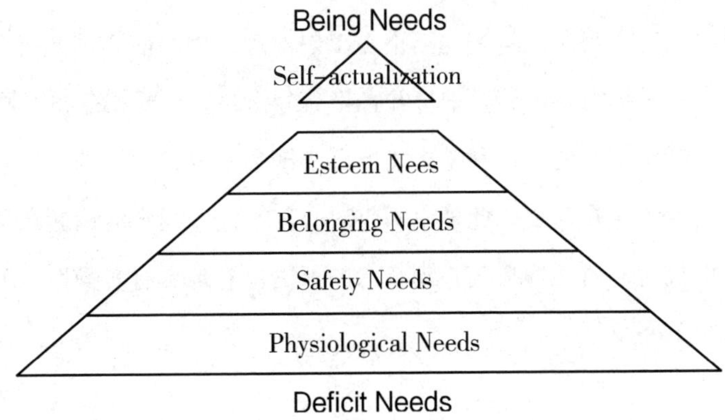

Maslow's Hierarchy of Needs

1　"self-realization"过去一直被翻译成自我实现。可是严格来说，"ego"应被译为自我，而"self"应该翻译成自性（自身神性的简写）。西方心理学家对"self"的解释有所不同（参见《剑桥心理学词典》P464），荣格认为"self"是集体无意识中的原型，是人生而有之的神性，而追求并且实现自身的神性是人类生活的目标。我采用荣格的观点，将"self"翻译成：自身的神性（简称自性），并将"self-realization"翻译为自性实现。

翻译成中文：

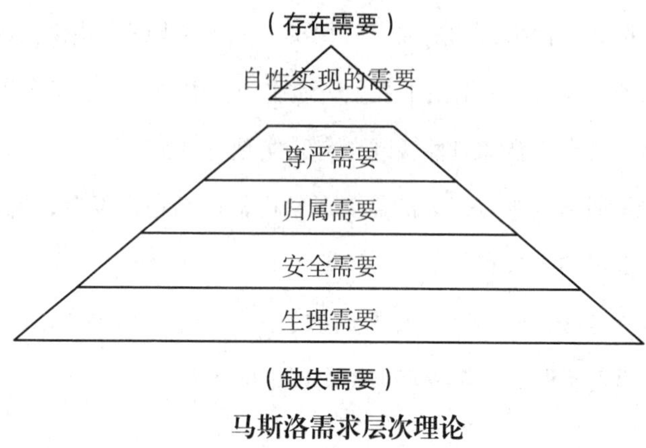

马斯洛需求层次理论

这张图一目了然地将马斯洛需求层次理论中的前四种低级需要与第五种高级需要区分开来，并且将其分作缺失需要和存在需要。

马斯洛把人的前四种基本需要称为缺失需要，把人的自性实现的需要称为存在需要。此理论不仅对心理治疗过程中的诊断意义重大，而且对普通人群自我心理状态的评估也非常具有实操性，下面先做简单介绍。

缺失需要（Deficit Needs），即生理需要、安全需要、归属与爱的需要、自尊需要。缺失需要导致**缺失性动机**，也就是力图补足有机体内某种缺陷的动机，而当缺失需要得到基本满足后，缺失性动机就会停止，这就是缺失需要之间的动态平衡。

缺失需要促使人去获取他所缺乏的某种特殊的东西，如食物、安全的场所、爱或尊重。所以缺失性动机致力于缓解机体内的紧张并使其恢复平衡。如人缺乏食物时，体内就会因饥饿而产生生理和心理方面的痛苦和不适，为了降低机体内因饥饿而引起的紧张情绪，人就会去努力寻找食物。对安全、归属、爱以及尊重的需要亦然。

马斯洛认为："寻求心理治疗之人的主要特征是从前或现在缺乏基本需要的满足，精神病可以看作缺失性疾病。正因如此，治疗的基本要求便是提供其所缺乏的东西，或者使病人自己有可能做到这一点。"（马斯洛，1968）[1]

按照马斯洛的一家之言，缺失需要长期得不到满足的人会产生心理疾病，而缺失需要得到满足的人则可以避免心理疾病。

我在咨询、教学和生活中发现，缺失需要被基本满足的人会有一种气定神闲的放松和从容不迫的坦然，在面对外界与他人时也变得更为开放、接纳和富有弹性。

所以，如果我们的心情长期不好，心里充满了不满、怨气甚至痛苦，我们要检视自己的哪种缺失需要受到了挫折，然后用建设性方式加以解决。假设我们因为工作关系出了问题而使自尊需要受挫，那我们就要采用积极的方法去解决矛盾冲突——可以反思和调整自己的言行，或者与冲突对象进行有效沟通以解决问题。

马斯洛称自性实现（自我实现）的需要为**存在需要**（Being Needs），存在需要导致**存在动机**，又称自性实现动机。存在动机的目的是要增加紧张，以帮人最终完成自性实现（自我实现）。

1　亚伯拉罕·马斯洛．存在心理学探索 [M]. 李文湉，译．林方，校．昆明：云南人民出版社，1987：33.

缺失需要受挫有可能导致心理疾病，而存在需要受挫则会导致无意义感和空虚感。这种感觉可以说是一种“超病理状态”，即一种无形的不适，会使人产生无聊、消沉、绝望、无助感、烦躁、坐立不安等不适情绪，却又无法指出使自己不适的具体原因。因此，“缺失需要的满足避免了疾病，而成长性需要的满足则导向积极的健康”（马斯洛，1968）[1]。

当前中国面临的一个严峻问题是，不论是上大学还是找工作，人们考虑的更多的是“钱途”“面子”等缺失需要，而对自身的存在需要考虑较少，结果就导致很多上大学的学生不快乐，工作中的员工也不快乐，更深远的后果则是有可能遭遇中年危机，其最主要原因即是存在需要受挫。

因此，诸位如果谨记马斯洛的观点：缺失需要由于受物质条件的限制——即使是归属与爱的需要也一样，不论恋情还是友情都受身体局限——因此是容易达到上限的；而存在需要不受物质局限，因此是可以无限发展的。

了解这点，把更多的能量用到满足存在需要或是实现需要上，不仅会在某种程度上降低发生中年危机的可能性，而且也会让我们的生命更有质量和意义。

需要产生动机，动机激发行为。需要是人行为的原始驱动力，

1 亚伯拉罕·马斯洛.存在心理学探索[M].李文湉，译.林方，校.昆明：云南人民出版社，1987：27.

而在马斯洛的这个需要金字塔中，越基础的部分所占比例越大，越往上比例越小。

现在，让我们按照马斯洛的框架再来分别检视一下我们的各种需要。

金字塔最下面的是**生理需要**（Physiological Needs），指的是基本的生理和生活需要，包括：食物、水、居所、衣物、性、睡眠等。

具体来说：饥饿造成的紧张使我们产生了对食物的需要和寻找食物的动机与行为；干渴造成的紧张使我们产生对水的需要；困顿使我们需要睡眠；性的需要以及排泄需要的满足与否，都与机体能否正常运转有着密不可分的关系。

中国有句古话说："仓廪实而知礼节，衣食足而知荣辱。"这是将丰衣足食或说满足衣食需要当作了精神富足的前提。而在马斯洛的需求层次理论中，生理需要的正常满足与否会成为一个人是否会得心理疾病的关键因素。

人的**安全需要**（Safety Needs）包括被保护、有安全感、有秩序、法律、界限和稳定。我们可以将之划分为物质与精神两方面。

物质安全，从宏观上看是国家安定有序，法制健全，以及没有会危及人安全的自然灾害。战争、动乱、饥荒、重大传染病（如新冠肺炎），是对人安全需要的极大威胁。它们使生命显得如此渺小和脆弱，从根本上摧残着人们对生命的信念，使人内心深处的恶——如仇恨、敌对、混乱、自私等被激活，并得以无限膨胀。

而微观环境中的不安全因素，如贫困、居无定所，以及周围犯罪事件频发，同样会使人的安全需要受挫，使人变得狭隘、敏感、脆弱、易怒。

精神上的不安全，宏观层面的问题如战争给世界各国人民心灵所造成的伤害。微观层面的问题如夫妻反目，父母对孩子的打骂，老师对学生的苛求与挖苦，上级对下级的专制等，同样会损害人的安全感，使人变得敏感、多疑和胆怯。

还有一种会威胁人的安全需要，但却常常被人们忽视的情况：背后中伤他人。现在由于互联网的发达，私下中伤甚至侮辱他人的行为已经极大升级，如在网上对他人进行人身攻击、人肉搜索等网络暴力，这些对人的身心安全需要构成了很大的威胁，如此发展下去，必然会导致人人自危的状况。

我们看马斯洛的需求金字塔，最底层的需求是人最基本的生存需要。一个人只要满足温饱，立刻就会产生对安全感的需要。人饿不着了，就会要求人身安全。只有安全了，才有余力去考虑其他。一颗缺乏安全感的心是难以安置平和、宁静、幸福这些属于心理健康范畴的情绪的。

人的安全需要仅次于人的生理需要。这个世界对于安全需要没有得到满足的人而言是充满危险的，而他的人生目标、价值体系也都会受到制约。一个缺乏安全感的人很难大胆追求个人成长，因为成长是需要探索和尝试的，而这往往意味着暂时要以丧失安全感为代价。

有趣的是，虽然人成长的起点是需要冒险的——因为要在社会的局限性中进行自由选择，但人的最终成长却会给其带来可以真正持续的安全感。所以，满足自身安全需要的最好方法是：远离危险因素与环境，如吸毒、赌博和声色犬马之场，同时让自己具备可以立身处世的基本能力，让自己在物质与精神上成长到足够强大。

归属与爱的需要（Belonging Needs）是指人需要感到有所归属，需要从属于某个集体或是某个人，如家庭、朋友、班级、单位，需要感到自己是某个“我们”中的一员，需要在某个群体中有一个被承认的、确凿无疑的、不可替代的位置；而“爱的需要”则是指被别人爱、被自己爱和爱他人的需要。

没有归属就没有根基，没有归属感就没有安全感。

很多青少年犯罪，其根本就在于缺乏归属感。在目前中国的高考制度中，学习成绩几乎成为评价学生的唯一标准，学习成绩不好，不仅得不到老师和同学的认同，自己都无法认同自己的学生身份。一方面是无法归属于学校，一方面是强烈的不安全感，饥不择食，他们便选择归属由不良少年组成的团伙，荒废学业。

随着全球化的进展，中国社会流动性加强，国内、国际间的流动极为频繁，加入同学会、同乡会和网络上的各种群组等，成为人们缓解归属焦虑的方式之一。但这只是权宜之计，只能起到暂时的安抚作用。那些有归属感才能安心的人只有具备了在新环境中被较快认同和接纳的能力，才有可能真正满足自己对归属的需要，而不会被心理问题所困扰。

爱的需要包括了被人爱和爱他人的需要。被爱的需要是指被人关注、关心、爱护的需要。被爱的需要得到满足，会带给人自信、安全和踏实的感觉，会让人产生意义感和价值感。而爱他人的需要被满足，一个人才会拥有真正的生活满意度和幸福感。

被爱的需要受挫，如被忽视、被冷淡、被嘲笑或被粗暴地对待，常常是一些人产生心理困扰的根源所在。而且年龄越小，就越依赖他人的肯定和关爱，被爱的需要也越容易受挫。一个从小被父母和亲人的爱所环绕的孩子，长大后会是一个自信自爱、充满安全感的人。而一个从小被父母和亲人伤害的人，不论成长到几岁，不论有多大的成就，往往仍然摆脱不了深刻的无价值感、无意义感和不安全感。被自己爱的需要同样应该被满足。

很多人常常为得不到别人的关爱而苦恼，却不知道自己也要给自己爱。健康的自爱不仅可以为我们赢得他人的关爱，而且也使我们有能力去健康地爱他人。

有一类人，从小缺乏父母和亲人的关爱，为了生存，他有可能发展出特别的利他精神，有可能成为一个处处为人着想、处处关心别人的人。与此同时，非常不幸的是，这样的人常常很难具备爱自己的能力。因为他早年被忽视、被伤害的经历使他拥有根深蒂固的无价值感。

为一个有深刻无价值感的人做咨询是一件非常辛苦的事，因为他早年的被伤害经历，使他认定自己是无价值的，不管他学习、工作多么努力，多么有成就，都很难改变他深入骨髓的这种感觉。好在西方有个叫罗杰斯的心理治疗家，专门发展出一种“无条件积极关注”的理念和技术，使我们可以帮助这些有早年创伤经历的人重新学习关爱自己、看重自己。

被爱的需要得不到满足，人会产生心理困扰。同样，如果爱他人的需要得不到满足，人同样有可能产生心理困扰。

很多人只知道自己有被爱的需要，知道被爱的需要受挫，自己的心情会受影响，却不知道自己还有爱他人的需要，不知道爱他人的需要受挫，自己的心情同样会受影响。

一个正常的人活在世界上，如果没有人可以让他去关爱、牵挂、给予和付出，他的生活将被孤独、空虚和无意义感所缠绕。在一个病态的社会中，人们爱与被爱的需要常常会受到重创，大家既不敢坦然地去关爱他人，也不能从容地接受他人的关爱。太多的猜疑、戒备甚至仇恨压抑了人对爱的需要。久而久之，爱的能力就会退化。

生命之树在爱与被爱的滋养中常青。在一个现实的我与你的客观关系中，却没有我与你的情感连接，这个世界还怎么完整？人心又怎能不生病？

但是，爱的需要并不天然就伴生爱的能力。

和世界上只有极少数人有数学天赋、音乐天赋一样，这世界上天生具有爱的能力的人也并不多，这样的人会在幼儿时就表现出悲悯与关怀，表现出对他人需要的特殊敏感。在西方，这样的人被称作具有“使徒性格”，他们中的典型是诺贝尔和平奖获得者特蕾莎修女和被称作“非洲之父”的史怀哲。

而对绝大多数人而言，虽有爱的需要，却要通过后天的学习才能具备爱的能力。而这种能力多数是要在爱与被爱中生长、成熟的。

很多人的人际关系，比如亲子关系、婚姻关系、同学关系、同事关系等出问题，主要原因不是缺乏爱的愿望，而往往是由于缺乏爱人与被爱的能力。

以婚姻为例，有些人有认知误区，认为好婚姻是天生的，似乎只要两个人是因为爱而结合，婚姻自然就会很幸福。其实不然，因爱而结合只是为好婚姻奠定了一个基础，以后的婚姻能否美满，还取决于两人是否具有爱的能力，以及是否愿意通过学习去具备这种能力。

绝大多数好的婚姻不是天生的，而是建设出来的，是两个有爱的需要的人在学习爱的过程中共同努力的结果。

绝大多数的友情、亲情、人情也一样，是人们具备了爱的能力之后才真正确立并维系下来的。

近几年，我们中国的志愿者行动蔚然成风，尤其是汶川地震期间大批志愿者的涌现，这既是中国人公民意识觉醒的标志，也是中国人主动锤炼爱的能力的标志。

从微观处着眼，现在各种亲子学校、准妈妈学校出现，甚至有供不应求的趋势，先不说这些学校本身如何，至少反映了中国年轻父母渴望更科学地爱孩子、养育孩子的强烈愿望。

人的**自尊需要**（Esteem Needs）可以分解成自己对自己的尊重、他人对自己的尊重和自己对他人的尊重。

由于多重原因，成就和地位往往成为一个人衡量自己是否得到别人尊重的标准。如果自己有所谓的成就、地位等，就觉得自己一定是被尊重的，就会感到满意，心情舒畅。如果自己没有成就、地位，就认定自己是不被尊重的，就会自卑、沮丧甚至郁郁寡欢。

这样的人其实不明白，如果一个人因为成就、地位而被人尊重，他得到的并不是真正的尊重，而是人们对他身份、地位的尊重。有一天，当他失去这种身份和地位的时候，会同时失去那些人对他本人的尊重。

按照马斯洛的人本主义心理学观点，我们每个人都具有上天赋予的被尊重的权利。我们不需要是什么或者不是什么才应该得到尊重。作为一个独一无二的个体，我们每个人都拥有无法替代的天赋价值。虽然社会上有很多基于身份、地位的不公正现象，但有很多仁人志士正为消除这些现象而努力奋斗。在不公正被极大地消除之前，我们先要对自己有一个公正清明的态度，坚信自己拥有不可替代的天赋价值，而这样的态度也会反过来影响别人对我们的态度。

所以，别人是否尊重我们，首先取决于我们是否满足了自己的自尊需要。一个人如果从内心深处看轻自己，认为自己没有价值，那么他就会把别人对他的礼貌解释为“敷衍”，把别人对他的称赞听成“讽刺”，把别人对他的尊重看作“俯就”……

精神分析学上有个概念，叫**投射**（Projection），指一个人在无意识中会把自己不能接受的欲望说成是别人所有的。从意识层面看，人不能接受自己对自己的看轻，但由于对自身价值的怀疑客观地存在于无意识之中，便有了投射——把自己对自己的缺乏尊重看成是别人对自己不够尊重。

一个未能满足自己的自尊需要的人，是没有能力接受他人的尊重并尊重他人的。相反，一个尊重自己的人，不仅能坦然接受别人的称赞、尊重，而且在面对别人的不恭时，也能泰然处之，必要时还会勇敢地捍卫自己的尊严。

一个看重自己、知道自己存在价值的人，同时也会具备满足他人自尊需要的动机和能力。因为自重，所以懂得并且能够尊重他人，因为尊重他人，又为自己赢得更多尊重，于是便进入了良性循环。

咨询中，凡遇到总抱怨别人不尊重自己的来访者，我就想，他忽略自身的自尊需要太久了，他太需要先学习如何尊重自己了。

虽然导致一个人丧失自身价值感的因素很多，虽然已经发生的事情无法逆转，但是人对事件的看法和对自己的态度是可以改变的。这便是心理疾病自愈或在心理治疗师帮助下被治愈的基础。

自性实现的需要（Self-actualization Needs，又译作自我实现的需要），在塔尖上，指的是个人的成长和实现自身的需要。按照马斯洛的说法："音乐家必须演奏音乐，画家必须绘画，诗人必须写诗，这样才会使他们感受到最大的快乐。是什么样的人就该干什么样的事。我们把这种需要叫作自我实现。"[1]

自性实现的人通过某项工作或活动实现自身潜能的过程，也是为社会做贡献的过程。

中国有句俗话："三百六十行，行行出状元。"其实讲的就是一种自性实现。一个人，不论你有什么样的先天禀赋，农民、园丁、主妇、科学家、音乐家、老师、医生、军人等等，只要做好了，就是实现了自己来到这个世界的使命，在为社会做出贡献的同时实现

1　亚伯拉罕·马斯洛．动机与人格 [M]. 许金声，译．北京：华夏出版社，1987：53.

了自身的潜能。

再换一种说法，苹果、橘子、梨都是水果，但它们又分别是与众不同的唯一，因为生物多样性决定世界的丰富性。所以，如果你是苹果，你要做的就是竭尽全力去做最好的苹果之一，而不必费时费力去做一个永远也做不像的梨。所以，自性实现是指实现自己的优势禀赋或说潜能——经济学上称作“比较优势”，而很多人的不幸，往往就在于未能实现自己的优势潜能。

很多人把财富与幸福对立起来，好像财富多的人就一定不幸福。其实不然，决定人幸福与否通常与财富多少无关，而与人是否在做自己并且是否达成自我实现有关。

你本是苹果，却硬要做梨，做得再像，也不过就是个苹果梨。因此，你很难有持续的幸福感，此时财富反会徒增你的失落感。相反，如果你最大限度地发掘着你作为苹果的潜能，做成了最好的苹果之一，那时名誉、地位和财富作为副产品，会为你锦上添花，增加你的幸福感。

能否实现自己，既取决于社会，也取决于个人。

如果社会主张人人都做驯服的工具，个人是难以自我实现的。如果社会长期压抑个体自性实现的需要，那么将要为此付出代价的不仅仅是个人，更是社会。

但是，仅有社会的开放，一个人也未必能实现自己。如果他不知道自己是谁，不知道自己要往何处去，如果他对自己缺乏坚定的信念和决心，如果他缺乏定力，在潮流面前不知自持，如果他没有致力于发展自己的优势潜能等等，那么，他就有可能无法实现自己。即使他跟着潮流做了一个成功者，他也有可能是一个郁郁寡欢的成功者，因为他自性实现的需要受到了重创。

这又让我想到高更。40 多岁的他，作为巴黎社会中产阶级中的一员，同时拥有完整的家庭，但他不快乐，直到有一天，他选择做自己，选择实现自己的绘画天赋。

当代社会，有多少本该做“这一个”的人做了“那一个”？有多少人虽然成了成功的那一个，但内心却充满不安与躁动？来做这类咨询的人最常说的几句话就是“我高兴不起来”“我觉得自己过的是别人的生活”“我觉得我把自己丢了”。

一个觉得自己把自己丢了的人，一个觉得自己过着别人的生活的人，生活还怎么能有意义？自己给自性实现的需要造成如此重创，还怎么能高兴得起来？

我们的生命如此短暂，我们精力如此有限，而目前我们可以自由选择的机会又是如此之多，所以，我们尤其要努力去找自己，然后去做自己，而不要把时间耗费在做别人和过别人的生活上。

要知道，这个世界上天生就知道自己想要什么的人是极少数的，他们是这个世界的幸运儿，而绝大多数人都要先找到自己。

你要先搞清楚你到底是什么，到底为何而生。找到之后你就去做，才有可能收获完满、幸福的人生。

当然，成长是需要付出代价的。成长需要人放弃熟悉的、习惯的一切，需要勇于走出自己的舒适圈。有时甚至还可能需要人暂时过一种较为艰难甚至不安全的生活，如高更放弃作为中产阶级所拥有的一切，只身到塔希提岛。再如司马迁放下个人荣辱，选择完成《史记》。

但是如果一个人不理睬自己内心中潜能的呼唤，也是要付出代价的。所以选择成长，就要同时准备承担成长的代价——放弃任性、随意的生活，放弃懒惰和随波逐流，放弃安逸和舒适等。而如果一个人选择不成长，他就要准备承受超病理状态——即使丰衣足食，仍然可能烦躁不安，不快乐，郁闷，觉得生活无意义。

自性实现与否和人的幸福感有密切关系，目前西方的研究把人的幸福感分作两类：一是**主观幸福感**（Subjective Well-being，SWB），以快乐论为基础，即认为幸福由主观感受到的满意与快乐组成；另一种是**心理幸福感**（Psychological Well-being，PWB），它以实现论为基础，认为幸福不仅包括快乐，还包括人类潜能的自我实现。

人类的潜能表现在一切方面，只要一个人做到了最好的自己，实现了自己的比较优势[1]，那么不论他的社会地位是高是低，他的成就是大是小，他自己都会有心理幸福感，因为他实现了自己来到这个世界的使命。

马斯洛在其生命晚期的研究中，在需求层次理论中又增加了三层需要：认知需要、审美需要和自我超越的需要。

1　比较优势是指，主体由先天的要素禀赋或后天的学习创新形成的具有较高附加值的相对优势。

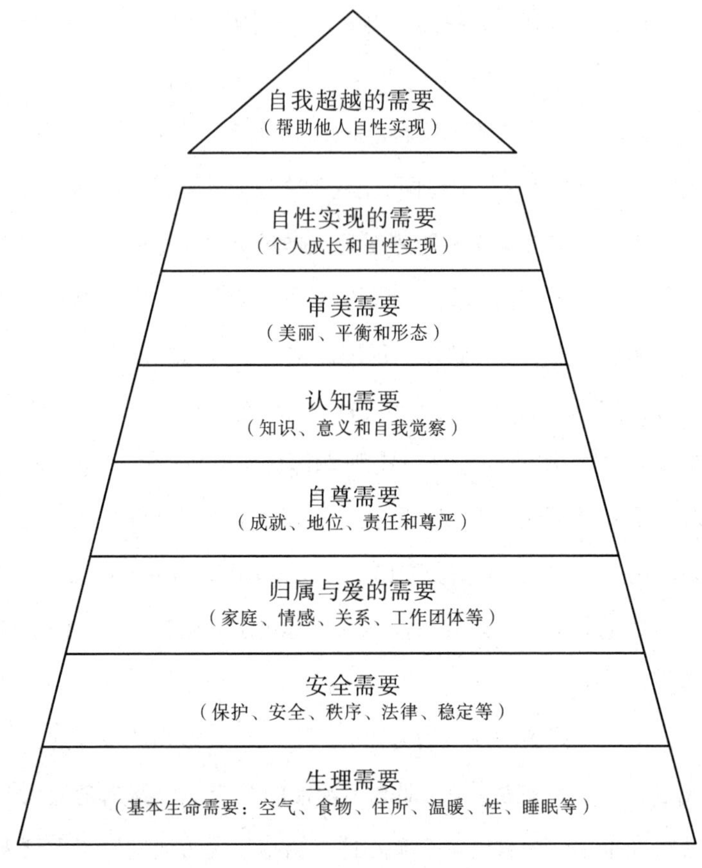

马斯洛需求层次理论（八阶）

马斯洛把**认知需要**（Cognitive Needs）置于自尊需要之上。但是我想，认知需要应该是与生俱来的。当一个小婴儿凝视自己的父母时，当他玩自己的小手小脚时，当他牙牙学语后提出十万个为什么时，他就已经表现出极为强烈的认知需要。

人的认知需要可以分解成许多层面。其中，核心是自我认识的需要，然后以自我为中心向他人与世界扩散：每一件新鲜事物、每一个生活事件、每一种关系的开始与结束、年龄的增长等，都会引发我们的认知需要，使我们去观察、思考、了解与认识。而对自身以及周围人与事的认识，使一个人具有了成竹在胸的控制感。

人最无法忍受的事情之一是不确定，因为不确定带给人不安全感和无助感，不确定使人的认知需要受挫，同时激活了人对灾难的丰富想象。

而在一个基本安全的社会中，成熟的标志之一就是能够忍受不确定性。因为成年人知道，虽然不确定让人很不舒服甚至感到紧张，但是有多少不确定就代表有多少可能性。因此，当他们面临不确定时，会积极面对，尽可能地全面了解情况，从而有效解决问题。

从心理障碍病因学角度看，导致心理疾病的原因很多，其中一种就在于当事人没有满足自身的认知需要，甚至是出现了认知障碍，从而导致心理问题的发生。因此，心理治疗中认知疗法的主要策略，就是找到被治疗者的认知障碍并加以解决。

网络时代，人们面临的最大问题是：由信息泛滥导致的**信息焦虑**，我们姑且称之为**信息焦虑综合征**。最典型的症状有两个：一是控制不住地想要上网浏览信息，二是忍不住地想要不断查看微信消息。

信息泛滥成灾的时代，如果自己不知取舍，不懂选择，同样会使人的认知需要受挫。信息无限，生命有限，怎样在有限的时间内最大限度地接收对自己最有用的信息，同时又能忍受对无关信息的无知，这是心理健康与否的标志之一。

我在教学中注意到一个有趣的现象，表面上看，现在的学生作为网络原住民比大多数老师都更善于网上冲浪，可是真到写论文时，他们能够引用的有价值的信息却非常少。而老师借助互联网所了解到的知识和信息则比学生要深入和全面许多。

把互联网当工具，用完就可以放下。把上网当作一种目的，就很难再放下，因为那是一个充满诱惑的汪洋大海，它可以满足的已经不仅是人们的求知欲和好奇心，还有窥探欲，甚至更多。于是上网求知就异化为“网上冲浪”这样一种杀时间的新型生存方式。

怎样才能够在铺天盖地的信息中保持定力？怎样在如此泛滥的信息中找到真正能够满足自己内在求知与成长需要的资料？

这就又绕回到那个老问题上，你一定要清楚自己是谁，要往何处去，你才能在遮天蔽日的信息中保持清醒，才能摆脱“无知恐慌”，容忍自己永远只能了解沧海一粟的现状。

你要经常提醒自己到底想要什么，才不会在泛滥的信息海洋中迷失自我，不会在大量资料前不知取舍、无所适从，不会在各种信息前丧失自信与定力，你才能有足够的意志力去应付自己对无关信息的好奇，你也才能在过度膨胀的信息资源面前及时发现并抓住那些你想要的资料。

审美需要（Aesthetic Needs）包括欣赏美丽与均衡的需要，体现了人对物质和精神的审美需求。马斯洛把审美需要置于认知需要之上，而我的观点是，审美不仅与生俱来，而且可以和生理需要处于平行世界。比如小小的婴儿就知道凝视绚丽的色彩，也会对着美丽的人和物微笑。

自然中的蓝天白云、红花绿叶、碧水青山、雕梁画栋、小桥流水；人的清正廉洁、纯洁善良……这一切都会让人不由自主地露出微笑。它们使人心情愉悦，感到美好，并激发出人们维护美、创造美的强烈愿望。

就个体而言，喜欢追逐潮流，是人满足自身审美需要的表现之一。在许多人看来，潮流即美，美即潮流。问题在于，如果一个人不知道自己是谁，不知道怎样才能最大限度地表现自己的美，那么很有可能，他越追潮流，属于自己独特的美就离他越远。

现在，人们越来越意识到原生态的美有多么重要，意识到古人给我们留下了多么美丽的物质和非物质文化遗产，越来越多的人开始有意识地以开放的方式欣赏、发掘和宣扬我们自己文化中的美，借奥运会、世博会去弘扬优秀的中国文化。在让世界了解中国的同时，国人对自身文化的审美需要也被极大地激活了。

中国人在审美需要上表现出的其他几个巨大进步是：知道通过房屋装修让自己的居住环境变得更美好；开始懂得注重个人形象，而在这方面，中国女性比男性具有更强的形象管理意识，当然也有严重走偏的，即把整容手术当作提升形象的秘籍。

按照马斯洛晚年研究的划分，在自性实现的需要之上，又增加了一个**自我超越的需要**（Self-transcendence Needs）。在马斯洛的理论框架中，这一需要被明确界定为：帮助他人实现自性及潜能的需要。有自我超越需要的人，有更为浓厚的社会兴趣，更为强烈的服务社会与他人的动机，以及更为深刻的天下一家、普天之下皆兄弟的情怀。因此，他们会表现出更多的利他、奉献甚至牺牲精神。

马斯洛发现，自我超越者不仅存在于宗教界人士、诗人、知识界人士、音乐家之中，也存在于企业家、事业家、教育家、政界人物中。前者如特蕾莎修女、史怀哲、爱因斯坦以及我们所敬爱的蔡元培、周恩来等，后者如比尔·盖茨、创办了民间环境保护组织“自然之友”的梁从诫，以及在各种关键时刻涌现出来的大量志愿者等，他们都是自我超越者中的典范。

20 世纪 90 年代，全球跨国公司发起了企业社会责任运动；2002 年，联合国推出《联合国全球协约》，全球各大企业越来越关注社会责任。国际社会通过这样的大力提倡，激励并强化了企业自我超越的动机。

以上介绍了马斯洛需求层次理论的框架，概括来说，人都具有这八种需要，不同之处只在于比例。看重生理需要的人，其动物性较强，有较强的功利性动机。看重安全需要的人，防御性与戒备心较强，对别人的评价比较敏感，常常会把批评看作攻击。重视归属与爱的需要的人，把关系看得至关重要，容易受环境和他人影响，为了关系宁肯放弃原则；与别人意见相左时，更愿意屈己从人；与人相处时敏感多疑，不敢坦诚相待。而重视自尊需求的人，内心缺乏自我接纳，非常上进，总是渴望向别人证明自己的价值和能力，非常依赖别人的表扬、理解，对批评十分敏感。

在一个人的需求层次里，自性实现的需求占较大比例时，他们会更加自信、平和、乐观、开放，且富有弹性，他们生活在此时此地；与人相处、合作时，也会表现得更加友善和积极。但是大多数时候，他们更愿意沉浸在自己的兴趣爱好中，最大限度地发掘并实现自己的潜能。处在自我超越层次的人，内在和谐、统一、宁静，心怀天下，与宇宙和世界合而为一，更多地想要帮助他人实现自性并发掘其潜能。

在马斯洛需求层次的框架之外，我在心理咨询过程中还看到以下几个值得特别关注的需要：

对目标的需要。

生理学家巴甫洛夫在研究中发现，人的心理上存在着一种目的反射（目的本能），换言之，人天生就有对目标的需要。目标能在很多方面满足人对确定性、意义感、价值感、成就感以及安全感的需要。越符合人主客观条件的目标越能满足人的目的本能；而不符合主客观条件的目标虽然能暂时敷衍人的本能，可时间久了，就会引起不满、厌倦和不安。

目标可以减少不确定性，使人产生安全感，因为目标使人心有了寄放和牵挂。目标可以使人有效避免信息焦虑、机会焦虑、证书焦虑等。因为知道自己要什么，也知道自己不要什么，因此，面对铺天盖地的信息、花样繁多的机会，也可以从容应对与取舍，而不必像那些缺乏自我认识的人一样，只知道跟着潮流去应付自己的目的需要。目标还可以使人产生耐力、坚持、顽强等性格特点。

目标有大有小，如“一生平安”“家庭幸福”“事业有成”“建功立业”“利益他人”等，这些都是人生目标，都能满足人对目的的需要。规划有长有短，如三年、五年、十年等，一时无法做得太长远也没什么，但至少要有个三年或五年规划，那种方向性会使我们感觉充实，也有助于积累成就感。

当然，人对自己的认识是逐渐深入的，也许在现有目标上工作一段时间后，对自己的潜能又有了新发现，那就有必要为自己设计新的、更高的人生规划。

很多人不快乐，是因为他没有恰当的目标，不知道自己该用什么样的人生目标去满足自身对目的和意义的需要；有的人虽然知道自己想要什么，但在强大的社会潮流影响下，他不敢坚持自己的主见，跟着多数人走，虽然也得到了一些东西，但因为那不是自己真正想要的，所以不仅体验不到快乐，反而更失落。

我们的社会、文化规定了有关工作好与坏的标准，规定了衡量成功与失败的标准，白领是好的，清洁工是不够好的；事业有成是好的，做家庭主妇或主夫是不够好的……这使很多独立的个体不得不压抑自己去迎合社会，不得不漠视自己内心的呼唤，久而久之，会逐渐远离自己的独一无二，直至迷失。

这类例子中最典型的莫过于家长为孩子报高考志愿了，孩子明明擅长历史，父母却跟着潮流强迫孩子报经济类专业，等孩子接到录取通知时，怎么能快乐？！其他如找工作、换工作、是否出国留学以及在哪方面进行自我提升等，都与一个人是否有明确的、适合自己的人生目标有关。

人生最理想的状态是，做自己喜欢做的，然后把名利等社会定义的价值当作副产品。否则，总以社会定义的外在价值为目标，追求的并不是内心真正想要的，结果往往是虽然成功了，却体验不到快乐。等那时再想去做自己想做的，又会受时间、年龄、精力、社会身份以及家庭等因素的约束，即使最后成功了，大概率也会是一个郁郁寡欢的成功者。

现在的社会风气很浮躁，抵御环境的诱惑、做自己想做和能做的事，也同样要付出代价，比如，被亲友误解、被名利诱惑，以及暂时面临种种具体困难等。

不论做自己还是随波逐流都要付出代价，两种选择的差异在于：随波逐流可以让我们眼前感觉轻松愉快，但若你现在得到的与你真正想要的并不一致，那么就有可能为日后留下长远的困扰。

对大多数人而言，从当下看，做自己会有不少麻烦，有时甚至需要付出很大代价，但它却关系到我们日后长远的发展与快乐。

总之，目标是关乎人生是否能够持续发展的大问题。

我们最终的人生故事，由我们今日的人生目标所决定。

我们将拥有的人生，由我们今日想要的人生所决定。

对过程的需要。

从宏观上看，人有对目标的需要，人需要用目标安置自己的希望，并使自己的生命有价值。从微观上看，人还有对过程的需要。因为人的很多目标是阶段性目标，一个阶段结束就代表有了阶段性结果，不论什么样的追求，一旦有了结果，再大的喜悦与满足也只能维持很短的时间，紧接着就是对新目标的渴望。

尽管好的人生目标分解之后是环环相扣的，完成前一个，便为下一个打下了良好的基础。但如果一个人只在实现了目标时才快乐，他就会因为忽略对过程的需要而剥夺了自己享受幸福的权利。

忽略自身对过程的需要，一心只盯着目标，过程就会成为一种难以忍受的煎熬。实现一个目标后立刻被另一目标所驱使，匆匆忙忙地又立刻上路。久而久之，对目标的追求能带来的已不是快乐，更多只是对内心焦虑的缓解。

至此，人对目标的追求就出现了异化——本来是为了实现自己，为了生活得更好而追求目标，但结果却变成为了减轻痛苦（如缓解焦虑）而追求目标。这样的人生还有什么幸福和意义可言？

幸好人有自我调节力。人的自我调节能力实在太奇妙了，对过程的需要就是其中之一。相对于对目的的需要，对过程的需要可以抑制单纯的目的取向，使人不仅得以体验日常生活的美好，还能从道德上约束人的过度追求，从而保证快乐的可持续性。

一个心理健康的人懂得尊重自身对过程的需要，懂得体验过程的美好。因而，他在追求目标时不会急功近利，不会以不道德的方式去实现目标，不论遇到多少挫折，他都会坚守正道。因此，一旦实现目标，他会收获许多丰硕的副产品，如自我赞许的体验、自我价值感的增强、逆境中坚守正道的成功经验等。而所有这一切，都将为他的持续发展奠定坚实的基础。

一个忽略自身过程需要的人，往往急于求成，不择手段，即使侥幸成功，其快乐也是有限且短暂的，同时为自己日后的发展埋下了隐患。

结果短暂，过程长青。心理健康的人更多是从过程而非结果体验追求目标的幸福。

过程是我们人生中的每一天，过程是我们追求目标中的每一步。没有过程，永远不会有结果。

更何况，再好的结果，已成定局，能带给人的活力、丰富与满足都已凝固。

过程不然，只要过程在，变化、想象、活力与快乐就永远在。

对道德的需要。

也许有人会问：“你怎么知道人有道德需要？”

让我来证明给你看！

你看那个因为人际冲突而苦恼不堪的来访者，你看他不断追问自己的那些话：“我那样说（或做）对吗？我到底什么地方出了问题？”

你看那对被孩子的不良行为困扰而来咨询的夫妻，他们在抱怨甚至痛斥孩子行为的同时，并未放松对自己的反思：“是不是我们当时不该那样说，是不是我们的确做错了什么？”

你再看那些振振有词、用各种理由为自己辩护的各类违法者；看看光天化日之下，人们以正义的名义所犯下的种种罪行……

凡此种种，你一定能看出人的内心对道德有多么强烈的需要，人是多么需要相信自己是公正和道德的，需要相信自己是正派和正义的。因此，这世上才有了许多为所做过的错事而反省、自责、悔过的人，也有了各种伪君子，以及各种假道义之名的劣行和阳光下的罪恶。

最后，我们来看一段经典台词，就是那段感动、塑造了整整一代美国法律人的台词。在电影《杀死一只知更鸟》中，律师爸爸回答女儿为什么要违背社区所有白人的意愿去为黑人伸张正义，他说：“我现在只能告诉你，等你长大后，也许你们回首这件往事的时候会心怀同情和理解，会明白我没有让你们失望。”女儿反驳爸爸：“镇上的人都认为你是错的。”爸爸说：“我在接受他人之前，首先要接受自己。有一样东西不能遵循从众原则，那就是人的良心。”

对道德的需要使人产生**道德焦虑**（Moral Anxiety），即当一个人要做或已做了违背良知的事时，会有担心、害怕、不安、自责等情绪反应。如果一个人具备适度的道德焦虑感，那么这一系列负性情绪反应便足以约束他，使其在采取不道德行为前终止行动。但如果一个人的道德焦虑感不足，以至于未能及时控制自己的不道德行为，那么事后，他为自己的劣行所找的种种理由便成为他安慰自身良知的最后挣扎。

前面曾提到，这个世界的确存在犯了错甚至犯下罪行却毫无内疚与担心的人，这种人在精神病学上被称为“**反社会型人格障碍**”（Antisocial Personality Disorder）患者，这样的人在做违背人类良知的事之前不会有不安、紧张等压力，在做了错事之后也没有自责、害怕、内疚等情绪。但是这种有人格障碍的人毕竟是极少数，这世上绝大多数正常人都具有与生俱来的道德感。

人对道德的需要，追根溯源，可以用心理学家荣格的“集体无意识说”加以解释。所谓**集体无意识**（Collective Unconscious）是指人类祖先的活动方式与经验留在人脑结构中的遗传痕迹。它反映的是人类在以往历史进化过程中的集体经验，是数万年来人类祖先经验的沉积，它超越时空，是人类共同拥有的基因密码。

集体无意识由各种**原型**(Archetypes)组成。原型又称原始意象，荣格认为:生活中有多少典型环境,就有多少原型。如“母亲原型”“英雄原型”“救星原型”“正义原型”“良知原型”等。当符合某种原型的情境出现时，相对应的原型就会复活，产生一种强制性，像一种本能驱力一样，自动发挥作用。

例如，当一个民族面临危难时，民众的“救星原型”就会被激活。当提到母亲时，全世界的人几乎都会立刻联想到慈爱、坚忍、美好、奉献等词汇。当艺术作品表现英雄人物时，我们发现，不论中外,英雄人物身上都有许多相似的特征:博爱、端正、英武、强壮、智慧。当提到正义时，世界各地的人都会联想到公平、道义、正直。当一个人被公认为有道德时，通常会引发人们诸如敬重、钦佩以及安全等情感……

正如荣格所说，各种“原型经验的集结，它们像命运一样降临在我们身上，其影响可以在我们最个人化的生活中被感觉到”。

人为什么会有道德原型？这还可以用卢梭的社会契约论加以解释。

人类社会在千百年的进化中，发现遵守必要的道德约束或说遵守一定的共同生活准则是社会得以正常运行的前提。因此为自身利益计，每个人都不得不牺牲一部分个人自由以换取有利于个体持续发展的外部环境。

所以，每当我们选择进入一种关系，不论我们是否有过口头的或文字的承诺，都意味着我们自愿承担了一种社会契约，因而就有义务遵守规则。久而久之，这种规则意识便进入了我们最深层的精神结构中，凝结为道德原型，并凭借社会遗传（Social-genetic）的方式，成为我们与生俱来的一种先天倾向，促使我们每一个个体以我们祖先的方式对世界做出反应。那是一种“从来也不需要想起”，但却“永远也不会忘记”的先天倾向。

由此可见，世界发展到今天，人类的良知已发育得十分成熟。也正因如此，与之相应的、替自己辩护的各种歪理邪说才会如此发达。所以，如果一个人愿意，他可以为自己所做的错事找出无数理由，以降低违背良知的道德焦虑。

同理，一个人为自己所做的某件事找的理由越多，说明他内心的焦虑越大，困扰越多。“天网恢恢，疏而不漏”，不漏的不仅仅是法网，更有人心——就是自己那颗得之于集体无意识的良心。所以一旦做了违背道德的事，人就无处逃生了。逃得出法网，也逃不出自己内在那颗受了重创的心。

因此，那些由于世上的恶行太多而对人丧失信心的人可以振作起来了。

对伟大与崇高的需要。

某种意义上，这与马斯洛及一些宗教学家提出的自我超越需要说有相似之处。人有对伟大与崇高的需要是我在实践中体会到的，因此特别提出。

与大自然相比，人的生命太脆弱。人显得如此渺小，如果没有伟大与崇高的支撑，很难在世界上生存下去，所以人便产生了对伟大与崇高的需要，或说是仰望星空的需要。

近年，票房破五十亿的国产动画电影《哪吒之魔童降世》和破十五亿的《姜子牙》，除满足了观众的娱乐、休闲和审美需要之外，在某种意义上，也满足了观众对伟大与崇高的需要。在这两部影片中，哪吒通过自主选择破除魔咒的伟大举动，和姜子牙一人即苍生、人不需要神的崇高信念，让观影者热血沸腾、激情澎湃，这都是其对崇高的需要被满足后的表现。

一般来说，宗教信仰、理想信念都是满足这种需要的方式之一。它们使生命有了不寻常的意义，使人生有了存在下去的价值。大家可以去看一看伊朗经典电影《小鞋子》《黑板》《白气球》等，那些为大家所公认的崇高品德——纯洁、善良、自律、博爱、诚信、忠实等，在这些影片中只是主角们极其自然的生活状态的呈现。那些生活清贫却受着神光烛照的人，为世界提供了具有高度审美价值的道德榜样。

但是，人并非要有一个具体的偶像才算有信仰。解析世界几大宗教，其实它们有着一个共同的理念：敬畏生命，热爱生命，珍惜生命。一个具有这些理念的人，他就是有信仰的人。

一个人为了生命世代相传这个伟大目标而辛勤劳作，他的心中就有了信仰，那是对生命的信仰。有信仰的人很少得心理病。正如有人说的："有念想的人，活得长，放得下。"

一个真正懂得敬畏生命、热爱生命、珍惜生命的人，他会以爱人如己、爱己如人的方式，满足自己对伟大与崇高的需要。这样的人，只会被具体的困难暂时影响，而不会被心理疾病长期困扰。

中国哲学中有许多敬畏生命的理念，中国民俗中有许多敬畏生命的禁忌。这使中华民族可以不要国教，却在心中拥有神明，而且是极富人性、真正以生命为本的神明。这也是中国文化源远流长的内在缘由，电影《活着》就将这种“重生”观表达得淋漓尽致。

前文介绍了马斯洛的需求层次理论，同时补充了我在咨询室里看到的一些会对人们产生影响的具体需要。但是仅仅了解它们还不够，因为不同年龄的人群在需要问题上还存在认识的误区。比如，一些年长者仍然保持着压抑自身需要的习惯，而年轻人往往又会为了满足自身需要而冲动行事。所以，还有必要提醒大家注意以下一些要点，这是我在多年咨询与教学中总结出的经验。

首先，人的所有需要都有权利得到正视和满足。

需要是客观存在的，是人的生理和心理规律之一，对于规律，我们只能了解和尊重，否则就会被惩罚。比如一些中年人不顾身体（基本需要），只顾工作（自尊与实现的需要），结果积劳成疾，英年早逝。而一些年轻人只顾满足物质欲望（基本需求），而忽视内心精神需求，中年后就可能被空虚与无意义感所纠缠，以至于什么都有却没有幸福感。

再如，父母不懂得满足孩子的需要，孩子在身体、精神上遭受的损失早晚会以某种方式成为父母的心病。而一个社会不满足公民的需要，就会面临动荡不安的危险，比如 2020 年由美国黑人弗洛伊德被白人警察“跪杀”事件而引爆的全美骚乱。虽然以上罗列的都是极端的例子，但若等到自己处于这种极端状态中才想到要照顾自己的需要，代价就太大了。

需要能否被满足，取决于内外双重因素。动荡或专制的社会会让民众的缺失需要受挫，放任或跋扈的父母会让孩子的存在需要受挫。然而，并非所有被压抑的需要都源于外界的压制，有些时候，人会以很多方式与自己作对，压制自身的需要，从而导致心理疾病。

我在咨询中总结了几个衡量自己是否照顾好了自身需要的方法：如果你平时一直是一个负责任的人，那么，当你为自己想要好好放几天假的念头感到内疚时，当你因为睡了懒觉而自责时，当你看着电影还想着工作时，我就可以确定地告诉你，你对自己的缺失需要忽略得太久了，你实在太需要学习如何好好照顾自己、关照自己的基本需要了。

当你虽然有了成功却不快乐，虽然有了名利却若有所失，当你总觉得你得到的不是最想要的时，那么最有可能的原因就是：你忽略了你的存在需要，你让自己自性实现的需要，甚至是自我超越的需要，被长久忽视，它们正急切地希望得到你的关照和呵护。

你一直在细心倾听自己的需要吗？你照顾好自己的需要了吗？

人的生理需要是有限的，受物质条件所限制。一个胃，即使有再多再好的食物，也只能容下那么几碗的量；一个身体，即使有再多的席梦思床，也只能睡那么一张。很多人不明白这一点，给自己造成了很多不必要的困扰与麻烦。

需要不满足会出现问题，而超过需要的供给也会引发问题，让人得各种身心疾病。例如当代的很多躯体疾病都是由过度供给所造成的，孩子的很多心理困扰也往往是父母的溺爱所造成的。

再有就是被市场经济刺激起来的虚假需要也给人造成了许多错觉，使很多人误以为广告所介绍的就是自己需要的，结果导致了更多的对生理需要的超限满足，其清晰可见的现实后果之一便是，不健康的生活方式所引发的各种富贵病。

相对而言，人的精神需要有较大发展空间，人在身心构造上的特点——让生理有限，心灵无限——客观上要求人更多关注自己的心灵。但当前的现状是：人们对有形的生理需要给予了过度关注，却忽略了心灵需要。

当然，这也不能不考虑历史原因。物质匮乏的时候，人的基本需要被压抑得太久，以至于当人们有机会满足自己的需要时，往往会出现过度反应。另外，在某些历史阶段，社会对人的精神需要有很多误导，使人们以为有了精神就有了一切，以至于当人们重新有机会满足自己的物质需要时，又对自己的精神需要做出过度的排斥甚至否认，从而使精神需要受到双重挫败。

身心需要满足上的不平衡导致的结果就是：心理诊所中出现了不少虽名利双收却郁郁寡欢的成功者，以及那些有了房子、车子，却靠国外进口药保持欣快感的高薪者。

其实，名利与快乐并非对立物，就如同财富与幸福并非对立物一样。一个人本可以既有名利又有快乐，也可以虽没有名利却仍然拥有快乐（当然是在满足温饱的前提下），关键在于人是否对自己的生理需要和心理需要给予了适当的关注和满足。

其次，**需要**（Need）不等于**想要**（Want）。

需要是一个人由于内在匮乏而引起的一种紧张状态，包括生理和心理两方面。而想要是一种愿望。需要的满足对一个人的生存至关重要，而想要或说是愿望的满足则与生存无关。所以，满足“需要”是雪中送炭，满足“想要”则是锦上添花。

对需要与想要的区分非常重要。很多时候，我们对来访者的咨询或者治疗就是从区分其需要和想要入手的。需要是一个人由于客观匮乏而引起的一种紧张状态。想要则是一个人由于主观匮乏而引起的一种紧张状态。需要受挫，机体便难以正常运转，人的生活就会从根本上受影响。而想要得不到满足，机体却一样可以继续行使功能。但很多时候，人们往往因为把想要误当作需要，而感到受挫与不幸。

举例说：人需要吃饭，但甲的想要是顿顿满汉全席；人需要安全，而乙的想要是这个世界完全没有安全隐患；人需要尊重，可丙的想要是被所有人尊重；人需要认知，但丁的想要是读遍世间所有书。

需要和想要混淆的结果是：人会经常处于强烈的受挫之中。需要不会变，因为它是一种客观存在；但想要却总在变，因为它是一种主观要求。所以，能否清醒地区分需要和想要，对一个人的心理健康有很重要的意义。

需要受挫和想要受挫在临床上的最大区别是：前者往往不知道自己为什么而苦恼，而后者却非常明确自己是因什么而痛苦。

在心理咨询与治疗中，我们对需要受挫者，会努力启发他了解自己的需要，并让他学会以尊重、关怀和富有建设性的方式接受并满足自己的需要。而对因为想要受挫而来咨询的人，我们则会首先与他讨论他想要的合理性，例如他的想要与他的主客观条件是否匹配（通常都不匹配），他实现想要的方式是否有建设性（通常都不具有建设性），以及他的想要与他的需要之间是否存在矛盾（往往都存在矛盾）。

需要不等于想要。如果你现在正陷于某种苦恼中无法自拔，那么就请先问问自己：让我苦恼的到底是需要还是想要？是需要，那就有必要寻找建设性的解决方法；如果是想要，那就要区分它是合理的还是不合理的。

如果你的想要合理，很简单，就用建设性的方法去满足它。如果你的想要不合理，那就有必要改变自己的观念。

那么，人为什么会产生不合理的想要或愿望？

首先是环境刺激的作用。现在社会上的诱惑太多、太大，经济急速发展条件下涌现出许多被各种广告、宣传所诱发的冲动和渴望（想要）。例如，手机有 iPhone 5 不行，还得有最新款的 iPhone 13；车有奥迪不行，还得有最新款的奥迪 A4L，才能够“做更强大的自己”（奥迪文案）。

总之，这是一个千方百计要激活、利用我们的原始欲望（本我）的时代，而这些重新被唤起的本我，有很多正是我们的祖先在成千上万年的演化中成功压抑了的部分，是人类进化必须付出的代价。可是在今天，它们却被重新唤醒并急速膨胀，成为永无止境的“想要”，某种意义上，这是一种退化。

前不久读到一篇文章《算法是怎样一步步毁掉年轻人的世界

的》[1]，其中有很多振聋发聩的观点值得大家去思考，这里只做部分引用："当互联网时代兴起后，技术慢慢演变为向人类索取、引诱甚至操纵并从人身上获利的工具，以人为主动型技术环境，转变为以人被动接受的、致瘾操纵型的技术环境。……硅谷大公司的高管们就很警惕这个问题，比如比尔·盖茨和史蒂夫·乔布斯的小孩，童年就被要求与电子产品完全隔离。……上瘾带来的后果是，（技术）将你还没想到的部分，用算法推送给你，使它们成为你思想的一部分，还让你觉得这是自己所想的。"

由此可见，今天的我们，比以往任何时候都更有必要依靠审辨思维，学会区分自己的"需要"和"想要"，不要在大数据分析和算法推送中迷失自己。因此，辨别自己的想要是否合理，懂得放弃自己的不合理想要，对人的心理健康有非常积极的意义。

第三，需要无好坏之分，但满足需要的方式有优劣之别。

某些历史时期，人们被一种误区所困扰：需要是有问题的，考虑自己的需要是一种过错，小到生理需要，大到归属与爱、认知、审美以及自性实现等需要。追求美食是错的，注重服饰是错的，儿女情长是错的，跟着兴趣走是错的，注重功名更是错的……所有这一切都要被压抑。

如今中国在全球化浪潮中由客场转为主场，中国处于前所未有的物质极大丰富的状态，人们的需要被过度关注和照顾，以至于事

1　详见财新网 2020 年 10 月 12 日的科技专栏。

物又开始走向另一面：许多人开始把愿望当作需要。

这会不会为持续发展埋下新的隐患？会不会导致我们过度消耗我们后代的资源？会不会让现在的人类给自己的后代留下一个危机四伏、千疮百孔的地球？

此外，物质上的更多和更好并不像人们以为的那样会为他们带来更多的幸福和快乐。相反，物质富足到一定程度后，人们感受到的快乐或者幸福会减少。这是一个**系统脱敏过程**。什么东西总接触，时间长了，人们对它的感觉就没有刚开始那么敏感了，虽然它仍然在潜移默化地影响着我们，但是我们自己能够体验到的幸福感却在递减。经济学上把这个现象称为**边际效应递减**。

从心理学角度看，这叫**适应水平现象**（Adaptation-level Phenomenon），指快乐与不快乐、满意与不满意的情绪都是相对于以前的状态而言的，如果我们现在的所得超过了以前的水平，我们就会感到满意、成功和幸福，如果我们现在的所得降低到以前的水平之下，我们就会产生挫折感和失败感。

不仅如此，单纯追求物质上提升还有可能带来附加的烦恼，比如各种与不健康生活方式相关的躯体疾病，再如精神上的空虚与失意。这从近些年中国心理咨询师队伍迅速发展壮大但仍供不应求的社会现实中也可以看出。

近些年，西方社会心理学家在研究中发现物质主义价值观开始减弱，人们在消费观上开始趋于成熟，更多的人开始关注环境保护、人与自然的和谐、社会公正、生活的意义等问题。2020 年新冠疫情的暴发也许有可能成为促进中国人消费观趋向成熟的催化剂。

第四，需要无优劣之别。它们是与生俱来的，不存在好坏之分。

大家熟知的弗洛伊德，其理论的全部根基便建筑在人的基本欲望或说需要之上。在他看来，文明的进步以部分地压抑人的欲望为代价，而那些过度压抑自己需要的人，就会在长久的内心冲突中罹患心理疾病。

在弗洛伊德的处方中，有两个关键的概念：一是能否接纳自己的欲望，二是能否以社会允许的方式满足自己的需要。心理健康与不健康者正是在这两方面存在较大差异。

心理健康的人不仅能正视并接纳自己的各种本能欲望或说需要，而且能以建设性的方式满足自己的需要。但一个心理不健康的人则会花很多时间去否认自己的需要，严重的甚至是与自己的需要作战。即使他勉强承认自己的需要，也常常会因为采用了破坏性方式满足需要而使自己陷入困境。

心理治疗师无法根据一个人的需要去判断他是否出现了心理问题，但却完全有把握用一个人对待自己需要的态度和满足需要的方式，去判断他的心理健康水平。

如果一个人总是选择那种会使自己陷入更大困境的方式满足自己的需要，那么，他通常都不够健康。相反，如果一个人通常都能以建设性的方式满足自己的需要，那么，他的心理就不会出大的问题。

此外，心理健康的人还知道在满足自身需要的同时注意满足他人的需要。自己和他人是一枚硬币的两面。我与你，我与他，是我们共同构成了这个世界，如果一个想要满足自身需要的人不懂得尊重与关心他人的需要，那么他自身的需要也很难得到持续的满足。

所以，“老吾老以及人之老，幼吾幼以及人之幼”“己所不欲，勿施于人”等观念，就成了心理健康者的自觉选择。

第五，一个人越具备满足自身需要的能力，就越能降低环境对自身的控制。

尽管从广义上看，这个世界中人与人的关系是密不可分的，所以，人与人都是相互支持与依赖的；但从狭义上看，如果我们具备自主和自足的能力，我们就可以减少对周围人的依赖，精神上也一样。

很多时候，有些人的需要受挫与他缺乏满足自身需要的能力有关。因为缺乏能力，就不得不更多地依赖环境支持，但现实常常是：越依赖环境的人，从环境中得到的越少。相反，越独立于环境的人，从环境中得到的反而越多。这就是需要满足上的“马太效应”：有的，让你更有；没有的，连你原有的都拿走。

第六，人有义务自己满足自己的需要。

如果我们只知道自己在需要问题上拥有的权利，却不知道自己在需要问题上同时拥有义务，不知道尽可能以建设性方式去满足自己的需要，那么，在如今这个机会众多的时代，我们只能独自承担让自己的需要受挫的后果——物质上的匮乏和精神上的困扰。

这方面的生活实例比比皆是，有的甚至触目惊心。那些能够在极为艰难的逆境中奋发向上的人，那些不仅改变了自己和家族的命运，而且为这个世界做出贡献的人，都是具备满足自身需要能力的人，他们是这个社会的楷模。

你一直细心倾听自己的需要了吗？你有动机、有能力照顾好自己的需要吗？你注意到自己亲友的需要了吗？你在必要时有能力满足他们的需要吗？

本章涉及术语：需要、缺失需要（生理需要、安全需要、归属与爱的需要、自尊需要）、缺失性动机、存在需要（自性实现）、存在动机、主观幸福感、心理幸福感、认知需要、审美需要、自我超越的需要、道德焦虑、反社会型人格障碍、集体无意识、原型（救星原型、英雄原型、良知原型、母亲原型、正义原型等）、想要、适应水平现象。

就是这股生命的泉水，日夜流穿我的血管，也流穿过世界，又应节地跳舞。就是这同一的生命，从大地的尘土里快乐地伸放出无数片的芳草，迸发出繁花密叶的波纹。

——泰戈尔

练习题

练习一：请按马斯洛需求层次理论确认自己当前占主要地位的需要

说明：了解自己的需要，了解自己当前占主要地位的需要，可以帮助我们更好地认识自己，并以建设性方式满足自身需要。

为了方便大家做自我认识，下面附上马斯洛的需求层次图。

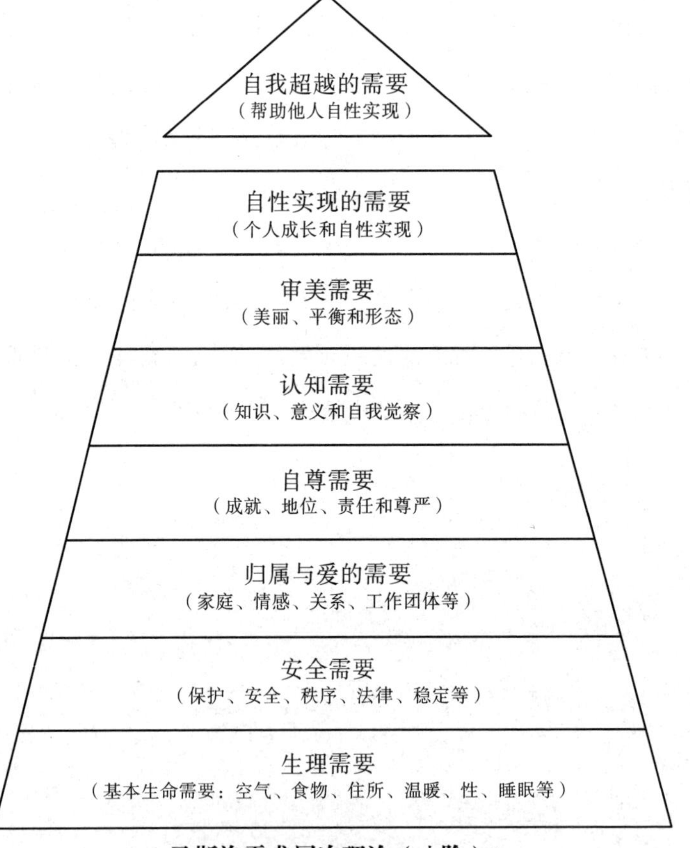

马斯洛需求层次理论（八阶）

当你对自己当前占首位的需要有更清晰的认识后，你可以先制定一个符合自己主客观情况的满足需要的计划，先放在一边，然后往下做练习。

练习二：找到自身需要受挫的原因并努力提高满足需要的能力

有必要说明，我们这里重点练习的是那些基本不需要别人配合就可以自己满足自己需要的方法。凡是需要别人配合的需要，满足起来就要复杂很多，比如自尊需要、归属与爱的需要，有相当一部分需要别人的配合。为了获得别人的配合，请记住一点：你得先付出。比如，你想满足自己归属与爱的需要，那你得先做出能够让别人感受到归属与关爱的行动。

在之后的章节中，我们会涉及与他人合作共享，彼此满足对方需要的内容。这里我们先学习只要自己改变观念和方法就可以满足自己需要的一些方法。

（一）如果你是因为不能正视自己的需要而使自己感觉受挫。

例如：你需要休息却无法坦然地休息，甚至不敢休息。

有时候，人们没能有效满足自己的需要，不是因为他们没有能力，而是因为他们在想要满足自己需要的时候心存内疚。这部分人存在这样的认知歪曲：只有自私的人才会想着满足自己的需要。这样的人常常以“工作的名义”“他人的名义”去压抑自己甚至亲人的需要。

这种情况下，你需要复习我们前文谈到的观点：人的所有需要都有权得到正视和满足。需要是客观存在的，是人的生理和心理规律之一，对于规律，我们只能了解和尊重。

此外，你还有必要了解：这个地球离开了谁都会继续运转，唯有你自己或是亲人的离开，会使你不能或者难以运转。所以从现在开始，要学着接纳并且满足自己的需要。

有的人在解决了上述认知问题后，会自己想出很多方法接受并且满足自己的需要。有的人还需要一些方法上的加持。

现在，我们仍以休息为例，一起来制定一个符合你个人情况的“满足休息需要的计划”，以使你逐渐学会毫无内疚地满足自己休息的需要，并进一步学会接受并满足自己的其他需要。

你可以先从小事做起，比如看书或者工作 50 分钟后休息 10 分钟；再如每天拿出半小时或者 1 小时做自己喜欢的事：看小说、看电影、做运动、发呆都可以；最后，周末一定要拿出至少半天时间，充满仪式感地与家人共度。

如果你能坚持做这类练习一段时间，则不仅能学会坦然地享受休息，也更能享受生活。举一反三，你就可以继续发展满足自己需要的其他方法。

（二）如果你是因为缺乏满足自己需要的能力而使自己的需要受挫。

如果是因为缺乏问题解决能力而导致自己的需要和情绪受挫，那就需要具备解决问题的能力。与之相关的内容，请参见“术语十五、十六：能力和性格”。

练习三：你能区分自己的需要和想要吗？

说明：前面我们提到，需要是客观存在，是人的生理和心理规律之一。对于规律，我们只能了解和尊重，否则就会受到惩罚。

但是，想要则不然，想要有合理和不合理之分。很多时候，人们会痛苦，不是因为他们的需要没有被满足，而是因为他们不切实际的想要没有被满足。所以，能否区分需要和想要，对人的心理健康有很重要的意义。

（一）请完成下列有关“我需要……”和“我想要……”的填空：

我需要：	我想要：
1.	1.
2.	2.
3.	3.
4.	4.
5.	5.
6.	6.
7.	7.
8.	8.

（二）与朋友交换着看上表，并分享感受。

（三）用合理和不合理的维度区分你的“想要”。

需要都是合理的，都应该被满足。但是想要不然，想要相对于我们个人和环境的条件被区分为合理的和不合理的，以及现实的与不现实的。

1. 如果你现在的痛苦是源于你的想要不现实。

例如：你的月薪只有3000元，你拥有可以满足基本居住需求的住房。但是你想要一栋别墅，你觉得那样你才会快乐，可是你眼前又没有实现这个想要的条件，那么这个想住别墅的想法就不现实。

为了调节你的心情，你可以参考下面的话，以说服自己改善情绪：

“我想要……，因为我认为有了它我才会快乐。但是，我现在发现它不是非满足不可的需要，那么，在我有能力满足这个想要之前，我选择让自己在现有条件下快乐地生活。”

2. 如果你的想要根本就不合理。

例如：你需要安全，但是你想要这个世界不存在半点不安全因素。你现在正因为这个想要无法得到满足而痛苦，甚至恐惧，以至于得了“广场恐惧症”，连家门都不敢出。

假如你现在正在做心理治疗，你知道心理医生会为你做些什么吗？

他会和你讨论，直到你认识并且发现自己的想要不合理为止。

如果你已经出现很极端的恐惧症状，你就一定要到专业的心理咨询机构去寻求帮助；如果你还没有到如此严重的程度，你可以尝试为自己做以下事：

（1）与一个值得信赖的亲人或朋友讨论你的想要，看他们对你的想要有什么不同的看法。

（2）到专业的心理门诊机构，或者到专科医院的心理门诊去做心理咨询，讨论自己的想要是否合理。

总之，如果你现在的痛苦是因为你有不切实际的或者是不合理的想要，那么，解决痛苦的方法只有改变你的观点或说愿望。

用心理治疗专业术语来说叫**矫正认知歪曲**。

（四）你在上述练习中对自己有什么新的认识和了解呢？请写下你的发现和感受。

1. 我感觉：

   我发现：

2. 我感觉：

   我发现：

3. 我感觉：

   我发现：

练习四：学习用建设性方式满足自己的需要和合理愿望

说明：人们在日常生活中总在不断地解决问题，大到处理工作难题和人际冲突，小到解决一日三餐、柴米油盐。人与人在解决问题上的区别只在于是采用了建设性方法还是破坏性方法。

建设性方法是指让自己进入良性循环的问题解决方法，如通过改变学习方法提高学习成绩。破坏性方法是指尽管表面上解决了当前的问题，却会让自己陷入更大的麻烦中，最典型的就是“饮鸩止渴”，当前的渴虽被解决了，却让生命面临极大的危险。

了解自己解决问题的风格，确立用建设性方式解决问题的理念和方法，可以帮助我们高效率、可持续地满足自身需要。

（一）请先看下面的示范。

涉及需要的情境	满足需要的方法	方法评估：建设性的或非建设性的	选择方案
1. 我需要被别人尊重	（1）先学习尊重他人 **或** （2）挑剔并指责别人	方法评估：是建设性满足需要的方法 方法评估：是破坏性满足需要的方法	选择方案一
2. 我需要安全	（1）不出门，不和任何人交往。 **或** （2）日常生活中遵守交通规则，与人为善，远离毒品等。	方法评估：是非建设性方法 方法评估：是建设性方法	选择方案二
3.			

（二）重新评估自己以往的某些满足需要的决策。

涉及需要的情境	当时满足需要的方法	方法评估：建设性的或非建设性的
1.		
2.		
3.		

（三）仔细思考自己过往满足需要的方法的利弊，而后和朋友分享你的发现和感受。

（四）与朋友就需要改进的地方进行讨论。

（五）总结自己的感觉和感想。

（六）就眼前想要满足的需要罗列解决方法，再做出评估和决策。

涉及需要的情境	满足需要的方法	方法评估：建设性的或非建设性的	选择方案
1.			
2.			
3.			

总结自己的感觉和感想。

我们的情绪，我们的朋友
——术语三：情绪

几乎每一种纯粹的金属都是脆弱的，而许多杂质却可以使其变得坚硬。

——罗曼·雅各布森

在讲情绪之前，我们先来做一个小小的思想实验，请问：

假如你可以自由选择自己的情绪，那么在以下这些配对的情绪中，你会选择哪些？

正性情绪：快乐　满足　轻松　无畏　振奋

或

负性情绪：痛苦　忧伤　紧张　恐惧　沮丧

我曾多次在课堂上做这样的小试验，结果无一例外，所有人都只选择第一排的全部正性情绪。

现在我要再问一个问题：

如果你身处东北森林中，面对一只东北虎，你认为恐惧更能够救你还是无畏更能够救你？

再假设，你最好的朋友失去了TA最爱的人，TA却表现得很快乐，你觉得你应该为TA高兴还是担心？

所以，情绪是“好”还是“不好”，不在情绪本身，而取决于其与环境的匹配。换言之，适时适度的情绪就是好的，而不适时不适度的情绪才是不好的。

所谓**情绪**（Emotion），是以生理变化和外部表现为特征的一系列主观体验。

以快乐这种**正性情绪**为例，当我们达到了渴求的目的，原有的紧张感就会解除，这时，我们体验到的情绪就是快乐。此时，我们主观上的体验会是愉悦、欣喜、满足，生理上会变得放松，外部表情则是笑逐颜开、神采飞扬、手舞足蹈等。

在人们眼里，正性情绪都是好的，因此，越多越好。而负性情绪都是不好的，因此，一点都没有才好。

其实这是对情绪的重大误解。

抽象地看，快乐的确比痛苦好，无畏一定比恐惧好，振奋一定比沮丧好。但是，生活是具体的，我们根本无法脱离具体的情境来判断情绪的好坏。

比如在森林中遇到老虎，如果我们不感到恐惧而设法躲避，那么，十有八九会葬身虎口；而唯有恐惧，才能调动起人的生命潜能，使人拥有逃出虎口的一线生机。

再如参加高考的学生，除非他是学习的天才，否则他上了考场还轻松无比，那么他的成绩百分百会出问题——因为他的焦虑不够，无法激活考试所需要的能量。

如果人类没有情绪，这个世界会是什么样子？

让我们想象一下，如果日出、鲜花、蓝天、白云这些大自然的美景不能触动我们，使我们体验到陶醉、迷人与美妙，那么生活会是多么单调、枯燥与乏味？

如果人与人之间的关怀、期盼、牵挂与支持不能使我们产生温暖、亲近与感动的情绪，那么这个世界该是多么冷漠、无情与荒凉？

法国雕塑家罗丹说：生活中并不缺少美，而是缺少发现美的眼睛。也许现在我们还可以补充一句：有时还缺少体验美的情绪能力。

即使是被情绪心理学家称作**负性情绪**的情绪，对丰富人的生活也有极大的意义。比如对污染的担忧，使我们为重见蓝天白云而努力改善环境；对人际间缺乏教养的行为的厌恶，使我们懂得了自律；考试带来的紧张，使我们在考场上变得格外认真与专注；对灾难的恐惧，使我们凝聚并爆发出超常的力量……

有没有发现，其实不论是负性情绪还是正性情绪，都赋予生活意义，甚至可以说是使世界充满生机的首要条件。

周围世界的美与丑对一张没有生命的桌子而言是没有意义的，因为桌子没有感受的能力；与桌子相比，人类真是幸运，大自然不仅赋予周围世界以美丽，而且让我们具备了一种天赋能力——感觉并体验世界与生活的能力。

由于这种能力的存在，生活从此才有意义。大到为理想而奋斗，小到为一顿晚餐而辛劳，都可以让人体验到愉悦、欣喜、满足和成就，这种感觉若用一个心理学术语来概括，那就叫**幸福感**。

正是情绪使我们具备了如上所述的**审美功能**。

情绪还是我们适应生存的心理工具。我们都知道躯体在帮助我们适应环境、有效生存时所起的作用。海边的人以捕鱼为生，高山上的人以狩猎为生，平原上的人以耕种为生……人类因势利导，靠自己的双手发展出最有效的生存环境和生存方式，如遇外敌入侵或自然灾害，人们还要凭借自己的躯体力量，反抗或逃生。

但很少有人想到，若没有无形的情绪做中介，上述一切活动甚至都不会发生。因此，情绪是帮助人适应生存环境的有力而且是首要的工具。

说到情绪在逃生中的作用，最典型的例子莫过于 2008 年 5 月 12 日汶川地震时那些在废墟中创造了生命奇迹的人。之所以有这样的奇迹，首要原因就是他们对死亡的恐惧（极大地调动了他们的求生本能），另外两个重要原因是他们不仅对自己的处境始终保持积极的心态（使他们得以保持对生命的信心），而且对搜救人员怀有始终如一的信赖（使他们能够理性应对所面临的灾难）。

我们再来看一类更具普遍性的事。众所周知，青春期是一个最让父母担心的年龄段。且不说与父母顶嘴或不好好学习这些让人烦躁不安的事，最让父母揪心的仍然是处在这个年龄段的孩子不知道怕，因此往往会做出危及生命安全的事。比如吸毒、飙车、打群架、参与校园霸凌等。

为免孩子青春期时误入歧途，有远见的父母会在孩子还小时就教给其基本的畏惧，设置不可触碰的底线。比如天黑前回家，不伤害自己和他人，不说谎，不和陌生人说话等。不仅立下规矩，而且严格执行，在孩子违规时立刻采取必要的处罚措施。让孩子在小小年纪就知道有所畏惧，到青春期时，这些早年形成的条件反射与后果意识就可以有效制止其在叛逆时采取危险行动。

想象一下，如果我们生来缺乏情绪感受和表达的能力，饿了不知道哭，渴了不知道闹，摔伤了不知道叫疼，流血了不知道害怕，那我们原本脆弱的生命又会增加多少危险？

如果我们幼时感到幸福却不能微笑着向父母表达满足和感激，如果父母带我们去看蓝天白云、红花绿叶时，我们不能以惊喜与好奇回应父母，与他们有情感交流，那我们的父母该是多么的失望甚至痛苦？

幸好我们的**基本情绪**能力是与生俱来的，它使人类在襁褓中就知道用情绪向环境发送信息，以此调动环境（父母、亲人）对我们的关心与照顾。你看，婴儿用微笑吸引母亲，使她久久不忍离去；你听，婴儿用哭泣唤起父母对自己的注意，迫使他们立刻放下手中的事，赶来照顾自己……

成年人同样依赖情绪而生存。对毒蛇猛兽、车祸及其他意外事故的恐惧使我们小心谨慎，从而免去许多不必要的牺牲；对两败俱伤的人际竞争的反感与担心使我们学会了合作共赢；面对敌人的入侵，恐惧与愤怒使我们变得勇敢坚强；而对新事物的好奇则引领我们不断提升知识水平，扩展生存空间……

这些年，中国流行一个词叫作负能量，人们借物理学上的一个概念——估计就是取这个概念的字面意思——形容一切不好的事，包括负性情绪。且不说人们约定俗成的其他负能量内容是否属实，谨借此机会替负性情绪正名。就负性情绪而言，被冠以负能量之名肯定是错误的。任何负性情绪，只要是适时适度的，都具有**适应功能**，它在提醒人们，我们的需要受挫了，并激励我们去解决问题。

随着人类情绪的进化，我们还学会了通过主动调节情绪来协调人与环境的关系。例如在面对一个不可逆的问题情境时，我们会安慰自己，说服自己想开些，并从中吸取教训，使自身情绪由沮丧变为振作，从无望变为充满信心和希望。

在与人交往的过程中，也是情绪使我们得以主动协调与他人的关系，比如通过微笑表达友好，通过热忱表达关切。我们还知道：表现快乐会使人感到愉快，表现稳重会使人感到放心，表现体贴会使人感到亲近，表现幽默会使人感到放松。

情绪还有影响人际沟通与交流的作用。和别人交流时，我们都有过这样的经验：不仅要注意听对方说什么，还要注意他的表情。恋人之间，女孩浅笑盈盈地对男孩说："你真烦！"男孩不仅不会生气，还会高兴地傻笑，因为他从对方的情绪上看得出女孩是在表达对他的喜欢。但如果女孩冷冷地向他宣布："我喜欢你。"他一定会感觉后背发凉，会很紧张。

为什么我们在和别人说话时要这么留心他们的表情，即情绪的外部表现形式呢？因为人与人之间除了言语交流之外，还有非言语交流，情绪便是非言语交流的一种，它通过人的面部表情、体态、语调、穿着甚至空间距离等，向他人传递着比言语更为丰富、微妙而又真实的信息。

在社交场合中，我们会根据他人的表情判断自己的言行是否得体，并及时做出相应调整。与人相处时，我们会用冷淡表示距离，用热情表达友好，等等。此时，情绪又成了我们适应人文环境的工具。

不仅如此，与人相遇时，别人表现出的欣喜会让我们产生自我价值感。与人相处时，别人的皱眉会使我们自省与自我约束。在此，情绪又成为我们自我觉察与调节的工具。

最有意思的是，不论是实验还是经验都已证实，人类的基本情绪（快乐、愤怒、恐惧、忧伤）都是一致的，都有着共同的生物学基础。因此，情绪不仅有助于我们和本民族人的沟通，也使我们得以和世界各地的人去沟通。

想一想，两个语言完全不通的人通过面部表情和手势热烈交流的情景，想想那场景中不时闪现的会心微笑，那表示赞成的用力点头，那种融洽与友好、沟通与理解的场景，是不是有一种特别的感染力！

情绪还有激发人行为动机的作用。

爱会成为激发人们为正义、和平、环境和美好生活而奋斗的动机；

好奇会成为激发人们去冒险、探索、努力认识世界的动机；

忧伤会成为激发人们深入思考的动机；

恐惧会成为激发人们追求安全的动机；

焦虑会化作人们争取放松的动机；

激情会化作各种创造的动机……

看到情绪所具有的审美功能、适应功能、交际功能和动机功能，看到我们如此受惠于自己的情绪，我们是否能发现：情绪不论正负，都是一个人可以依赖的最重要的内在资源之一。所谓正负之分，在某种程度上只是为便于区分而已，并不存在褒贬之意。而无论正负情绪，只要不足或过度，都会导致问题发生。

所以，情绪是个中性词，过犹不及。适时适度的情绪是我们的朋友而非敌人，正负情绪皆然。

过去，我们都知道人体的四肢、五官、内脏等有形器官的作用，但很少有人想过情绪这类无形的心理过程对于生命的意义。人们在深入地认识自己之前，往往把情绪当作自己的敌人或人性的枷锁，为此，先哲们提倡克制、控制情绪，甚至提倡消灭情绪。

这真是一个极为奇怪的现象，人类对自己与生俱来的四肢、五官充满了感激，却对同样与生俱来的情绪充满了恐惧与敌意。

也许，人在借助科学手段认识自己之前，不得不以如此极端的方式应付自己的情绪。但是，时代发展到今天，在科学心理学已诞生 100 多年的今天，在人类对自身有了更深入认识的今天，在了解人是善恶并存的这一事实的今天，我们也应该学着接纳并善待自己的情绪了。

更何况，情绪恰如我们的躯体，也是我们得益于祖先的最重要的内在资源之一。

情绪是人脑的高级功能，是人类生存适应的心理工具。由于它的存在，人类才得以延续，而且能够享受生活的美好。尽管过度或不足的情绪容易使人产生问题，但这世界上有什么是在过度或不足的情况下不会生成问题的呢?

视情绪为敌人，总要克制、控制甚至消灭自己的情绪，这种对情绪的态度引发了不少心理问题。

心理咨询中，最常见的由情绪引发的问题包括：不能接受自己的情绪、不会表达情绪、不会调节情绪以及总想控制自己的情绪。

以来访者甲为例。他是位高高大大的男士，近来，他因一位朋友的去世感到十分悲痛。但他认为，男性若当着别人的面表现出悲伤是缺乏男子气概。因此，他白天在同事面前总表现出有说有笑的样子，可到了晚上，他总是一边想念朋友，一边无数次自责："我怎么这样残酷，这样没有良心！朋友走了，我居然还能笑得出来？！"

甲的症结在于不能接受自己的柔情。这样的情况在男士中并不少见。很多男士都有这样一个认知误区，认为男性表现出忧伤、痛苦、思念等情绪就是软弱无能。因此，他们常常喜欢装出一副很严肃、很坚强的样子，他们以为这样才叫"有个性"或"酷"。

他们不知道，每一次对自身柔情的压抑与扼杀，都是对自己心理的一次伤害，这样的伤害积累多了，人就会出问题。

其实，人都是两性同体的。每一个人都具有异性的身心特征。从生物学角度看，男性会分泌雌性激素，女性也会分泌雄性激素。心理上亦然。荣格就曾提出，每一个人的集体无意识层面都潜伏着一个**异性原型**，他称之为**男性意向**和**女性意向**。每一个人都天生具有异性的某些精神特征，只是比例不同而已。这是从我们远古男性祖先和女性祖先在共同生活和相互交往的经验中发展起来的。每个人身上的这种异性特征使两性间的协调和理解成为可能。

心理健康的标志之一就是能恰到好处地协调并表现自己天性中的两性特征。如果一个人不能充分发展或过度发展自己无意识中的异性倾向，就有可能产生不协调，例如一个男性过度发展自己的女性倾向，就可能显得多愁善感、优柔寡断，而如果他过分压抑自己的女性倾向，则可能显得冷酷和有攻击性。对女性而言亦然。

一个人，一个社会，如果能更多地接受每个人身上合乎比例的异性成分，那么社会就会健康许多，个人也会少许多压力。

再回到甲的故事中，如果他一开始就接纳自己的痛苦并用恰当的方式表达出来，那么他就不会有后来近乎崩溃的感受。再如果，他为了让自己的行为符合心目中有关男性的刻板印象，他可以装出若无其事的样子，但同时他也接纳自己的掩饰，那他就不会产生内心冲突，因而不会感到痛苦。

但是他太苛求自己了，既不接纳自己的痛苦，也不接纳自己对痛苦的掩饰，结果就是，他不得不同时体验双重痛苦：失去朋友与谴责自己。

再看乙与丙。她们是一对好朋友，高考时，乙如愿以偿地考上了理想的大学，丙却因失误而落榜。乙在为自己高考如愿而高兴的同时却又非常自责，她不能容忍自己在好友落榜时“居然还能高兴得起来”，她认为自己“太自私”。

其实，为自己高兴和为朋友不安是不矛盾的。人有权利为自己的成功感到高兴。更何况，情绪是自然发生的，是先于意识的。高考成功，出于本能感到高兴就如同渴极了时喝到水而感觉愉悦，这是很自然的事。我们没有必要为此自责。得意没错，忘形才需要反省。所以，她可以在心理上接纳自己的喜悦，同时在行为上注意体贴朋友。如果还能以建设性方式帮助朋友走出困境——比如帮助朋友总结失误的原因，同时鼓励朋友复读再考等——那简直就是完美了。

所以，一个人如果肯接受自己的情绪，肯与之同行，那么很多问题都能迎刃而解，不会发展到不可收拾的地步。更何况，当负性情绪发生时，往往正是深入了解自己的最佳时机。

这种时候，我们可以问自己：为什么这件事让我如此生气、不满甚至愤怒？它触动了我的什么？现在我可以为自己做些什么？

这个世界，有多少人因为不能接受自己的负性情绪而使自己陷入困境无法自拔。

事实上，我们正可以趁此机会梳理自己的感受，了解自己的需要，从而发现问题的症结所在。更何况，接受自己的情绪是获得**控制感**的前提。只有坦然面对并接受不由自主而来的情绪，我们才可能对自己做出**自主调节**和引导。

情绪问题有时还出在不懂或不会表达上。

情绪无论正负都需要表达。正性情绪需要与人分享，负性情绪则需要与人分担。

压抑正性情绪，人的快乐会减半；压抑负性情绪，人的不快会倍增。

就如同那句老话：一份快乐说出来会变作双倍快乐，一份痛苦说出来会变作半份痛苦。不仅如此，压抑自身情绪还会影响人际关系，会在人与人之间造成疏远、误解甚至冲突。

人们有个认知误区，以为快乐或者不快乐是非常个人的事，其实不然，因为快乐具有道德意义。一个总是不快乐的人会腐蚀别人的心情，让别人感到窒息，不快乐会污染人文环境。所以从这个意义上看，快乐是一种道德。快乐的人一般朋友多，不快乐的人朋友少，原因就在这里。

从宏观上看，人们不懂甚至害怕表达情绪，是受到文化环境的影响。人在生活过程中会产生许多情绪，快乐、痛苦、伤心、喜悦、焦虑、放松等。它们都有产生的原因和意义，可是人类文化却往往把它们做好坏之分：快乐是好的，痛苦是不好的；放松是好的，紧张是不好的。这使得人们用各种方式拒绝、排斥、否认那些“不好”的情绪，为产生“不好”的情绪而难受、自卑，甚至感到羞耻，结果使自己陷入恶性循环。

从微观上看，人们不懂甚至害怕表达情绪，是由于不懂得用建设性方式表达情绪，尤其在负性情绪的表达上更是如此。

有人愤怒时，要么强压怒火，要么出口伤人或大打出手，结果受伤的不仅是对方，也是自己；有人忧伤时，只知道向隅而泣；有人不满时，只知道憋在心里……情绪的健康与否，与人能否以恰当的方式表达情绪有着密切的关系。

临床心理学上有这样一个症状指标，叫作**述情障碍**（Alexithymia），用于描述这样一类心身疾病患者：他们具有“不能辨认、加工、调节情绪”的人格特征。其表现之一就是在体验和表达情感方面存在困难。而述情障碍作为一种潜在的危险因素，使个体容易产生包括物质滥用、抑郁、焦虑、饮食障碍等心理疾病。[1]

因此，如果我们在日常生活中注意训练自己体验和表达情绪，就能够从恰当的角度对自己的心理健康进行管理。

表达情绪是指能用准确恰当的语言表达自己的感受：快乐、满意、振奋、不快、不满或沮丧等。

情绪表达的关键在于：表达时要注意对事不对人，注意客观描述自己对某事的感觉，而不是指责别人。例如“你这样做让我很高兴”或者“你总当着别人的面说我，让我很难堪和难受”。如此，情绪表达就不仅会增进我们对自身的了解与把握，还会增进我们与他人的相互理解与支持。

要想照顾好自己的情绪，我们还需要了解情绪发生和发展的规律。

情绪的发展是有规律的，它首先是与生俱来的。

人的基本情绪如快乐、热爱、振奋、平和、痛苦、恐惧、愤怒等，都是得之于造化并在种族进化中逐渐完善的。

---

1 朱熊兆，蚁金瑶，姚树桥. 述情障碍观察量表中文版信度和效度研究 [J]. 中国临床心理学杂志，2003，11（4）：3.

感谢造化，它不仅创造了我们，还在我们的身上安置了快乐、满足、平和、喜悦等机制，以此奖励我们；也用恐惧、愤怒、痛苦、烦躁等机制来警醒我们，使我们能够及时警觉自己遇到的问题。

感谢祖先，是他们在千百万年的进化与发展中逐渐完善了感受与表达，并利用多种**情绪的功能**，使今日的我们得以在适应环境时少走弯路。

感谢祖先，是他们的进化与发展让我们拥有了发育成熟的情绪这一最宝贵的**内在资源**，使今日的人类不仅得以延续，而且能够享受生活的美好。

情绪又是随时随地与我们同在的。

我们体验到的平静、愉悦、快乐、忧伤、烦恼、焦虑、沮丧、振奋、疲惫、满足等情绪交替发生，它们浸透在我们生命中的每一刻，使我们的生活充满色彩。

每一种基本情绪都是与生俱来并有各自不同的适应功能的，如果环境给予积极的应答，这些基本情绪就会随着人年龄的增长而分化并发展为更加细腻、丰富的情绪与情感。如果环境未曾给以积极的反应，甚至压制婴儿的基本情绪，人的情绪能力就会退化，长大后就有可能成为一个冷漠无情甚至暴躁易怒的人。

举例来说，在理想状态中：婴儿用微笑表达他的舒适感并吸引父母的关注，以哭泣表达不适并激发父母做出相应的调节，以尖叫表达愤怒从而强迫父母改变对他的照顾方式，以欢笑表达对父母的感激。就这样，一个看起来柔弱无力的小婴儿，却以其天生的情绪能力使他的父母心甘情愿地成为他的“仆人”。

在这样的理想状态中，婴儿与父母逐渐建立起**安全依恋感**——小小的他知道，只要他呼唤，就必有回声。有这种安全感做基调，他就可以放心地把自己的时间更多地用在探索周围的世界上，通过自学、观察和模仿周围人而渐渐习得更加丰富多样的情绪能力，他的复杂情绪也随着他认知能力的发展而顺利地发展起来。

但是，如果一个婴儿得不到父母的回应，他的哭叫无人注意，他的微笑无人喝彩，他的愤怒无人在乎，他的痛苦无人关注，他的恐惧无人安抚，那么他与生俱来的情绪能力就会衰退甚至再难被唤醒，复杂情绪的发展更无从谈起（从某种意义上讲，这也是机体所采取的自我保护措施，不关闭自己的情绪之门，他只会受到更大的伤害）。西方心理学家在孤儿院的研究证实：婴儿如果得不到爱的回应，就会变得冷漠、虚弱，甚至早夭。

所以，我们的情绪虽然与生俱来，但却未必能与我们同步发展。这不仅取决于一个人出生后是否能得到父母、亲人无条件的积极关爱，更取决于我们所处的文化，取决于一个人成年后能否无条件地积极接纳并且关爱自己。

有些人害怕自己的情绪，是因为情绪来得太快，有时甚至猝不及防。因此，先哲们常提醒我们不要做情绪的奴隶。

其实，情绪的发生和发展是有自身规律的。

情绪总是在不断变化。情绪就像海潮，有潮涨就有潮落。

当我们觉得自己要被情绪淹没时，其实它已经到达顶点，开始退潮了。

有人以为，在情绪冲动时等待其退潮一定是一件很难的事，一定需要巨大的毅力与意志。其实不然，人生的许多关键处，有时甚至只需要短短的几分钟和很简单的几个行为。在情绪的把握上更是如此。

因为人的自我保护和自救能力太强了，借助一点点外力，它就能发挥巨大的自主作用，使我们得以避免许多麻烦甚至不幸。

把握情绪的方法很多，也并不复杂。

迅速离开刺激性环境，或在心里数数，数到一百，这是最简单也是最行之有效的两种方法。但前提是，你要对情绪的发展规律有了解，你要有情绪可以把握的信念，你还要有对自己情绪的接纳与了解。

曾经听过一个笑话，一个爸爸被儿子气得正要大打出手，这时他想到心理医生曾经给过的一个建议："当你想打孩子时，你可以举着笤帚对你的孩子说，'你等着，我数到 60 就打你'！"这个结果可想而知，不等数到 60，爸爸的笤帚就已经放下了。

为什么会有这样的结果？其奥秘就在于：情绪总是在不断变化的，任何一个**建设性行为**都可以成为中断某种强烈情绪的因素。

这种用于把握自身情绪的行为被称作**情绪调节**，具体来说，是指个体为实现目标，而对其情绪反应的发生、体验、表达，进行监控、评估和修正的内外在过程。

现实中，由于文化环境的压抑与约束，人们更常做的是"情绪控制"或"克制情绪"。我们习惯于把情绪当作自己的对立面去压制，久而久之，便不知道自己当下的情绪是什么了。

这其实是一种异化。情绪本是我们可以依赖的最重要的内在资源之一，可我们却把它当作与自己对立、支配自己的力量，以至于总不能摆正与情绪的关系：高兴时怕自己给人留下得意忘形的印象，痛苦时又怕成为别人的谈资；喜欢时要掩饰，厌恶时要压抑……久而久之，就变成与自己为敌、跟自己作对。

健康的做法是学着去体验、感受、接纳并表达自己的情绪，即使对负性情绪也要善加利用，使其成为我们成长的动力，而非阻力。

还要学习积极主动地发展自己的正性情绪，使自己具备充分的感受力和较高的敏感度，学会在生活、工作和学习中充分体验幸福感。

当情绪过度时，学着去调节而非控制，去引导而非压抑。否则作用力等于反作用力，待情绪积累到一定程度，就会以破坏性方式爆发，严重时还会导致心理疾病。

所以，我们要学习与情绪同行，不再生活在自己的感受之外，而是学着体验、感受、接纳、表达并完善自己的情绪。

本章涉及术语：情绪、正性情绪、负性情绪、基本情绪（快乐、愤怒、恐惧、忧伤）、幸福感、情绪的功能（审美功能、适应功能、交际功能、动机功能）、异性原型（男性意向、女性意向）、控制感、自主调节、述情障碍、安全依恋感、建设性行为、情绪调节、交互抑制原理。

走到世界的光辉里来，

只带一颗

能观察、能感受的心。

——威廉·华兹华斯

练习题

练习一：解构情绪

各位，我们现在先放松一下，做一个有关情绪的小游戏，让我们先尝试对各种情绪做一个解构练习。

情绪解构实践

情绪罗列	原有的解释	现在的解释
考试焦虑	不好，会影响成绩	说明要考好的动机很强
抑郁	不好，难与人相处	是思想深刻、勤于思考的表现
恐惧	不好，那种感觉太吓人	是激发人们追求安全的强烈动机
嫉妒	不好，太小心眼	是上进和善于发现他人长处的表现
疼痛感	不好，太耗人	是提醒我们身体受损的重要信号
愤怒	不好，会破坏人际关系	是提醒我们正受到侵犯的信号

（续表）

情绪罗列	原有的解释	现在的解释
痛苦		
敌意		

注：①表格中的前半部分是给大家的示例，后半部分的空行请大家接着做。请选择那些平时非常困扰自己的情绪来做解构；②请注意，我们这里谈的情绪都是指与环境匹配的适度的情绪状态。

练习二：让快乐成为一种习惯

（一）请在本子上以清单方式罗列出平时能让自己感到快乐的事。

1. 听音乐让我快乐。
2. 跑步让我快乐。
3. 读书让我快乐。
4. 看电影让我快乐。
5. ……
6. ……
7. ……

也许你平时有创造快乐的各种方法，那很好，祝贺你。你已经有了让自己快乐的习惯。

也许你只是偶尔因用到上述方法而感到快乐，那之后你就要经常使用这些方法，直到养成让自己快乐的习惯。

但是这还不够，你们还需要了解以下相关知识。

（二）了解“交互抑制”原理。

所谓**交互抑制原理**（Reciprocal Inhibition），是指人和动物的肌肉放松状态与焦虑情绪状态，是一个对抗过程，两者是不能相容的，一种状态的出现必然会对另一种状态起到抑制作用。举个例子，快乐是一种放松状态，而痛苦是一种紧张状态，当一个人感到快乐时，与快乐相对立的痛苦状态就会处于抑制状态，反之亦然。

交互抑制原理在日常生活中的意义是：

1. 平时，如果我们有意创造能产生舒适、快乐、平和、安宁等情绪的机会，就可以降低焦虑、不安、害怕、痛苦等紧张情绪的发生率。

2. 遇到问题时，如果我们能够及时采取一些有助于放松和缓解情绪的措施，我们就能够较快地从消极情绪中走出，并且较快地恢复处理问题的能力。

（三）平时不论多忙，都要抽出时间做些能使自己快乐和放松的事。

前几年有本挺流行的书：《给你自己一分钟》，书中所讲的内容在很大程度上可以降低负性情绪的发生。但是真正操作起来，一分钟显然是不够的。每天至少给自己半个小时，做一些喜欢的事，想一些喜欢的问题，看几页喜欢的书……如果你能坚持，你就会发现，每天都做些让自己快乐的事会使你的生活变得更有意义，也会使你自己更有力量。当然，如果你的工作正是你的兴趣所在，那简直就是完满了。

（四）如果你遇到紧张、不安甚至痛苦的事，请打开你的心理练习本。

请翻到记录自己快乐清单的那一页，然后强迫自己递次去做清单中的事情，直到你感觉放松并且又充满信心和力量时为止。（注：通常做到第二件事时，你的情绪就会有所改善）。

我知道，当真遇到问题时，你会觉得一点心情都没有，这是因为人们有一个认知误区：认为人只有在快乐的时候才做会让自己快乐的事。其实不然，人在快乐的时候固然应该做快乐的事，但人在痛苦的时候更应该做让自己快乐的事。这是能帮助我们迅速摆脱紧张与痛苦，并恢复信心与斗志的捷径。因为按照交互抑制原理，当你的快乐区域渐渐兴奋起来时，你的痛苦区域就会被慢慢抑制住，这样你才有力量和能量去面对并处理那些让你感到困扰的事情，从而实现节能而非耗能成长。

（五）发现新的、更多的能让自己感到快乐甚至幸福的事。

练习三：在头脑中建一个秘密花园

（一）选址：

这里的秘密花园是一个象征，或者说是一个意象。特指一个对你而言意义重大的所在，大海、草原、森林、建筑、公园、一本书、一部电影、一座城市……总之，是一个你想到它就会不由自主地嘴角上扬，甚至会出现高峰体验——物我两忘、天人合一、心驰神迷的所在。

请先选定它，然后调动你的视觉、听觉、嗅觉、触觉和味觉五种感官，描述并享受这个对你来说意义深远的意象，字数不用太多，300～500字即可。

然后，每天坚持读几遍这个意象，直到有一天你只要想起这个意象的名字，如“大海”或“森林”，就立刻产生条件反射似的放松和力量感时为止。

下面是我为大家做的示范，以供大家参考。

（二）例：我的玫瑰园

我的前方有一座由竹篱笆围成的花园，篱笆上覆盖着一层厚厚密密的常青藤，浓绿中偶尔看得见淡黄色的篱笆。

我推开虚掩着的门，这是一座正盛开着千万朵玫瑰的巨大花园。

在午后阳光的照耀下，园中的色彩十分艳丽：大片的红色与金黄，大片的粉红和玉白，大片的蓝色和紫色，加上近乎墨色的扶花绿叶，简直就是一幅印象派油画。

在绿叶的衬托下，那朵朵绽放的红玫瑰给人以温暖与喜悦；那在阳光下散发着金色光芒的黄玫瑰给人以信心和希望；那盛开中仍然保持着含蓄优雅的粉色玫瑰给人以抚慰和温馨；而那如玉石般温润的白玫瑰则使人感到宁静与平和。

一阵风吹过，花香袭人。我轻轻触摸眼前这朵盛开着的玫瑰，如果闭上眼睛，我会以为正触摸着的是丝绒，那种细腻的质感，只有最优质的丝绒才能够比拟。

园中有一口古老的石砌水井，井中的水依然清澈，倒映着蓝天、白云和一枝开在井沿上的两朵红玫瑰。用井边的水桶打了一点水上来，清凉中竟然有着那样浓烈的玫瑰芬芳。

蜜蜂在花蕊中忙碌，发出嗡嗡的低鸣；蝴蝶流连忘返，在花丛中穿行；几只鸽子从空中掠过，鸽哨过后，一切又复归宁静。

我在这美丽的玫瑰花园中感到放松、平和与宁静，我的心里充满了喜悦、希望与力量。

请注意：大自然中的玫瑰园有花季和花期，会面临盛开后的凋零和凋零后的沉寂。但是，我们心中的玫瑰园则不然，它完全取决于我们自己的愿望和选择。任何时候，只要我们愿意，我们都可以选择让它花开满园，芬芳四溢。

练习四：愤怒管理

说明：所谓愤怒管理是情绪管理技术中的一种，是指一个人了解、把握、调节自身愤怒情绪的一种能力。掌握了愤怒管理技术，还可以举一反三，去学习管理自己那些过度的烦恼、忧伤、痛苦、紧张和恐惧等情绪。

（一）了解情绪发展的基本规律。

当产生负性情绪，如担心、紧张、恐惧、痛苦、烦躁、愤怒、怨恨等时，人们通常会很担心，怕自己会被这类情绪淹没，因此变得十分焦虑，甚至恐慌，结果常常陷入恶性循环中，所以就有了控制情绪之说。

但事实是，没有一种情绪会持续不变，情绪像海浪，有潮起就有潮落。

真正有可能使负性情绪愈演愈烈，甚至持续很长时间的，往往并不是原发的负性情绪本身，而是我们对负性情绪的认知歪曲所导致的紧张甚至恐慌强化了刚刚冒头的负性情绪，使其欲罢不能。这就如同二战时期美国总统罗斯福的那句名言："真正让我们感到恐惧的，只是恐惧本身。"

所以，在辨认出负性情绪的线索后，不要惊慌，我们完全可以通过一系列自我调适的方法使之得到调节。

（二）辨别愤怒情绪的线索，并为之贴上"标签"。

给愤怒情绪贴"标签"，或者说对愤怒情绪进行辨别和确认，是有效应对愤怒情绪的第一步。给情绪"贴标签"或者说命名，可以使许多模糊的东西清晰化，在减压之外，还能使人增加对情绪的控制感；此外，也有助于把注意力集中到对问题的解决上，有助于采取建设性行动而不至于陷入对焦虑的恐慌中无法自拔。

因为在不确定的威胁和已知的危险面前，人们更担心和害怕的是不确定带来的威胁。已确定了的威胁即使再大，由于人们知道该从哪些方面入手去应对并防止其扩大，知道该如何采取补救措施以及时止损，因此会有减压作用。

那么，出现愤怒的身体征兆主要有哪些呢？

现在让我们先回忆曾经做过的身体觉察练习，通过对躯体反应的觉察，倾听内心的呼声。一般说来，当人面临来自外界的打击时，当人觉得自己处于忍无可忍的境地时，通常会突然心跳加速、呼吸急促、全身发冷或发热、身体出汗、咬牙切齿、血往上涌、坐立不安和身体紧绷，会产生一种破坏性欲望，并且想马上付诸行动。以上症状中出现至少 5 项时，就可以说是愤怒的表现了。

当我们按照上述身体线索，迅速辨别并确认自己的愤怒情绪后，就要对自己说：

“这没有什么，我只是感觉愤怒，我现在需要的就是对自己的愤怒进行把握和调节。”

（三）实施深呼吸放松法。

深呼吸放松法实施的要点是：

1. 先呼后吸，要呼尽了再吸，反之亦然。

2. 不论呼与吸，都要注意能多慢就多慢，能多深就多深，呼到顶点时，要憋一会再吸，反之亦然。

（四）迅速脱离刺激环境。

这一点在愤怒管理中有着十分特殊的作用。人在愤怒时，通常容易产生冲动行为，而这样的行为又往往会造成不可挽回的后果。所以，如果能及时脱离让我们感到愤怒的刺激环境——心理学上称之为**刺激回避**——不仅可以及时止损，有效避免造成不可逆的后果，也有助于我们对引起自身愤怒的问题采取建设性解决方式。

（五）停止自责和责人。

如果我们习惯于为自己曾有过的愤怒而产生自责，我们要立刻停止这种自责。不仅如此，我们还要接受自己的愤怒，要感谢愤怒，是愤怒在提醒我们，我们正面临着一个再也无法回避的问题，愤怒会推进问题的解决。我们更要感谢自己，正在学习管理愤怒的建设性方法。

我们还要停止对他人的责备，有时候，我们会认为愤怒是他人造成的，因此会对他人产生强烈的不满甚至报复的愿望。

尽管看起来他人所做的某件具体的事情是引发我们愤怒的导火索，但是，我们个人看待事物的方式、处理问题的能力和平时为人处世的态度，才是真正决定我们是否会被某个事件左右以至于产生愤怒的关键所在。

因此，我们有必要问自己："我选择把决定我情绪的权利交给别人"还是"我选择把决定我情绪的权利收回来，交还给我自己"。

如果你做出的是第一个选择，那么在情绪问题上，你不仅会继续纠结下去，而且有可能让自己陷入更大的恶性循环中无法自拔。而如果你做出的是第二个选择，也就是"我选择把决定我情绪的权利收回来，我选择不让别人影响我的情绪"，那么你从现在开始就做了自己情绪的主人，祝贺你。

（六）认知重构。

认知重构（Cognitive Restructuring，又译作认知重组），是认知疗法中的一种技术，最初用于临床心理治疗。我在实践中发现，这项技术也适用于普通人在心理上的自我矫正。

不同心理治疗流派有不同的疾病成因观，在认知心理治疗派看来，一个人之所以会产生心理问题，是因为他出现了认知障碍。认知障碍由认知歪曲或认知缺乏造成。认知缺乏好理解，就是缺乏对某一个问题的正确认识，比如有的人在与人交流时，从来不敢正视别人，因为他不知道交流中的正视是一种基本礼貌。而另外一个人之所以不敢正视别人，是因为他认为，正视别人是不礼貌的，而这就是认知歪曲。

认知重构通常是针对认知歪曲的。人们常常会有一些属于认知障碍的自动化思维，认知重构就是要帮助当事人辨别自己自动化思维中的认知歪曲，然后对之进行重构。

虽然认知重构是在认知疗法中发展起来的，但是我在实践中发现，普通人群也完全可以借助认知重构这个有效的工具对自己的一些不适应现实的思维进行调整，比如换一个角度去考虑同一个问题，或者对自己的认知缺乏做一次扫盲，再或者对自己的认知歪曲做一次矫正。

从操作上看，当我们遇到一件不可逆的事时，我们就可以说服自己换一个角度去看这件事。一是接纳事实，对事实臣服；二是尽可能从积极方面去发掘你从这个事件中学到的东西。

例如公司毫无征兆地解雇了你，这的确是一件让人愤怒的事。但是因为已经无法挽回，你就要用认知重构的方法对这个事件做出有利于你今天的情绪和日后发展的解释。比如，你可以对自己说：

1. 给了我机会让我重新认识自己并发掘自己的潜能。

2. 给了我机会让我能够尝试新的工作。

3. 给了我机会让我重新思考并调整我的人际关系和上下级关系。

但是，如果你遇到的是一件可逆的事件，你就需要进入下一阶段：

（七）尝试以建设性方式解决问题。

1. 把引起自己愤怒情绪的事件罗列出来。

2. 采用问题解决技术对自己面临的情境进行分析，并且寻找对策。

（具体的问题解决技术请参看“术语十三：习惯”）。

3. 实施决策，付诸行动。

4. 评估自己的问题解决行为。

（八）问题解决后的自我强化。

具体来说，就是不仅要及时夸奖自己，而且还要买小礼物自我奖励一下。

自我夸奖的参考句式：

“我做得不错，我真棒。”

“我不仅情绪把握得挺好，问题解决得也不错。”

（九）总结归纳自己的感想和发现。

练习五：情绪表达练习

说明：情绪表达指的是表达情绪的能力。这项训练的目的：能够感受并辨别自己和他人的情绪，能用准确的语言加以描述；能够理解自己和他人的情绪，并用恰当的方式加以调节或表达。

（一）了解向他人表达正性情绪的重要性。

与他人相关的正性情绪，指喜欢、欣赏、称赞、友好、友善、感激等。中国人一向比较含蓄，平时总是羞于向他人表达自己的情绪，尤其是称赞。有的人有一个认知误区，认为称赞别人就是一种奉承。可以反过来想，我们自己是否也喜欢别人对自己的夸奖，只要它是真诚的？

其实，人都喜欢别人喜欢自己，而夸奖就是表达喜欢的重要方式之一。在社会心理学中这被称作**社会赞许的需要**，你对别人的称赞和欣赏发自内心，别人就会由衷感到喜悦。

感激的表达同样重要。有些人认为，别人为自己做了事，自己心里记着就行，不必说出来。可是，你若不说出来，别人就不会知道，还会误以为你缺乏感恩的心。

表达情绪的基本原则是：对事不对人，就事论事，实事求是。正负情绪的表达皆然。

（二）表达正性情绪的参考句式：

请与朋友以角色扮演方式就以下参考句式进行练习：

1. 表达喜欢：

“我喜欢你为人真诚，这使我和你相处时感到放松。”

2. 表达欣赏：

“我欣赏你的这个观点，它有独到之处。”

3. 表达感谢：

“谢谢你的安慰，现在我感觉好多了。”

4. 表达关切：

“需要我为你做点什么吗？”

（三）了解向他人表达负性情绪的必要性。

此处的负性情绪包括：不满、生气、失望、愤怒等。

人们通常认为，为了维护自己的人际关系，一定要将自己对他人的不满、生气或愤怒等情绪加以克制和掩饰才行，否则就会损害自己的人际关系。

其实良好的人际关系不是靠克制和掩饰维系的。对于生活中发生的不可逆的事件，我们的确要能够忍受，但对情绪则不能忍，否则积累到一定程度就会产生很大的破坏作用。坏情绪就像垃圾，积攒多了人就会受不了。

当然，垃圾不可以随意倾倒，坏情绪也不可以随便表达，只要你选对了时间、地点以及表达方式，就可以以富有建设性的方式宣泄你的负性情绪，那样不仅可以以一种较为安全的方式释放你自己，也有利于人际冲突的及时解决。

表达负性情绪的原则和正性情绪一样：对事不对人、就事论事、实事求是。要记住：表达负性情绪是为了解决问题，而不是制造新的问题。

此外，要尽可能用“我”而不是“你”开头。若用“你”开头，从形式上看有指责甚至攻击的感觉，而用“我”开头，有助于降低对方的不满甚至敌意。

（四）恰当表达负性情绪的参考句式：

1.“我不喜欢你用这种态度和我说话。”

2.“你在这件事上不守信用，我很失望。”

3.“我因为你做的……事，而感觉受到了伤害。”

4.“我不喜欢你在这件事上对我说谎。”

（五）准确理解并回应他人的情感。

别人在我们面前表达情绪情感时，如果我们无动于衷，会使对方产生强烈的受挫感。因此，能准确回应别人的情绪情感，会使人感到被理解，并产生欣慰、快乐甚至感激的感情。

理解并回应别人情绪的参考句式有：

1.“谢谢你夸我，我真高兴。”

2.“你的称赞对我很重要，谢谢你。”

3.“谢谢你对我的信任，谢谢你让我分担你的苦恼。”

……

（六）记录自己的感觉和感想。

你可知你拥有可以无限发展的潜能？
——术语四：潜能

我那时不晓得它离我是那么近，

而且是我的。

这完美的温馨，

正在我自己心灵的深处开放。

——泰戈尔

人的能力分为显能和潜能。显能是已经显示出来的能力，而**潜能**（Potential）是人尚未表现出来且自己尚未意识到，但有可能在将来显现的能力。

心理学家对人类潜能的关注始于20世纪初。当时一位叫威廉·詹姆斯的心理学家就提出：一个正常、健康的人只用了其能力的10%。在他之后，人类学家玛格丽特·米德所说的估计更振奋人心：人只用了其能力的6%！[1]

1　亚伯拉罕·马斯洛，等. 人的潜能和价值[M]. 林方，主编. 北京：华夏出版社，1987：385.

虽然这些都是无法被实证的经验事实，但不重要，重要的是，按照这些专家的观点，我们每一个人终其一生都只用了潜能中很小的一部分。这意味着，相对于有限的生命，我们每一个人都具有可以无限发展的潜能。

这个世界上已有太多发掘出自身潜能的实例，如张海迪、海伦·凯勒、霍金等等。但是，如果人们以为唯有这些创造了奇迹的人才发掘出了自身的潜能，那就太片面了。

事实上，每个人成长的过程就是不断发现并实现自身潜能的过程。一个蹒跚学步的孩子长大成了一个健步如飞的成人，这是潜能的实现；一个牙牙学语的婴儿成了一个侃侃而谈的成人，这也是潜能的实现……从广义上看，这都是个体对自身潜能的实现。

再看那些目不识丁的父母培养出的大学生、硕士生和博士生。看那个因为成绩不好一度打算辍学的孩子，如今却成了全国重点大学的学生。那个过去在外人面前一说话就口吃的同学，如今却成了极为活跃的社会活动家……

生活中这类实现潜能的例子，不是比比皆是吗？

我们今天所拥有的一切，小到个人的生活能力，大到社会能力，我们所取得的成绩哪一项不是我们实现自身潜能的有力证明？

潜能是每个人尚未表现出来且尚未意识到的潜在能力。

你今日表现出来的能力是你昨日未曾意识到、未曾表现出的潜能。你明日将要表现出的能力又将是你今日未曾意识到或发掘出的潜能。

潜能存在于我们每个人的身上，它正安静且耐心地等待着我们去发现、开发，并将其变作显能。

原来我们每个人都是一个储量极其丰富的大富矿。

原来我们每个人都拥有可以无限发展的潜能。

原来只要一个人愿意，就可以做成他潜力范围中的任何一件事。

咨询中我发现，人们常常忽略自己精神上的许多潜能，如成长的潜能、学习的潜能、向善的潜能、自调节的潜能以及自愈的潜能等。

其实，那些努力想要解决“我是谁？我从哪里来？我将往何处去？”这类困扰的人，表现出的正是成长的潜能。

那些正努力调节对孩子的教育方式的父母，表现出的是巨大的育儿潜能。

那些为摆脱成瘾行为而苦苦挣扎的人，正表现着向善的潜能。

那些被心理问题困扰而不断左突右冲的人，表现出的是自调节的潜能。

那些从创伤事件的巨大阴影中走出来，又重新露出笑容的人，表现出的是巨大的自愈潜能……

人人都有潜能，因此，奇迹之花并不只对少数人开放。

只要我们肯成全自己，只要我们肯坚持，那么，我们就能在自己身上创造最大限度实现潜能的奇迹。

“人有无限发展的潜能。”

这是存在－人本主义治疗家的理论前设之一。

这也是杰出的先人为我们实证了的事实之一。

我想，我们还可以用另一种方式求证“人有无限发展的潜能”。那就是：因为人的生命有限，人清醒时做事的生命更有限。因此，相对于有限的、清醒着的人生，人的潜能便具有了无限发展的可能。

但是人的潜能并不是均衡分布的。它们在每个人身上所占的比例是不一样的。有的人逻辑思维能力占了全部潜能的大部分，可人际能力却连5%都不到。尽管就他个人有限的生命而言，直到生命的终点，他都具有可以继续发展的人际潜能，但即使他真能全部实现他这方面的潜能，也无法与那些具有更强大的人际潜能的人相比。

日常生活中，由于并非所有人都认识自身潜能的特点，于是，便有了各种各样苦恼的来访者。

为了避免在人的潜能问题上陷入误区，我们至少需要了解以下四点：

1. 我们每个人都有潜能。

2. 我们的潜能都具有可以无限发展的可能性。

3. 尽管人有许多潜能， 但人的潜能并不是均衡分布的。

4. 人的智能是多元的，人的潜能亦然。

多元智能（Multiple Intelligences Theory）的概念是美国哈佛大学教育研究院发展心理学家加德纳1983年提出的。加德纳认为，过去对智力的定义过于狭窄，不能正确反映一个人的真实能力。

他认为：人的智力应该是量度一个人**问题解决能力**（Ability to Solve Problems）的指标。据此，他提出，人类的智能至少可以分成七个范畴。随着研究的深入，他又增加了两种，因此，多元智能是指人类拥有的一组智能。了解多元智能的概念，对于我们发现并发掘自身潜能有着十分重要的意义。

加德纳多元智能概念 [1]

各种智能的名称	内容与表现
1. 音乐－节奏智能	指感受、辨别、记忆、改变和表达音乐的能力。 表现为对音乐包括节奏、音调、音色和旋律的敏感，以及通过作曲、演奏和歌唱等表达音乐的能力。 代表者：音乐家莫扎特、梅纽因。
2. 身体－动觉智能	指运用四肢和躯干的能力。 表现为能够较好地控制自己的身体、对事件能够做出恰当的身体反应，以及善于利用身体语言来表达自己的思想和情感的能力。 代表者：各届奥运会冠军。
3. 逻辑－数理智能	指运算和推理的能力。 表现为对事物间各种关系，如类比、对比、因果和逻辑等关系的敏感，以及通过数理运算和逻辑推理等进行思维的能力。 代表者：诺贝尔生理学或医学奖得主芭芭拉·麦克林托克。
4. 言语－语言智能	指听、说、读、写的能力。 表现为个人能够顺利高效地利用语言描述事件、表达思想，并能与人交流的能力。 代表者：诗人、文学批评家 T.S. 艾略特。
5. 视觉－空间智能	指感受、辨别、记忆和改变物体的空间关系，并借此表达思想和感情的能力。 表现为对线条、形状、结构、色彩和空间关系的敏感及通过平面图形和立体造型将其表现出来的能力。 代表者：航海家。

1 霍华德·加德纳．多元智能 [M]. 沈致隆，译．北京：新华出版社，1999：18–28.

（续表）

各种智能的名称	内容与表现
6. 人际智能	指与人相处和交往的能力。 “人际智能的核心能力，是留意其他人之间差异的能力，特别是观察他人的情绪、性格、动机和意向的能力。按照更高的要求，就是能够看到他人有意隐藏的意向和期望。”[1] 代表者：海伦·凯勒的老师安妮·沙利文。
7. 自我认知和反省智能	指认识、洞察和反省自身的能力。 表现为能够正确地意识和评价自身的情绪、动机、欲望、个性、意志，并在正确的自我认识和评价基础上形成自尊、自律和自制的能力。 代表者：作家弗吉尼亚·伍尔夫。
8. 自然观察智能（又称博物学家智能）	指个体辨别环境（不仅是自然环境，还包括人造环境）的特征并加以分类和利用的能力。 代表者：生物学家达尔文。
9. 存在智能[2]	“即人类的一种基本倾向，那就是思考与人类自身存在的有关问题。人类自身的存在问题包括：我们为什么活着？我们为什么会死？我们从哪里来？什么将在我们身上发生？什么是爱？我们为什么要发动战争？” 代表者：哲学家、宗教领导人、杰出的政治家。

加德纳之前，全世界的考试制度基本上都只重视课本学习智能，它们主要表现为逻辑思维能力和语言能力。而在加德纳发表他的多元智能观后，人们才意识到，我们每个人都存在 9 种甚至更多的智能，区别只在于比例不同而已。因此，我们最重要的人生任务之一，就是要努力自我探索，发现自己的优势潜能或说比较优势所在。早

1 霍华德·加德纳．多元智能新视野（纪念版）[M]. 沈致隆，译．杭州：浙江人民出版社（Kindle 版本），2017：319–321.

2 加德纳最初于 1980 年提出前 7 种智能，10 多年后提出第 8 种，2006 年又提出了一种他本人认为仍需验证的假设：存在智能。他认为当时还缺少有关存在智能的神经生物学方面的证据，而前面几种智能都已经有确凿的生物学依据。因此他自称只提出了八又二分之一个多元智能。

发现，就有可能早实现；晚发现，就晚实现甚至无法实现。

阻碍人发现自身潜能的原因很多，对孩子来说，最主要的阻碍因素往往就是父母和老师。

有人自小生活在家教极严的家庭里，父母每天会发出无数个“应该”“必须”“不许”充斥在生活的每一寸空间，使他应接不暇，根本没有可能去了解自己、发现自己。即使小时候偶有反抗，但也很快被父母压制下去，长大后则完全认同了父母，成为一个只知服从、自卑感极强、充满自我怀疑和否定的人。

还有的人，则是由于在学校的不幸经历而导致严重自卑。这种不幸经历主要就是课业成绩不好，或者因特别淘气而导致被老师和同学漠视，甚至可能遭受霸凌。有这样一个个案，在咨询者上小学的时候，因为特别顽皮，成绩总拖全班的后腿，最不幸的是后来老师发动全班同学孤立他，可以想见，这样的孩子，可能的发展方向只有两个，一个是发奋图强，一个就是自暴自弃。对于年幼的孩子来说，变成后者的可能往往更大。

总是被打击甚至被伤害的人，怎么能想到或者知道自己还有什么能力甚至潜能，又怎么可能要去尝试发掘自己的潜能呢？

但是潜能是一种客观存在，容不得被忽视，不论一个人有多么充分的理由忽视它。比如有人说“小时父母管得太严，让我从不敢去想除了服从我还能做什么”或“从来没有人告诉过我，我是有潜能的”还有“我过去一系列失败的经历让我无法相信自己有潜能”等等。只要我们忽视潜能，潜能就会忽视我们。

被潜能忽视的我们，久而久之，就会真的以为自己一无是处，并且也会真的一无是处。

心理学上，这被称作**预言的自动兑现**（Self-fulfilling Prophecy，又译作预言的自我实现），即不论是别人还是自己预言自己能否做成或者做不成某事，这个预言都会自动兑现成为现实！

心理学上所讲的预言的自动兑现与我们中国人所用的“一语成谶”很相似，其产生作用的机制在于**自我暗示**，别人或自己的“预言”或“一语”说出来后，就会对自己产生强烈的暗示作用，久而久之，自己就会不由自主地朝那个方向发展。这就是为什么只要我们忽视潜能，潜能就会忽视我们的原因所在。

我在教学与咨询中发现，生活中还有很多人在用各种方式寻找并试图发掘自己的潜能。但其中存在一个问题，他们虽然一直十分顽强地凭借直觉发掘自己，做着各种各样的尝试，却总是在自己的弱势潜能上下功夫。明明有很好的做文字工作的优势潜能，却今天去考会计证，明天去考公证员资格，后天又去考……他们不断挑战自己的精神虽然十分可贵，但这一系列“扬短避长”的行为只能不断地增加自身挫败感。

尽管潜能有无限发展的可能，但人的生命却只有一次。因而人不具备无条件尝试的可能，更何况，人的潜能的分布是不均衡的。因此，人在有生之年，要想最大限度地挖掘生命的价值，就要尽可能在自己的优势潜能上做努力。换言之，就是要尽可能扬长避短。

还有的人违反天赋，总是竭尽全力跟着潮流做别人。

世界的丰富与美丽，由个体的独特性组成，个体对于世界的价值，也正在于其独一无二性。所以，认清自己的天赋，最大限度地做好自己。

忽视甚至违背自己的潜能，不仅会被潜能忽视，而且还会让自己充满苦恼与不安。

想想看，自己的心灵拥有那样丰富的宝藏，它一直等着你去开采，你却对它视而不见。而另寻矿藏的辛苦和必然找不着的结果又怎能不让你充满苦恼与不安呢？

咨询中，我见过许多如花绽放的潜能：

一个典型的社交焦虑症者，经过一段时间的咨询与自我调节之后，成为一个有影响力的社会活动家。

一个曾经任性、霸道的孩子，成长为一个十分善解人意的社会工作者。

一个曾经疑似依赖型人格障碍的人，如今成长为一个自主、独立、果断的人。

环顾四周，那些在贫困、灾难、逆境中奋起，在自己的领域有所作为的人，那些远远超越了自身残疾的束缚而拿下残运会冠军的人，那些被人们景仰、钦佩的人，那些被人们模仿、认同的人，哪一个不是由于他实现了人类发掘自身美好潜能的梦想？

我们再来看看该如何寻找自己的优势潜能。

宏观上看，在学校的学习、观察学习（向周围人学习）、读书、思考、沿着多元智能各个方面的多方尝试、个人的试错排错等，都可以帮助我们认识并且发现自身潜能。

在这一点上，西方发达国家的中小学教育值得借鉴，他们要求所有孩子在中小学期间从多元智能的各个方面进行尝试，努力去寻找自己的真正兴趣，那往往就是自己的优势潜能所在。

我们中国的学生在大学之前的学习，更多关注的是课业成绩。家庭、学校和社会的压力，使无数学生的努力和奋斗都只是为了提高高考成绩，很少有老师和父母会顾及孩子的兴趣。到高考报志愿时，更是以未来的所谓前途或钱途为衡量标准。结果到了大学，甚至大学毕业后都不知道自己究竟该做什么、合适做什么的都大有人在。

因此，年轻时努力寻找自己、发现自己，努力发掘自身的潜能就成为一个人该为自己做的最重要的事，只有这样，他才有可能实现来到这个世界的使命——做最好的自己。用心理学术语来说，那就是：**自性实现**。

自性实现就是努力发现、发掘并最终表现出自身优势潜能的人。

自性实现的人就是那种无论如何也要实现自身优势潜能的人。

如果你想发掘自身潜能，你就要尽最大努力去尝试。

你去试！去尝试吧！不试永远不会知道！

本章涉及术语：潜能、多元智能、音乐－节奏智能、身体－动觉智能、逻辑－数理智能、言语－语言智能、视觉－空间智能、人际智能、自我认知和反省智能、自然观察智能（博物学家智能）、存在智能、问题解决能力、预言的自动兑现（预言的自我兑现）、自我暗示、自性实现。

你灵魂的隐泉必须涌溢，潺潺流向大海。

你无穷深处的宝藏，将会暴露在你眼前。

——纪伯伦

练习一：对自身潜能的发现与认识

（一）请认真回答以下问题：

1. 回忆两个你曾经遇到过的、当时你以为永远无法克服的困难。

（1）回忆并写下当时帮助你走出困难的至少 3 个具体措施：

①

②

③

（2）写下你现在的发现和感受。

2. 回忆你身边两个朋友渡过难关的情形。

（1）写下至少 3 个他们应对困境的方法：

①

②

③

（2）写下你现在的发现和感受。

3. 罗列成长过程中你最近三年对自己能力和禀赋的一些意外发现，并写下你的感想。

4. 记录你现在对自己的发现和感想。

（二）与朋友分享以上内容。

（三）记录你对自己和朋友潜能的新发现。

练习二：用多元智能框架去发现自己的优势潜能

说明：人有多元智能，因此也有多元潜能，但潜能不是均衡发展的，有的人逻辑、数学能力方面的潜能比较雄厚，有的人则是语言智能的潜能更强，还有的人是人际智能或者内省等智能更强。而所谓优势潜能则是指人潜能中最具优势的那一类，人在这方面存在明显的个体差异。这也是教育学上强调因材施教的原因所在。

同样的环境中，大家有着同样的教育背景，付出同样的努力。甲能够取得非常辉煌的成就，而乙却业绩平平，其根本原因就在于两人的优势潜能不同。对甲来说，这正是他可以发挥自己优势潜能的地方；而对乙来说，这恰恰对应着他的劣势潜能。

一个上进、勤奋、努力的正常人，如果他总是业绩平平，那么，最有可能的原因就在于他正在做的工作用的不是他的优势潜能。

人的潜能是不均衡发展的，有的潜能多一些，有的潜能少一些。因此，我们有义务尽可能发展自己的优势潜能，这是我们个人得以成长并让自己具备幸福感的重要前提之一。

（一）与朋友同时在本子上完成下列问答：

我喜欢做……

我喜欢做……

我喜欢做……

我喜欢做……

（二）用多元智能框架互相比较、讨论并记录你们的发现。

（三）罗列自己的兴趣，从中发现规律性的东西。

一般来说，我们最有兴趣的事往往就是我们的优势潜能所在。因此，发现自己的兴趣并努力发展它，也可以成为我们实现自己优势潜能的途径。

（四）回顾各自人生中让自己最有成就感同时也是最快乐的事。

找出这些事情中最具共性的地方，那很有可能就是你的优势潜能所在。

（五）为自己创造能实现优势潜能的机会，请完成以下问答：

1. 如果你是大学生，你现在学的是符合自己优势潜能的专业吗？如果不是，有没有考虑转专业？或者考虑在考研究生时选择相应的专业？

2. 如果你已经参加工作，你现在做的事情符合你的优势潜能吗？如果不是，有没有考虑换工作？如果没有条件换工作，那你有没有想过学习喜欢上自己现在的工作？

做符合自己优势潜能的事情，或者学习喜欢自己正在做的事情，二者取一，否则两不靠，当然就只有痛苦陪伴。

（六）记录你做以上练习时的感觉和感想。

练习三：在开放的试错与排错中发现自己的新潜能

说明：此处所指的开放是指思想上富有弹性、接纳力和包容性。很多时候，我们由于缺乏思想上的开放而与很多非常好的思想、理念擦肩而过，因此错过很多发现并实现自身潜能的机会。

以下的练习，就是要帮助我们发现自己思想上的局限性和封闭性，学习以更广阔的视野去看待和发现自己。

与此同时，也提醒各位，这个练习不是要让你去喜欢所有的事，而是要锻炼你对事物持开放态度的能力，因为只有这样，你才有更多的机会去发现自己的潜能。

（一）请在本子上列出你平时不感兴趣的事，越多越好。

1. 我不喜欢……

2. 我不喜欢……

3. 我不喜欢……

4. 我不喜欢……

5. 我不喜欢……

在与朋友分享前，先仔细看一看、想一想，写下你对自己的发现。和朋友共同分析彼此的练习，看其中哪些属于原则问题，哪些不属于原则问题。

思考：你以往在某些非原则问题上的坚持是否限制了自己的视野？这是否影响了你对社会的适应性？是否影响了你的生活质量？

请注意，一个人在非原则问题上的禁忌越多，限制越多，发现自己潜能的机会就越少。因为潜能是在实践中显现的，所以，少一些不喜欢，多一些开放态度，是发现自身潜能的前提之一。

（二）在上述练习中划掉对你而言属于原则性问题的条目，看还剩下多少条。

然后，就剩下的条目，问自己：

“我原来为什么会这么不喜欢……”

“我以前因为不喜欢这个而损失了……”

“如果我尝试去喜欢并且去行动，会发生什么不好甚至可怕的事……”

“我为什么不给自己一个机会去尝试……”

例：某人之前“上课不喜欢记笔记”，那么，他现在自问的时候就可以说：

“我原来为什么会这么不喜欢记笔记？”

“我以前因为不喜欢记笔记而损失了什么？”

“如果我记笔记会发生什么不好甚至可怕的事情？”

“我为什么不给自己一个机会去尝试一下记笔记？”

（三）写下新的宣言：

在本子上以“我选择现在去尝试喜欢……”的句式，把上述那些非原则性问题以此句式罗列出来：

“我选择现在去尝试喜欢……”

“我选择现在去尝试喜欢……”

“我选择现在去尝试喜欢……”

“我选择现在去尝试喜欢……”

（四）现在、马上，请朋友参与进来，帮你列一个计划，去尝试做些你原来不喜欢的事。

请以月为单位，试着一项一项地尝试去做那些你以往忽略甚至拒绝的事情。

（五）与朋友互相监督，实施你们的计划。

一个月后，与朋友共同讨论这种新的尝试对你的思维方式有什么影响，对你认识与发现自己的能力有什么帮助。

在本子上记录你的发现和感想。

（六）坚持练习，直到你养成不会仅仅因为封闭就拒绝新事物的习惯为止。

现在，你已经养成了对新事物持开放态度的习惯。

现在，你仍然可以选择喜欢什么或不喜欢什么。但是，这时的选择已经不再是出于偏见或者执念，而是出于你的自由意志。

祝贺你。

现在，你有没有发现，你开始变得比原来放松，也更包容了，让你生气的事似乎也少了很多，你也变得更喜欢自己了。

不仅如此，你还会发现，开放而富有弹性的思维方式会带你进入一个更广阔的自我认识和认识他人的天地。

而这样的状态更容易使一个人的各种潜能得到表现甚至实现。

请在本子上记录你的感想和发现。

你可知大自然为你安排的发展任务？
——术语五：发展任务

无限地扩大着自己的生命，

你等待又等待这独一无二的瞬间。

——里尔克

所谓**发展任务**（Developmental Task）是指人在每个发展阶段——童年、青少年、中年和老年——都要面对的相应的基本成长任务。每一期发展任务完成的好坏，不仅影响人当前的发展，也会影响人下一个阶段的成长，并最终决定其终老之时的状态。

大自然给不同年龄段的人安排了不同的身心成长目标，或者说是发展任务。造化造物与造人是有规律可循的。很多心理学家致力于破解造化设置的人生发展之谜，他们中很多人因此有许多伟大的发现与建树。

奥地利的弗洛伊德从个体性心理发展的角度揭示人生发展规律，美国的埃里克森从社会影响的角度研究人生各个生长阶段的特色与规律，瑞士的皮亚杰则从人的认知发展的阶段性特点去解释造化的意图……

不论是从哪个角度去揭示人的发展规律，也不论对人的发展阶段的划分有多少区别，所有有关人生发展阶段的理论都有一个共同点，那就是：人在每一个发展阶段都有相应的发展、成长任务，此期发展任务的完成好坏不仅影响人当前的发展，而且影响人日后的成长。

我更愿意用人生四季的比喻来大致划分人生的不同发展阶段。

因为我认为这种划分更接近造化让人“诗意地栖居”的本意。

造化让一年有四季：春天、夏天、秋天、冬天。

造化让人一生有四期：童年期、青少年期、中年期、老年期。

人生四期的任务大致如下：

童年期的任务最简单，因为此时人的需要最基础，吃好，喝好，睡好，玩好，一切就都好。

青少年期的任务就多了，确立人生目标和实现阶段性计划，积累知识，锻炼能力，发展情感，建立关系。

中年期的任务最繁重：家庭，事业，扶老携幼，承上启下。

老年期的任务复归简单：接受现实，适应老年，充分享受生活，开始准备进入生命的“终活”[1]阶段。

---

1 2012 年日本“流行语大奖”前 10 位的新词语，形象地表达了面临严重的老龄化和少子化问题的日本社会，对于自己身后事处理的焦虑。而到今天，“终活”已经发展成一个更为积极地为自己的身后事提前做各种准备的概念。资料来源：《人民日报》2014 年 8 月 13 日版，日本信息平台“客观日本”。

人生的任务说起来简单，但是现实中经由不同环境和不同人的演绎，就有了无穷多样的景象。

上述人生四大阶段，童年期的任务看似最简单。

然而，很多时候，最简单的也是最复杂的。

童年期的任务：吃好，喝好，睡好，玩好。

很多心理治疗家都认为童年经历至为重要，按照弗洛伊德的极端看法，人生基调在 5 岁时便已定格。

我们中国人的说法“三岁看大，七岁看老”，也把童年看得非常重要。

童年经历之所以十分重要，首先是因为童年是人生的初始阶段，这一阶段的经历都会产生强烈的**首因效应**，有时又译为**第一印象效应**。其次，因为处于童年期的人类极其柔弱，对成年人而言的一个小意外，却可能成为婴幼儿的灭顶之灾。最后，也是最重要的，人在童年的命运几乎完全取决于照顾者。

如果一个人在童年时得到父母和亲人无条件的爱，那么创伤事件就不一定会留下隐患；而对一个缺乏关爱的儿童来说，一个小小的生活事件、父母对他的态度等因素，都有可能成为会在日后诱发其心理问题甚至心理障碍的定时炸弹。

所以，一个人童年的幸与不幸，更多取决于他成长的人文环境，取决于他是否有幸降生在一个健康良好的家庭，取决于那些掌握着他命运的成人是否能够无条件地爱他、保护他。

这里有必要为大家介绍心理学家约翰·鲍尔比和玛丽·爱因斯

沃斯在 1960 年提出的**依恋理论**。这个理论建立在新精神分析学派的客体关系理论之上。

1950 年，约翰·鲍尔比及其同事应世界卫生组织之邀，对处于婴幼儿期的孤儿进行心理健康研究，由此开启了儿童早期与母亲分离对其人格发展影响的探讨。

他们在研究中提出了依恋理论，要点是："婴幼儿对在母亲身上体验到的鼓励、支持与合作精神，以及之后在父亲身上获得的同类体验，让他们产生了价值感，相信他人可以帮助自己，并习得了构建良好人际关系的示范。"（约翰·鲍尔比，1969）[1]

依恋理论的诞生不仅在临床心理治疗中产生了巨大影响，而且具有非常重要的社会意义。先是英国，后来是其他国家，包括 1990 年后的中国，在具体的政策制定中都开始注意尽可能避免母婴分离。比如新生儿降临后与母亲保持接触，再如对孤儿兄妹的安排，要尽可能避免分离，西方的难民政策也尽可能遵循母婴不分离原则。

后来，又有许多心理学家加入对**依恋关系**的研究，他们发现：一个早年得到爱的孩子长大后不仅相信父母爱他，而且相信别人同样觉得他可爱。一个不受父母欢迎的孩子，不仅觉得自己不受父母欢迎，而且会认为自己不被任何人喜欢。换言之，如果一个人儿时的依恋需要没有得到满足，他就会对自己形成一个较低的评价，长大后与他人相处时，就会有不安全感和不信任感，认为自己不值得

1　约翰·鲍尔比 . 依恋三部曲·第一卷（第二版）[M]. 汪智艳，王婷婷，译 . 北京：世界图书出版公司，2017：366.

别人的爱与关怀，不相信别人会真诚地关心他和爱他。

接着，有关依恋关系的研究者又比较了亲子、朋友、配偶或恋人关系中的依恋和爱的特征。他们发现，一个人早年与父母（主要是母亲）的依恋关系不仅会影响一个人性格的发展，而且会影响其成年后的人际关系与婚姻关系。但是由于依恋关系的模式存在于我们的无意识中，我们常常被其左右却不自知。

比如说，一个特别容易嫉妒他人并深为嫉妒所苦的妻子，并不知道自己今天的容易生妒与她早年的依恋关系存在密切关联，即她小时候的环境是不安全的，她的妈妈情绪上喜怒无常、行为上出尔反尔，导致她的依恋需要无法得到满足，使她不断在“妈妈到底是爱我还是不爱我”的焦虑中循环，形成**焦虑型依恋**。心理学研究表明，人在早期的依恋体验会影响其成年后恋爱关系中的**依恋风格**，表现为在亲密关系中，常常会提心吊胆、焦虑不安，对自己与恋人或配偶的关系保持高度警觉。既渴望与对方建立亲密关系，但又控制不住地会对其忠诚产生怀疑。当年那个“妈妈到底是爱我还是不爱我”的疑问，现在转化为“恋人到底爱我还是不爱我”的忐忑，例如，即使恋人与其他异性是工作上的交往也会让其心生妒意，甚至会成为怀疑对方感情的导火索。

现在我们来看依恋关系有哪几种。在爱因斯沃斯和她的同事对婴儿和母亲的研究中，以“安全和不安全”为维度（也称信任和不信任维度）界定了亲子关系的三种基本类型。顺便说一下，后来的研究者发现，在成年人的亲密关系中，也有与婴幼儿期的依恋模式基本类似的表现。因此，在爱因斯沃斯依恋模式的基础上，研究者提出了成年人互相交往时的四种依恋模式，这是后话。现在我们先来看爱因斯沃斯的亲子关系三类型说。

第一种：**安全型依恋**（Secure Attachment），在这种关系中，妈妈对孩子关心、负责。体验到这种依恋的婴儿能体会到妈妈对自己的爱与关切，即使妈妈不在身边也一样感受得到。这类婴儿的"主要特征是，他们在玩耍中非常活跃，在短暂分离时会感到沮丧，在分离结束时会寻求与母亲接触，很容易被安抚，而且很快就会继续全神贯注地玩耍"[1]。

拥有安全依恋关系的人与身边的重要人物之间的关系很亲密，并且从不担心被抛弃，他们对自己和他人有着积极的看法，并且信赖他人和自己，对自己和他人都有安全感，因此，他们既能和别人接近，也能悠然独处，这使得他们在恋爱时的关系也是趋于满意和持久的。

研究人员还发现，安全型依恋者比其他类型的人更倾向于认为，在他们的人际关系中有很多爱、义务及信任。此外，这一类人能忽略他人的缺点，接纳和支持他人。从心理健康的角度看，有安全型依恋的人不仅拥有个人的心理健康，而且拥有健康的人际关系。

第二种：**焦虑－回避型依恋**（Anxious-avoidant Attachment）。这类孩子"在母亲回来时，尤其是母亲第二次短暂离开后，会回避

1　约翰·鲍尔比．依恋三部曲·第一卷（第二版）[M]．汪智艳，王婷婷，译．北京：世界图书出版公司，2017：326.

母亲。很多焦虑 – 回避型依恋的孩子会对陌生人比对母亲更友好”[1]。一个婴儿之所以会形成焦虑 – 回避型依恋，是因为在他的经验中，他无法指望母亲在他需要的时候出现，因此在与母亲相处时他会有不安全感。这导致他们缺乏探索关系的欲望。

这种类型的成人往往回避亲密关系，他们对关系表现出较少的兴趣，更可能涉足没有爱情而只有性的一夜情。他们可能既渴望他人又排斥他人。

有焦虑 – 回避型依恋的人与身边的重要人物很难建立亲密和信任关系。他们信任自己，却不信任他人。他们不愿意和别人建立亲密关系，把独立看得很重要，因为怕受伤害而回避亲密关系。

焦虑 – 回避型依恋者的最大心理困扰是：害怕亲密关系，总是怀疑他人的爱。他们害怕与他人走得太近会受伤害，也因为害怕分离而不敢付出感情。

生活中那些总是在谈恋爱却总没有结果的人，那些在工作中总是和他人保持距离的人，那些在家庭生活中总让配偶有咫尺天涯的感觉的人，都是因为其早年经历让他形成了焦虑 - 回避依恋的内在心理模式。

个案甲，从小被寄养在叔婶家的经历，以及叔婶对她的漠视和敷衍，使她对人充满了怀疑。在与人交往的过程中，她总是显得格格不入，不了解她的人认为她清高，了解她的人才知道，这是因为

1　约翰·鲍尔比．依恋三部曲·第一卷（第二版）[M]. 汪智艳，王婷婷，译．北京：世界图书出版公司，2017：326.

她无法控制被抛弃的恐惧，并且对自己的内在价值发自内心地持有怀疑。

她的行为模式很顽固，治疗中，每一步都是那么艰难，而且稍有不安全感，她立刻就又退回到原点，缩回到自己的小世界中去。这类人的痊愈只有在他们拥有真正的内在价值后才能够完成。

第三种：**焦虑－抗拒型依恋**（Anxiety-resistant Attachment），又称**矛盾型依恋**（Ambivalent Attachment），有这种依恋关系的婴儿“在寻求跟母亲亲近接触和抗拒跟母亲交流互动之间摇摆。跟其他类型的婴儿相比，这类型的婴儿明显更愤怒，少数会显得更消极”[1]。

有焦虑－抗拒型依恋的婴儿，其母亲对孩子的需要既不关心，也不敏感，因此，这些孩子会充满焦虑地黏在妈妈身边，妈妈离开时他们会哭，但是妈妈回来时，他们却会对妈妈表现出冷漠或敌意。而且这些孩子还特别害怕陌生情境。

焦虑－抗拒型依恋者在成人后会对他人缺乏信任，他们很想与身边重要的他人亲近，但又害怕被抛弃而不敢投入感情。他们认为自己不值得收获亲密和爱，也怀疑别人能否给他们亲密和爱。他们对同伴的爱缺少安全感，以致过于苛求对方，不论是在友情还是爱情中，他们都表现出很强的占有欲和嫉妒心。在和别人出现意见分歧时，他们会变得情绪激动且易怒。

---

1 约翰·鲍尔比 . 依恋三部曲·第一卷（第二版）[M]. 汪智艳，王婷婷，译 . 北京：世界图书出版公司，2017：326.

有这样一个个案，两个女孩子相识后成了非常要好的朋友。但是渐渐地，其中一位变得非常容易嫉妒、生气，只要另外一位单独行动，尤其是和别人在一起时，这位就会有非常强烈的情绪反应，搞得自己和对方都疲惫不堪。

来咨询前，这位来访者非常认真地思考了自己对朋友的态度，确信自己没有同性恋倾向。但她就是不明白自己为什么会如此嫉妒对方与别人（不论男女）的交往。其实，这正是焦虑 - 抗拒型依恋者的典型表现，如果她不解决自己的问题，在日后的亲密关系或者婚姻中，这样的反应就会不断重演。好消息是，无论一个人在早年经历中有过什么样的不适应型依恋类型，都可以通过自己的努力加以改变。

咨询中，我见过太多由于父母的否定、排斥甚至伤害，而陷在阴影中无法自拔的青年学生。

自 1984 年，我就开始在高校给学生做心理咨询和**心理学科普**。那些前来咨询的学生，正处在本该充分享受青春年华的时期，却由于早年亲子关系中父母的过失而在大学时诱发心理疾患，并深陷苦痛之中。

我们先来看学生甲，他是一个五官端正的大男孩，一副不苟言笑的冷峻模样，完全符合当代青少年的美学标准：酷。可就是这样一个大男孩，却被他内心对人的恐惧感和对这种恐惧的无奈深深折磨着，而导致这一切的原因则是，在他小时候，父母总开玩笑说他长得丑。

父母对孩子相貌的否定性评价真会有这样严重的后果吗？

很不幸，答案是：确实如此。

这种评价造成的结果，轻者会表现为孩子对自己相貌的否认，重则发展为孩子的**体像障碍**（Body Dysmorphic Disorder），指一个人强迫性地认为自己身体的某些部分有严重缺陷，并采取特殊的方式来掩盖或修复，最严重的则会泛化为对自己整个人的价值的怀疑与否定。

一个人若从小被父母看作丑孩子，起初他也许不以为意，但久而久之，他就会认同父母的评价，会以为自己真是一个丑孩子，当与外人交往时，他就会以丑孩子自居，会坚信自己长得丑，会在长相上自觉低人一等。

当这样的人进入青春期后，他对自己的长相会变得格外敏感，自己“丑”，别人美，与人相处时就会自惭形秽，久而久之，他们就会从最初的不接纳自己的长相，发展到不接纳自己整个人。到那时，自卑与回避就会成为他们的人格特点之一。

这样的学生，把太多的时间和精力耗费在自我否认和自我挣扎上，他们哪还有精力去学习和上进，去享受美好的大学生活？

学生乙来自农村，她的童年很不幸，因为她是女孩儿，她的父亲为此不仅对她的母亲极为粗暴，对她也极为轻视。她从小在父亲的歧视和咒骂中长大，对男性充满了恐惧和愤怒，她的依恋模式是焦虑矛盾型的。

现在乙的问题是：她不知道该怎样控制自己对男性的怀疑甚至恐惧。然而，最让她感到不安甚至害怕的，是她对男性所怀的敌意：

“我知道只是我爸爸那样对我，这和我所认识的男生没有关系。在我们村，也只有我们家是这样，其他女孩儿的爸爸最多就是冷淡点。但是，我一看见我们班男生就忍不住去想，他们会不会也会像我爸爸一样看不起甚至仇恨女的？”

当前婴幼儿面临的另外一个问题是，“童年无游戏”已成为今日中国的现实。这使中国儿童的健康成长受到了阻碍，如果父母对此缺乏足够的警觉和认识，那么，童年期无游戏就会成为很多青年甚至中年人的**未完成事件**（Unfinished Business），并在某一天或者某一个时刻成为影响他们责任感的一个重要因素。

尼尔·波兹曼在其名著《童年的消逝》中写道：“本书的基本观点是，我们的电子信息环境正在让儿童‘消逝’，也可以表述为我们的电子信息环境正在使成年消逝。”[1]要知道，波兹曼这本著作发表于 1982 年。当时的所谓“电子信息环境”不过是广播电视而已，而当前的世界，则是万物互联的网络时代！

很多人以为重大创伤性事件才构成伤害，其实不然。有心理学家发现，对有些人而言，微小生活事件积累到一定程度也同样会给人造成创伤。

所以，一个人童年、少年期时所遭受的父母的苛求、冷淡、漠视、嘲讽甚至排斥，或者在童年期缺乏基本的游戏，都有可能构成童年期的创伤性经历。

1　尼尔·波兹曼 . 童年的消逝 [M]. 吴燕莛，译 . 桂林：广西师范大学出版社，2004：141.

心理学家罗杰斯在临床实践中发现，一个人如果儿时得到的是父母无条件的积极关注，那他长大后就能够健康地发展。反之，则有可能产生心理问题。

所谓**无条件积极关注**，是指把人看作无条件具有自我价值的人，并给予积极的关心与关怀。换言之，被无条件积极关注是一个人天生就应该拥有而非靠后天努力才拥有的权利。一个人并非要有突出的长相、优点、成绩、成就、作为，或者做出别人希望的改变才该被无条件积极关注。

甲、乙、丙、丁的童年期都未曾得到无条件的积极关注，他们因为长相、成绩、性别，而被父母排斥、逼迫、拒绝。

他们从父母那里得到的是有条件的关注，甚至是无关注，他们原本具有的无条件的生命价值被他们的父母条件化了。

前面谈到，儿童期的任务最简单：吃好、喝好、睡好、玩好，一切就都好。可是，如果一个儿童在父母的嘲笑甚至轻视中生活，如果一个儿童连嬉戏玩要的时间都没有，他又怎么可能吃好、喝好、睡好、玩好？

说到孩子的幼年期，我们中国人的一个重要经验也值得大家汲取，那就是：女孩要富养。

我的观点是：不仅仅是女孩，男孩子同样需要富养。简言之：孩子都要富养。

现在，我从心理学角度来证明孩子富养的重要意义。在中国人的智慧中，女孩富养的心理学意义在于：富养的女孩子会对物质脱敏，不会因为贪图物质而丢失自己，尤其在择偶时不会被金钱所迷惑。这个道理对男孩子同样适用。从小物质上的富养可以帮助一个人养成抵制诱惑和延迟满足的定力。

此外有必要说明的是，富养是一个相对性概念，不是只有有钱人才可以富养孩子，物质匮乏的家庭，在保证孩子温饱和整洁的前提下，也可以用精神上的富足去影响孩子——严格的底线伦理，做人的基本原则，不在物质上与人攀比等——让孩子懂得：君子爱财，取之有道；要凭诚实的劳动去赢取自己想要的东西……诸如这样的理念。

最具操作性的精神上的富养，就是让孩子从小接触古今中外的世界名著。孩子总要识字读书，那就让他们从小浸润在名著中。现在各种名著都有婴儿版、幼儿版、少儿版和成人版，因此，从小就供给他们各种名著，从绘本读起，直到读原作，甚至原版，这样被精神富养的孩子，其品位、视野、胸怀、智慧和能力对他们的人生都会产生非常积极的影响，而且也会让他们的发展更有后劲。

青少年期的主要任务：掌握学习和思维方法（这部分会在“术语十五：能力”一章中介绍），确立职业认同（又译作职业同一性。具体来说，是确立人生目标，并做出实现目标的阶段性计划），锻炼能力，学会与他人、与异性建立亲密关系，检视并调整自己的生活方式。

青少年时期的任务虽然艰巨，但好消息是：他们终于开始进入可以行使自由意志的时期，当然，前提是他们愿意并且善于行使自己的权利。

在中国，最有可能影响青少年幸福感的社会因素，莫过于高考制度。

虽然从中国目前的状况看，高考的确是能最大限度保证教育机会公平的一种制度。但是在现实中，由于种种原因，上大学被赋予了超出它实际价值多得多的意义。以至于几乎所有有条件的父母都以送孩子上大学为唯一目标。很多不幸也因此产生。

小小的孩子，也许只有 2 岁、3 岁，却被逼着背唐诗，学外语。那句深入人心的“不能让孩子输在起跑线上”的口号，更使得多少中国父母不敢有丝毫懈怠，每个周末都逼着学龄甚至学龄前儿童在各个辅导班间穿行，一周 7 天，一年 365 天，除非老师休息，孩子是绝对不能自行停止学习的。

15 岁的丙是一所重点中学的高中生，有一次，她谈起自己的童年，突然感慨地说：“我觉得自己的一生是白过了，从来没有痛快地玩过一次，从来没有做过一次坏孩子，逃过辅导班什么的。平时上课，周末上辅导班，几乎没有一天闲着，我觉得生活一点意思都没有。”看着丙那张稚嫩的娃娃脸，听着她不无沧桑感的述说，那种感觉真是不寒而栗。更让我震惊的是，当丙如此诉说的时候，班里的其他同学也频频点头。

丁已经上大学了，可说起小学、初中时没日没夜地学习，以及被父母逼着奔走在各个辅导班之间的情形还心有余悸：“我都不知道自己当时是怎么过来的，就是春节到爷爷家，我妈还得让我背着一包课外练习册，我爷爷奶奶看不下去，说我爸妈，他们还说：‘你们别管！他考上了大学，是给你们争面子。’”

让丁苦恼的不止于此，他现在虽然上了大学，却有很强的厌学情绪。虽然他自己知道这样下去不行，但就是打不起精神学习。

丁的情况不是特例，大学生中有相当一部分人无法享受学习。尽管他们中绝大多数人不像丁那样敢于放任自己。他们很多人出于惯性，在为新的目标如考研、出国继续奋斗，但是他们和丁一样，感受不到快乐。学习之于他们，已经成为一种条件反射。

很多问题便因此产生。

不知道他们的父母知道这些后会有什么想法。原先父母是为了让孩子一生快乐，因而以“为了孩子的幸福”的名义逼迫他们学习。可是父母不知道，这种逼迫的结果是孩子渐渐失去了体验快乐的能力，以至于真有一天，孩子得到了父母认为会让孩子终生幸福的一切，如学历、学位和好工作时，他们的孩子却有可能因为被压抑得太久而已经丧失了体验与享受生活的愿望和能力！

上大学不是不重要，尤其在当代中国，上大学是一个人得以进入主流社会的捷径。但即使如此，上大学仍然只是生活的一部分，而并非全部。可是很多父母把上大学当成孩子生活的全部，把能否有好成绩当成衡量孩子的唯一指标，其结果便是无情地剥夺了孩子的童年和青少年期，使孩子不仅根本无法吃好、喝好、睡好、玩好，而且还会因为学习问题留下许多痛苦的回忆，甚至创伤……

像甲、乙、丙、丁这样的青少年经历，有些会成为他们心中的未完成事件，严重的还会成为一种情结。**未完成事件**是指一些未能表达的情感和一些未能采取的行为。在某个时刻，这些未完成事件会突然冒出来，使人陷于悲哀、后悔、愤怒等负性情绪中无法自拔。

所谓**情结**（Complex），是指围绕着一个共同主题的一系列情绪、记忆和思想。它的特点是全神贯注于某事，按照弗洛伊德的观点，情结是创伤性事件的结果。

甲、乙、丙、丁的这类经历有可能造成的典型情结是：**自卑情结**、名校情结、文凭情结等。尽管他们自卑的内容不同，但其强烈程度，其对他们生活的负面影响程度却是完全一样的。

由于自卑情结的作用，他们通常会比一般人更努力，甚至也更成功。但是，也因为自卑，他们中的多数人不论取得多大的成就，都难以体验到快乐。

奋斗、进取对他们而言，更多是摆脱因自卑造成的痛苦，这样的人生与那种为了实现自身潜能而积极进取、充满成长快乐的人生是无法相比的。

还有一些最常见的未完成事件是：有些人在童年和青少年期从来没有痛快地玩耍过。表面上看，这不是什么了不起的事，但是，看看现在那些被人们说成巨婴的 30 多岁的青年，看看现在那些为成年人设计的畅销玩具，人们应该就可以想到另一个很常见的心理学术语：**补偿**。

造化造人，原是赋予人无条件的价值，而在很多成人眼里，一个青少年值不值得被父母欣赏与关爱，不取决于他是一个有天赋价值的生命，而取决于他的长相、性别、智力水平和他的学习成绩是否符合父母的要求。

如果一个青少年符合父母希望的条件，他就会被看成有价值的、可爱的；而如果他不符合父母的期望，就会被看作是缺乏价值甚至是无价值的。就这样，一个孩子的价值被条件化了：张三得了100分，满足了优秀课业成绩的条件，他就是好孩子；李四只得了80分，李四就不是好孩子。王五得到一等奖，他是好孩子；赵六没有得到奖状，他就不是好孩子……

在这样的环境中待久了，人就会逐渐丧失自我接纳与信任的天赋，面对父母的要求，会由最初的无所谓，继而反抗，到最终发展为认同父母对自己的评价。于是，这世界就又多了一个自我怀疑甚至自我排斥的人，多了一个有可能造成新一轮恶性循环的人。

这是最让人痛心的。每一次，当看到一个被自卑折磨得痛苦无比、不知所措的来访者的时候，我都忍不住在想，他的父母在成长过程中受到过什么样的苛求、冷淡、漠视、嘲讽甚至排斥，以至于当他们成为父母后，会这样拒绝接纳，甚至否定自己的孩子？！

几乎每一个否定孩子的父母都有一个被自己的父母否定的童年记忆。

所以，说到童年经历的重要性，最为关键的问题便在于童年时人的命运被掌握在大人的手中。而一个人能不能碰上健康的父母，则完全取决于命运。

但是，任何事物都有双重性，童年的不幸也一样。有些人常以童年的不幸为理由，将其当作推卸当前责任的借口。这样做虽然在当时能起到缓解自身焦虑以及说服别人的作用，但是久而久之，却会妨碍人的成长，使人陷入更大的困境。

我在咨询中常会遇到以童年不幸为由放弃自己，并因此陷入恶性循环的来访者。每当此时，我都会与他讨论他当前拥有的、选择自身命运的自由与自主权。

我会以家庭作业的方式请他们对以下问题做出自己的决定:“你选择让童年经历影响自己的一生，还是选择不再让童年经历继续影响自己？”我会请他们反复追问自己上述问题，直到做出决定为止。

起初，他们中有些人认为这个问题很荒谬：“怎么是我选择？明明是我的童年不幸决定了我今天的不幸，我又不能重活一次，我又没有能力决定要什么样的父母，我怎么可能选择？”

但是渐渐地，他们就发现自己的确是有选择自由的。他们发现，虽然童年时生物性上的柔弱和社会性上的被动让人显得极为脆弱，但是为了确保人的成长，考虑周到的造化又为人设置了多重补救功能。

那就是，童年虽然不可逆，但是人对童年事件的看法和评价是可逆的。童年无自主，但是青年以后，直到生命的终结，人都拥有很大的自主权。造化以这两种补救措施让一个人从青年时代起拥有自由选择的权利，并且，为了补偿人在童年时期的被动与无助，造化又赋予青年人犯错误的特权。

从理论上说，造化把人的青少年期设置为：一个人可以主动塑造自己的起点。身处此期的人，不论童年时有过什么样的不幸，受到过什么样的影响，都可以从现在开始新的人生历程。这正是青少年时期最迷人、最激动人心的地方。从此，人就可以参与到与造化共同塑造自己的伟大使命之中。当然，前提是：人选择了不被过去主宰，选择了让自己主宰自己今后的人生。

虽然青少年时期的所有任务都很重要，虽然所有任务完成的好坏与否都会对一个人日后的发展产生影响，但是相比较而言，青少年时期特别需要重视的任务就是：确立职业认同（确立符合其主客观条件的人生目标）和尝试与他人、与异性建立亲密关系。

如果说一个人童年时的任务没有完成好，最大的隐患是在青少年时期失去体验与享受学习的能力，那么青少年时期的首要任务没有完成，最大的隐患则是等人到中年时，有可能产生以空虚和无意义感为主要特征的中年危机。

而能够帮助我们理顺人生——使我们不仅避免中年危机，更能够充满幸福感地享受人生——的最重要的方法就是：尽早确立自我认同与职业认同。

所谓**自我认同**（Ego Identity，又译作自我同一性），按照心理学家埃里克森的说法，意味着个体在人格的发展中走向一种健康且成熟的状态，具备了一种连续性和一致性，意味着他不再感到迷失与彷徨，表明他能自我肯定，并且已具有自主定向的能力。通俗地讲就是：知道自己是谁（能力、人格特质等），知道自己从哪里来（家庭、文化、社会等环境影响），知道自己将往何处去（选择什么职业，建立何种关系等）。

我将人生分作四个部分：生活、学习、工作与关系。每一个部分都有相对应的具体的人生目标。所谓人生目标，是指一个人关于自己的人生想要达到的预期结果。人生目标这个提法很抽象，就工作这部分而言，人生目标落到实处，就是找到并确立自己的**职业同一性**，也就是决定自己这辈子到底想成为什么样的人，到底想往什么地方去。

心理学家埃里克森认为，就青年阶段而言，最重要的人生目标是关乎未来职业的。从操作上看，是指对自己优势潜能的确认，并建立职业同一性，然后再分解具体的阶段性任务。当然，如果没有条件实现自己的最优潜能，你就去实现次优潜能。若仍然没有条件，那就学习弗洛伊德和荣格，去努力喜欢自己后来所选择的专业，并做出伟大的成就（当年的弗洛伊德和荣格，都因为家庭经济状况的限制，没有条件去做自己喜欢的事）。所以，只要是认真负责地对待现有工作，仍然可以大有作为。如此，整个人生就理顺了。

也许大家会说，现在的环境千变万化，要是明天发现了更加适合自己的工作怎么办？很简单啊，无论什么样的工作，要出成就，都需要敬业、乐业和问题解决能力这样的基本职业素养。如此，你在这份工作中培养出的职业精神，可以顺利迁移到其他工作中，从而成为你重要的转型资本。

我在咨询、教学与生活中发现了一个很重要的道理：认真走过的人生没有弯路，只要你保有尽职守责的工作态度，你的人生一样会令人感动和难忘。即使你没有实现自己的优势潜能，你仍然能够拥有美好的人生。这就如同那个比喻："人生确实是由很多珠子串起来的，皆有联系。"[1]

寻找人生目标是个人成长中最富有意义的任务之一，因为它是

1　引自《华章：40 岁后我才找到人生的方向》，请参见 2020 年 11 月 6 日财新网博客"奴隶社会"。

一个人开始与造化合作的标志，是一个人重塑自己的标志。因此，寻找人生目标也是人成长中最激动人心的体验之一。人生目标不是靠冥思苦想就能解决的，它需要大量的实践，需要大量试错、排错的尝试。就青少年而言，就是要在脚踏实地的学习、阅读、实践活动中，以及与他人的相处与合作中，不断了解自己、发现自己，并在此基础上确立符合自己主客观情况的人生目标。

改革开放以来，对有条件上学的中国青少年群体而言，第一个非常明确地涉及职业同一性的机会就是高考报志愿。可是，有多少可以报考大学的青少年意识到这是一个有可能自己主导生活的机会，并且是自己平生第一个可以由自己做主的机会？

有多少老师和父母意识到这是让孩子了解自己兴趣志向的机会？又有多少父母意识到这不仅是孩子最大限度实现职业同一性的机会，而且还是让孩子能够拥有持续幸福感的机会？

在这一点上，西方的初等教育非常值得借鉴，从幼儿园起，家长就让孩子以玩的方式探索自己的兴趣，之后的小学、初中、高中，又提供大量的机会让孩子在各种课外活动中以试错、排错的方式发现自己的兴趣爱好。有了这样长时间的自我探索，孩子在高中后的选择就变得明朗而又实际，适合上大学的去上大学，适合上技术学校的去上技术学校。在这样的教育制度下，上大学后感到痛苦的学生相应就会少许多。

我在咨询与教学中发现，从小就知道自己想要什么，知道自己适合要什么（确立职业同一性）的幸运儿是极小概率事件。像南丁格尔，还是幼儿的时候就认定了要学医；再如莫扎特，是父亲帮他发现了自己的天赋所在。但是，世界上绝大多数人都没有这么幸运，他们都是在青少年时才开始思考并寻找自己的人生目标。

在中国，孩子们从幼儿园起就开始竞争，因此产生了之后一切都以高考为目的的结果主义导向。到了报志愿的时候，能够知道自己想要什么的青少年实在太少，于是让父母替自己报志愿、让父母决定自己未来方向就成为大多数中国大学生的现状。

在最需要独立自主甚至是捍卫自己独立性的时候，我们中国的大多数孩子却把自己的权利交了出去，让别人替自己的未来做主，让别人决定自己未来的发展方向。

犹记得一个抱怨学校和专业不好的个案，我不禁好奇："既然你这么不喜欢这个专业，那你为什么要报它呢？"他脱口而出的回答让我印象深刻："那个时候我负责考试，我父母负责报志愿呀！"

在最需要培养孩子独立意识的时刻，在最需要锻炼孩子自主意识的时刻，他的父母却大权独揽，自以为是地为孩子做出关乎其命运的，重大却往往是错误的选择。

结果，就有了每年一度很多大一新生及其父母必然要经历的烦恼甚至懊悔。我曾清晰记得见过一个已经年过四十的人，在谈起当年父母强迫自己弃文从理的经历时泪水涟涟的样子。那意味着，在当年高考报志愿的问题上他留下了创伤。

在当前的高考制度下，一个青少年在经历了十多年以高考为目标的激烈竞争，经历了十多年严重腐蚀学习兴趣的学习后，如果他能够在上大学后学一门自己喜欢的专业，那么，过去所有的不快就都有了补偿，以往的辛苦也都可以算作必要的代价，而自我发展甚至自性实现也都会步入正轨。

但是，如果历经千辛万苦，却还要继续为了学习而学习，甚至是为了别人的理想和愿望而学习，这样的大学生活还有什么意义？这样的人生起点还有什么价值？

新生A前来咨询时，愁眉苦脸，偶尔露出一个无奈的苦笑，他的问题很典型："现在心情很不好，很茫然，很郁闷。上高中时目标很明确，也很单一，就是要上大学。可上了大学后突然发现自己没有目标了，不知道自己为什么而学。家长说要为以后找好工作而学，可难道上大学就是为了以后找个好工作吗？再以后呢，又为了什么呢？我觉得很茫然，打不起精神，看着时间一天天过去，心里挺着急，但就是不想动，觉得很失落。如果一个人就是为了以后找个好工作而学习，这人生还有什么意义呢？"

每年新生入学，类似A同学的个案都非常多。最初的新鲜劲过去后，突然发现自己没有了人生目标（曾有个说法是"人生目标失落在大一"），发现自己不知道为什么而学，非常茫然、不知所措。但是多年的学校训练所养成的习惯和对学校游戏规则的了解，又使他们深知浪费时间的后果有多么严重，双重的苦恼挤压着他们，使他们倍感郁闷、不安和焦虑。

上大学后感觉失落，主要问题还是在于没有确立职业同一性，没有找到符合自己主客观条件的人生目标。不少新生在中学时习惯了听从父母、老师的安排，他们原先把上大学当作人生目标，因而在上大学后突然就失去了方向和动力，加之缺乏对社会的了解，在面临对自己未来的设计这一问题时，往往显得被动和茫然，但内心成长的需要又是那样强烈，以至于他们才会如前述的 A 同学一样，充满苦恼和焦急。

日本临终关怀医生大津秀一从上千例临终病患的“人生至悔”中总结出 25 个最具代表性的悔恨，被作者排在第一位和第二位的分别是：没有做自己想做的事、没有实现梦想[1]。

其实这第一和第二个遗憾是一件事的不同面，说的都是同一件事情：由于种种原因——最重要的还是缺乏足够的决心和行动力——他们当年没有去做自己曾经想做或梦想去做的事，结果留下无限遗憾。

不知道这些振聋发聩的“人生至悔”是不是能够点醒仍然在犹豫和徘徊中耗费生命的人？

每次看到前来做人生规划咨询的青年学生在各种选择面前那种难以取舍、患得患失、焦虑和不甘的表情时，我都忍不住想，现代社会对一个青年人意志的考验真是严峻。

虽然和他们的父辈相比，生活为现在的青年人提供了成千上万个机会，他们需要做的只是从中选取一个。但是，问题恰恰出在这里：现在的青年人面临的机会虽然多，可他们真正能够拥有的却只有一个，他们只要选择了一个，就意味着同时失去了其他无数个可能。因此，在无数让人眼花缭乱的诱人机会面前做出明智的选择，并坦然接受选择后所必然失去的其他机会，这是需要足够的意志才能拥有的定力。否则，就只能被“**选择恐惧症**”所困扰。

---

1 大津秀一 . 换个活法：临终前会后悔的 25 件事 [M]. 语妍，译 . 北京：中信出版社，2010.

在学生有关人生规划的咨询中，我发现，造化让人有对目的的需要，其本意是要让人有一个能充分实现自己生命意义的机会，和一个充分体验并且享受生命的过程。

如果一个人确立的目标不是他自己真正想要的、不是符合他个人特点的，而只是他的亲友、师长、所处的社会环境希望他要的，那么他对目标的追求有可能带来双重不幸：既无法享受过程中的快乐，又无法体验实现目标的喜悦。

不仅如此，如果一个青年人不懂得尊重自己内心的呼唤，不懂得满足自己的优势潜能，只知道按照亲友的愿望或者环境中不绝于耳的“向左走”或“向右走”的喧嚣声安排自己的人生，那么总有一天，他内在的深层需要会跳出来逼视他，使他无法回避与逃脱。

作家王尔德说：人生中只有两种悲剧，一种是没有得到我们想要的，另外一种是得到了我们想要的。

第一种悲剧好理解，而第二种不幸的产生，或许是因为人的欲望无止境，因此在得到了想要的东西后，仍然有可能陷入空虚无聊；更可能是因为他所追求的并非是他自己真正想要和渴望的，因此，原先那个追求的过程对他来说不是享受而是负担，而当前的成功反倒有可能提醒他人生的虚度。

人为自己热爱的事情工作是一种**节能成长**。因为在这样的工作中，他不仅不会像那些仅是为谋生而工作的人一样产生大量消耗精力的负性情绪，反而会因内心热情的驱使不断处于美妙的心流状态。所谓**心流**（Flow），“即一个人完全沉浸在某种活动当中，无视其他事物存在的状态。这种体验本身就给人带来莫大的喜悦，使人愿意付出巨大的代价”[1]。当人们处于心流状态时，会全神贯注于当下，甚至感觉不到时间的流逝，而当事情完成后则会产生“最优体验”和非常确定的掌控感与力量感。

因为做的是自己喜欢的事情，因此能毫不费力地高度集中注意力。又因为享受过程并且不在乎结果，这使他们对自己所做的事更有创意和耐心，在遇到困难时也更容易坚守自己的信念，最终反而比一般人更容易出成果，也更容易获得幸福和力量感。

我的观点：既然人都要工作，为什么要把生命耗费在百般不情愿的“打工人”和“干电池”身份上？[2]为什么不努力争取去做符合自己特点的，或者自己喜欢的工作？符合自己特点的工作是适合自己的工作，将耗费在抵触和痛苦上的能量控制在最低限度，而自己喜欢的工作则一定是能够产生心流的工作。

这些“打工人”和“干电池”如果止于自嘲，他们当下和未来的人生只能是越来越不堪重负。而如果他们能从现在起进行符合自己主客观条件的自我调节，就可以在止损的同时为自己的未来开辟新的可能。当然，这个过程肯定需要付出代价，这往往是很多人止于抱怨的原因所在。可是，反正都要付出代价，为什么不为一种更好的可能性而付出代价？

1　米哈里·契克森米哈赖．心流：最优体验心理学 [M]. 张定绮，译．北京：中信出版社（Kindle 版本），2017：818–819.

2　综合网络上的解释，“打工人”是 2020 年的流行词之一，是现在很多上班族的自称。这个词中包含了年轻人的心酸、无奈，以及自嘲。“干电池”也是现在年轻人自嘲的流行语之一，意指他们中的相当一部分人并不具备被多次收割的资格，他们就像干电池一样，只是贡献城市内循环的一次性能源。

追求人生目标能给人以动力，寻找目标的过程同样能给人以动力。因为寻找目标不仅是实现人生目标的组成部分，也是最激动人心的部分。这一次，我们独自上路，通过读书、学习、实践，通过观察和思考，去努力发现"我是谁""我从哪里来"这类问题的答案，从而为解决"我将往何处去"这一人生目标奠定坚实的基础。

人生是一个过程，人活的就是过程。人生是条单行道，每个过程都是唯一、不可逆的。我们始终在路上，并且始终与时间相向而行，如果不懂得享受过程，实现再好的人生目标也只能带给人转瞬即逝的快乐。

所以，学会享受对目标的寻找，学会享受对自己的提升，学会享受此时、此地、此刻的生活，这同样很重要。

还好这几年高校有了更灵活的教育策略：大一时只要成绩达到学校要求的优秀标准，大二时就可以重新选择专业。可是，这还是属于亡羊补牢。如果大一一开始就能够学自己所向往的专业，那会少去多少烦恼，节约多少能量啊。

所以，做考生的，要把高考志愿的填报看作自己人生中第一个自主选择的机会，珍惜它、抓住它，从它开始学习忠实于自己和捍卫自己，让它成为我们实现自我的第一级台阶。做父母的，则要早早学习尊重孩子的志向，或者帮助孩子了解自己、发现自己，以使孩子在填报高考志愿时就体验做自己，甚至是实现自己的喜悦。

下面与大家分享一个具备高度职业同一性的当代人的故事。

请看天文学工作者高爽老师沉痛悼念阿雷西博射电望远镜的一

段文字[1]，他以拟人手法，像怀念一位德高望重的老朋友一样，从阿雷西博望远镜的诞生说起，讲述它在宇宙观测方面的惊人发现、为人类理解宇宙做出的巨大贡献、它在探索外星文明上做出的努力，并因此获得两次诺贝尔奖，以及它对影视界的贡献等，一直说到它于 2020 年 12 月 1 日因“医治无效而不幸逝世”（由于飓风袭击而倒塌）。最后，高老师还宣布成立阿雷西博望远镜治丧委员会：“欢迎它生前亲友和关心爱护它的用户，前往高爽老师的知识城邦，留言向阿雷西博致哀，仪式从简。”

高老师这篇满怀深情的悼文让人热泪盈眶，心潮澎湃。这篇悼文深刻体现了一个具有高度职业同一性的人对自己专业的热爱与激情。有这样的热爱在，有所作为，甚至是大有作为就只是时间问题了。而更重要的是，这样高度的职业同一性会带来的副产品——生命意义感、生活幸福感及其他——是远远超出人的想象的。

青年期另一个重要课题是有关人际关系以及恋爱的问题。这些年来，在与学生共同探讨人际关系的问题中，我明显感觉到现在的青年学生和以前的学生在此问题上表现出的差异。

为了适应高速运转的现代社会，也由于独生子女的生活现实、繁重的课业负担和严峻的社会竞争，青年学生的人际关系变得非常理性和现实。他们相处时对对方不会有不切实际的期望，交往时知道尊重他人的隐私和消极自由，知道以 AA 制维护彼此的平衡和界

1　请参见 2020 年 12 月 3 日得到 APP 中的《邵恒头条》推文《全球第二大射电望远镜正式退役》。

限，并且十分清楚公平在人际交往中的必要性和重要性。

与他人建立良好关系，是青年期的重要任务之一，包括：同学关系、师生关系、熟人关系、未来的同事关系、恋人关系和婚姻关系等。

在咨询实践中我发现，一个青年人如果具备基本的不忍之心，或者更高程度的共情能力，懂得尊重别人，那么通常都能比较顺利地建立好各种关系。

而一个任性、自我中心、缺乏恻隐之心的青年人，在人际关系上就很容易碰钉子。

好在造化把人心设置得很软，因此，即使有些年轻人因为个人性格缺陷而引起别人的反感，但是只要他真心改过，别人都会再一次给他与自己交往的机会。这也是青年人所拥有的特权之一。

好的关系是建设出来的。

一个青年人只要善于学习，善于吸取教训，懂得设身处地为别人着想，懂得尊重别人，懂得为建设良好的人际关系做出自己的努力，那么他就能为自己储备丰富的社会资源。而在人际关系中碰钉子后吸取教训，这是人成长时必须付出的代价之一。

现在我们来看恋爱关系。心理学家埃里克森认为，只有获得自我同一性的人才敢于以开放、真诚、坦然的方式与另一个人建立友情或爱情关系，而不会担心失去自己。因为与他人建立亲密关系就是把自己的同一性和他人的同一性融为一体，这不仅需要有自信，还需要能够信任他人，能承担对他人的义务，能对他人做出让步甚至牺牲。

所以，建立亲密关系需要发自内心的承诺：你愿意为你们的关系负责，你愿意接受这个关系中的种种限制，你愿意与对方彼此托付和连接。

从操作上看，亲密关系的建立可以考虑以下几点：

首先，两个人要有相同的三观。否则婚后会出现很多无法调节的矛盾甚至冲突。比如甲认为“君子爱财，取之有道”，配偶却认为有便宜不占是傻子；甲认为世界是美好并值得期待的，配偶却认为这个世界是黑暗的，处处是陷阱；甲认为人应该回报世界，要为社会的进步添砖加瓦，而配偶却认为人活着就应该只顾自己。这样的两个人，怎么可能长期和平相处呢？

其次，要对对方和自己有发自内心的珍惜和尊重。如果你确定选择了对方，就要学习接受对方的全部，绝不奢望去改造对方，也不仅仅为了对方而改变自己（只为成长而改变自己）。此外，平等、亲密而有分寸、不任性、不放肆、有边界感和懂得感恩等，都是表达尊重和珍惜的具体方法。

第三，要有共同的成长与进化。健康的恋爱关系一定是共同成长的。我们不能为了自己的某个愿望而去改变对方或者相反。但是却要有为了成长共同调节自我的决心和行动。

曾经读到过爱尔兰诗人罗伊·克里夫特的一首诗，标题是《爱》。其中有两段可以用来衡量我们的恋爱关系是否健康并具有成长性。摘录如下：

我爱你

不仅仅因为你的样子
更因为
和你在一起时
我的样子

我爱你
不仅仅因为
你为我做的事
更因为
爱你时
我所做的事

有过失败恋爱经验的人都知道，恋爱在过了最初热恋期之后，两个人就开始为各种问题产生争执，直到自己都开始不喜欢自己，甚至恨自己所做的事情。而具有成长特质的恋爱则如诗中所说：两个人在相爱的过程中，双方都变得更爱自己和对方，因为双方都在成长，都在变得越来越美好。

第四，爱是需要实证的大词。爱有自己的语言，大家可以参考盖瑞·查普曼所提倡的爱的五种语言[1]，它们是：语言、时间、服务、礼物、触摸。这个框架非常好地具象化了爱的表达方式，值得大家参考。当然，爱的语言远不止这些，大家可以举一反三。

1　盖瑞·查普曼. 爱的五种语言：创造完美的两性沟通 [M]. 王云良，译. 北京：中国轻工业出版社，2006.

除此之外，恋爱中的人还要经济独立。经济独立在亲密关系中是有重要意义的。因为成千上万年集体无意识的影响，一个没有独立经济地位的人很难有独立的人格，因此也就很难与对方平等相处。

也许大家会想到现在的全职主妇。这个要区别看待，如果某位全职主妇的配偶发自内心地尊重家务劳动，知道这是劳动分工，那么这位全职主妇就仍然拥有独立的人格。但是如果丈夫认为家务劳动不是贡献，只有他的经济来源才是给予家庭的贡献，那么，这位全职主妇的独立人格就会因为经济原因而受到影响。最近读到一篇文章，其中有一段非常值得参考："在一个理想社会里，全职太太确实只是一种家庭分工，照顾家庭和孩子，确实和上班、工作有同样的意义。但问题是，我们并没有生活在一个理想的社会里。在现实中，做一个全职家庭主妇，就是会增加女性的依附程度。"[1]

最后，二人相处中要把握两性关系的底线，那就是要自愿、无伤。自愿得是双方的；无伤不仅仅指物质的，也指精神的，而且不仅指不伤害对方，也指不允许对方伤害自己。

三毛曾经说过一句名言，大意是恋爱这种事情"不能说，一说就错"。现实虽然不至于这么极端，但由于人之间的个体差异和目前的多元价值观，这的确是一道难解题。因此，前面所谈，仅供参考。

还有必要提醒一点，如果此期的人还未曾基本确立自己的同一性，那么恋爱成功的可能性就会很小，因为他还没有搞清楚自己是

1　引自《如果有人对全职太太的价值唱赞歌，女生们一定要警惕》，请参见2020年10月26日财新网博客"押沙龙"。

谁，从哪里来，将往何处去，又怎么可能知道自己需要什么样的配偶，共同往何处去呢？这种状况下的恋爱和婚姻，大概率是很难成功的。

青年期还可能遇到的一个大困扰是：总爱和周围的人进行过度比较。比较是生活现实，无处不在，但是如果过度就会导致问题，很多青年人的自卑便因此产生。在我看来，自卑是青春病的典型症状之一。

客观地看，这个问题的根源可以追溯到高考制度下的教育体制，是学校一天到晚进行的排名和社会对上大学的必要性的过分强调导致一个中国孩子很小就知道，不仅要和别人攀比，而且要把别人比下去。这种总和周围人比的人生是一条死胡同。这样的人生，拥有的快乐很短暂，而苦恼却很长久。

造化创造了独一无二的我们，不是要我们去和别人比，去超过或者比上别人，而是希望每一个人都活出自己的精彩，活出自己的特色，做最好的自己，大自然希望每个人都能成为丰富的大千世界的组成部分。

有人以为，和别人比是有上进心的标志，这是一个认知误区。

在战略上，我们每个人的确都需要有一个世界范围内的行业高标，而不仅仅是把身边的人当作标杆；与此同时，在战术上，我们又要尽可能利用这个世界现成的客观尺度。比如学生有 100 分这个客观尺度，各行各业也都有自己的绩效标准。因此，我们根本不需要以身边人为衡量自身进步与否的尺度。我们只需要以行业高标为榜样，保持成长，保持进步，保持不断地自我超越、精益求精，那么我们就可以拥有非常棒的成长态势。

有一个成长的目标，有心无旁骛的切实努力，有看得见的进步，这种自己和自己比、自己感受着自身成长的感觉真是美妙无比。

不仅如此，如果一个人确实保持着“天天向上”的成长趋势，那么，总有一天，他会惊喜地发现，自己已进入哲学家老子所说的境界：“夫唯不争，故天下莫能与之争。”

青少年期还有一个很重要的人生任务，它直接关系到中年，尤其是老年的生活质量，那就是：检视并调整自己的生活方式。如果从小养成的生活方式很健康，那就很幸运，只需要坚持就可以了。但是如果原生家庭中的生活方式不健康，那么青年时期就要知道自我调节，让自己具备健康的生活方式：生活有规律，没有不良嗜好，饮食均衡，养成锻炼身体的习惯。

中年期的任务：物质繁殖与精神繁殖。

物质繁殖与精神繁殖的说法是从心理学家埃里克森那里借来的，我觉得非常形象。

中年期的任务看起来非常繁重，但却可以划分为两大块：一块务虚，一块务实。务虚就是精神繁殖（个人成长、个人价值、孩子教育等），务实就是物质繁殖（生儿育女、家庭责任、工作业绩等）。

中年危机主要出在务虚这部分。涉及的问题包括：对人生意义、人生价值的思考，对所做之事的价值追问等。

其实，中年危机是青年期任务未完成好的延迟表现。

凡在青年时期解决了职业同一性的人，在中年期遭遇危机感的可能性要小很多。青年期没有解决好职业同一性的人，到中年时常常会遭遇**存在焦虑**。

前面介绍术语“需要”时谈到过，大多数被存在焦虑困扰中的人缺乏生活目标和方向，会被疑问、烦躁、焦灼、担心等情绪所缠绕，他对自己的现状不满，甚至失望，即使他拥有世俗所希望的一切，也依旧不快乐。但他自己却不知道问题出在哪里，不知道该从何处入手去解决问题。

引发存在焦虑的最主要问题，就是有关同一性的基本问题，如“我是谁”“我从哪里来”和“我将往何处去”这样的问题。

从表面上看，有关同一性的基本问题是哲学家才会思考的问题，其实不然，这是一个任何基本正常的人都会思考，并且力图有效解决的问题。

一个放羊的人如果想的是：“我是一个放羊的人，我放羊是为了将来给儿子存钱盖房子，然后让儿子娶媳妇生孙子，让我们家的香火能够传下去。”这个放羊人是解决了同一性问题或说是人生目标的人。

另一个放羊的人，有一天，他对自己说：“我是一个放了很多年羊的人，但是，我不想再放羊了，我要走出农村，我要进入城市，我要去做一个城市人！”这也是一个解决了同一性问题的人。

而一个虽然功成名就，但总觉得若有所失，总觉得生活在别处的中年人，却是一个未能解决同一性，正处于存在焦虑中的人。

要想辨别一个中年人是否存在焦虑并不难。你看那个总是牢骚满腹，总是对青年人看不顺眼，总是喜欢挑周围人毛病，总是充满愤怒，总抱怨自己运气不好，总用排斥的态度对待新生事物，总觉得不快乐（不是病理性的），总觉得今天自己得到的并不是自己真正想要的东西的中年人，大都有不同程度的存在焦虑。

好在造化总是给我们许多补救的机会。尽管中年危机的根源在于青年期的任务没有完成好，但是如果处于中年危机中的人能够及时补课，及时补上青年期没有做好的功课，那么就能把危机化作转机，就能获得一个健康的中年人所拥有的从容与坦然。

中年时期处于颓势的人要想凭一己之力扭转局面，需要完成两种心理建设：一是培养“终身学习”的理念，二是拥有高效率的“问题解决”能力。

一个中年人，不论他当前是一个正蒸蒸日上的事业有成者，还是一个失意者，都需要把终身学习的理念作为当前和今后人生发展的基点，否则事业有成也有可能转化为无成，而失意则可能化作长久的失败。

此处的学习是一个宽泛的概念，不仅指对书本知识的学习，也指向生活、指向过往的教训，以及向他人的人生经验学习，并从中获得知识和技能。终身学习的益处不仅是会收获知识和方法，更重要的是能收获开放和富有弹性的人生态度，而后者或许更为重要。

就学习内容而言，中年人需要继续学习的东西太多了，学习做配偶，学习做父母，学习经营事业，学习关心老父老母，学习做领导或者下级，学习适应时代的迅速变化，学习对自己的健康负责，学习享受生活，学习迎接老之将至的现实……

就失意者而言，他需要从自己现有的失误、失着、失去、后悔中学习，学习其中的教训和经验。他还需要向周围那些出色的人学习，学习别人的生存和发展经验，学习走出困境、迎接新生的知识与能力。

就事业有成的中年人而言，他也需要学习，这样才能够保持进步和发展，才可以避免僵化与偏执。不仅如此，对中年人而言，终身学习的理念还有很重要的抗衰老和维护生命活力的心理功能。

尽管终身学习的理念对中年人而言有无比重要的现实意义，并且是中年人得以持续发展的基本前提，但在现实中，一个失意的中年人会因为过往的挫折和当前的危机而对学习望而却步（**习得性无助感**）。而一个事业有成的中年人又有可能因为当前硕果累累的现状变得故步自封，害怕走出舒适区。

具备终身学习意识的中年人则不然，他们既有丰富的经验和阅历，同时又有必要的开放性和弹性；他们既能游刃有余地处理当前事务，充满幸福感地享受当前的生活，又知道在终身学习的理念下保持终身成长。

所以，中年人最需要警觉的就是停滞。如果一个人在中年时还没有树立终身学习的理念，那他当前和以后的人生就很难避免问题了。

如果一个中年人用了很多时间和精力都无法解决自己的困扰，那么最高效的方法就是去寻求专业人员的帮助。

此外，中年人还需要进一步提高自己的问题解决能力。

所谓**问题解决能力**（Problem-solving Ability），是指一个人面对问题情境时的应对、处理和完满解决问题的能力。

很多中年人的困扰就与缺乏问题解决能力有关。其实不论是工作问题、人际关系问题、事业问题、孩子问题、婚姻问题、情感问题、父母问题、身体问题等，归根结底，都是待解决的“问题”而已。

尽管解决不同的问题所用的方法不同，但基本上都可以遵循两条线索：

线索一：对不可逆的问题，可以从改变人的观念入手。

线索二：对可逆的问题，则需以一题多解的方式去试错排错，左突右冲，直到找到解决问题的方法为止。

很多中年人之所以常常会被生活事件、工作事件和情感事件等困扰，其根源就在于：他既缺乏调节自己观念的弹性，又缺乏一题多解的能力。

下岗者A女士来电话倾诉。她目前的处境的确不好，但在整个咨询过程中，她只知道抱怨领导，却不肯花时间讨论她自己需要做哪些观念的调节（最低限度，抱怨只会进一步腐蚀她的心情）和行为改变（如为自己主动寻找新机会或学习一个新技能以让自己拥有新机会等）。

B男士人到中年，家中正值青春期的孩子和更年期的妻子冲突十分激烈，可他只知道生气着急，却想不出一点建设性的方法从中调解。咨询中，经过认真的讨论，他欣喜地发现，他原来有很多种解决问题的方法可以尝试。

C女士因为工作中出了错，被上司批评，惴惴不安多日，生怕自己会因此丢了工作。咨询中她发现，原来还可以有很多种角度去解释上司的批评，并且，她也可以有很多种方法去提升自己的能力，以改变上司对她的印象。

根据我的观察，对于一个知道自己是谁、知道自己要什么、知道自己正往何处去的中年人而言，他所面临的一切都很简单：只是解决问题而已。

如果一个中年人能以做智力题的态度去面对生活中的大多数问题，把人生当作一个解题的过程，这个过程就会充满乐趣、创造性和成就感。

用心去感受并且体验生活中的美好，同时用智慧去思考并处理自己遇到的问题，这是一个中年人最健康的生活状态，也是“不惑”与“知天命”的切实表现。这种充满了幸福感的中年生活，是细心周到的造化给予身肩重负的中年人的补偿。

老年期的任务：尊严老龄化。

老年期的任务复归简单：接受现实，适应老年，充分享受生活，准备迎接生命的另一种形式。

我提出的尊严老龄化是受洪昭光医生的启示。1990年，北京安贞医院的洪昭光医生成为中国医学界最早向公众普及医学常识的人。他当时提出了一个非常具有颠覆性的口号：**健康老龄化**。在洪医生提出此口号之前，人们都认为，人老了是必然会不健康的。因此，洪医生的理念给大家造成了很大的冲击。后来各类养生科普节目应该也是受洪医生理念的启发。在洪昭光医生理念的影响下，我发展出“尊严老龄化”的观点。后来还在我的博客上专门推荐了“可以帮助人实现尊严老龄化的著作与视频”[1]。

我想，尊严老龄化是一个老年人能够拥有的最完满的幸福。所谓的**尊严老龄化**：一是要有基本的身体健康，这是老人保持尊严的首要物质条件，这样才能保证基本的生活自理和行动自如。二是要心理健康，也就是要以乐天知命、顺其自然的心态从容面对即将到来的生命终结。三是要有财务自由，以保障衣食无忧和较高水平的休闲旅游生活，同时又能应付保健与医疗费用，并从容支付寻求社会服务时的费用。四是要关系健康，包括与家人的关系和睦，同时拥有几位好朋友和好邻居。

但是一个人能否在老年过上有尊严的生活，又并不单纯取决于老龄时期。无法否认的是，尊严老龄化在很大程度上，取决于或依赖于一个人在青壮年时的努力和自律。

一个人青壮年时学习与工作上的努力是其老龄时的精神与物质保证，而其生活上的自律（如生活有规律，无不良嗜好等）则是其老龄时身心健康的基础。

虽然老年期仍然有不少任务，但最重要的却是：能够正视并且接受老之已至的现实。现在很多老年人的心理困扰都源于这样一个认知误区：老年等于无用。受此影响，老人要解决的首要任务当然就是：正视现实，接受现实。

当前，由于各种社会因素的影响，人们通常认为，一个人一旦

1 请参见 2015 年 12 月 4 日新浪网“杨眉心理学科普”博客。

进入老年期就完全终止了对社会的贡献。其实不然，尽管到老时还能在很大程度上影响社会的老年人的确不多，但是一个老年人，只要他拥有健康的身心，就仍然能为社会做贡献。一个身心健康的老年人能为社会做出的最大贡献，一是持有积极乐观的生活态度，二是提供丰富睿智的生活智慧。一个家族、一个社会，拥有这样的老人越多，这个家族、这个社会就越能够持续发展。这样的老人，是所有家庭和社会不可或缺的宝贵财富，正所谓“家有老，是个宝”。当然，能否做成这样的老人，取决于其以往人生各阶段任务完成的好坏。

人的老年期和儿童期有很多相似之处：大都生活在主流社会之外，都体单力薄，都是弱势群体，都需要依赖社会的扶持。不同的是：儿童期的生活，甚至生存质量都完全取决于别人，而老年期的生活质量则大部分取决于自己。儿童期的人可以完全不承担责任，而老年期的人仍然负有责任，除对自己的身体健康和生活质量负有责任之外，还要承担为年轻人树立榜样、留下精神遗产等责任。

很多人持有一种偏见，认为老年人的生活质量是必然下降的。其实不然。且不说老年人与老年人之间有很大差异，即使就老年人自身发展规律而言，“下降”也并不是必然就会发生的。这仍然要归功于造化。在造化的精心安排下，老年人的需要和愿望都明显趋缓，并且大都进入了“耳顺”的境界，这会在相对意义上保持其生活质量的主观满意度。

每次在报纸上看到有关老年人旅游专列“夕阳红”的报道时，我都会想：这些富有生活情趣的老人，他们是因为基本完满地完成了自己人生中各个阶段的任务才有了今天的潇洒，他们真是所有成年人的楷模。

2014年，英国国家统计局有一个关于生活满意度的调查，其结论是：“生活满意度从年轻到中年是下降的，在50岁出头时达到谷底，之后上升，70岁时达到顶峰，之后基本持平（稍有下降），直到高龄（80岁及以上）。”[1]80岁以后幸福感下降显然与身体及精神状况开始持续走下坡路有关。

从操作上看，今日老年时期的具体任务，一是尽可能保持基本生活质量和健康的生活方式，二是学习融入数字化生活，三是给后代留下精神遗产，四是做好与“终活”有关的各项准备。

第一个任务不用赘述，会读这本书的老年人肯定有条件保证自己的基本生活质量，会读这本书的年轻人也一定具备让父母有基本生活质量的条件。至于能否保持健康的生活方式，是由老人的自由意志决定的，见仁见智。

第二个任务是要尽可能掌握数字化生活。西方心理学中有一个**终身学习**（Lifelong Learning）的概念，其要点是：学习不会在正式教育结束时结束，而会延伸至整个生命过程。因此，日常经验的积累、继续教育（如老年大学）、读书等都包括在内。而对当代中国步入老年的人群来说，一个很重要的学习内容就是对数字化生活

1 乔纳森·劳赫. 你的幸福曲线——35岁以后必须了解的三大人生策略[M]. 黄珏苹，译. 杭州：浙江教育出版社（Kindle版本），2019：1051–1052.

的适应。现在，社会强调关注老年人数字能力不足的问题，这体现了对老年群体的关怀，但从另一方面看，依赖社会照顾是以放弃个人的部分自由为前提的。孰优孰劣，各位自己权衡。

精神遗产包括可以留给后人的家史、家训、人生经验和教训等。美国联邦大法官波斯纳在其论老龄的著作中提出，老人的遗产中包括“**名誉遗产**”：“人活得越老，他的遗产动机（包括‘名誉遗产’动机）和其他形式的死后效用，在他的效用函数中占的分量就越大。”[1]

如果家中的老人是知识分子，他们通常会主动留下精神遗产；如果家中老人的文化程度不够高，就需要年轻人协助老人做这项工作，这不仅可以为自己和后代留下有关长辈的历史记忆，在这个过程中，也会让老人体验到生命的完满与意义（具体方法会在下面的练习中介绍）。

终活是2012年度日本十大流行语之一[2]，意指老年人为迎接生命终点而做的各项准备工作，包括身后事的安排，如书写遗嘱、财产分配以及对个人物品的断舍离，以保证自己无论何时都可以没有顾虑地离开这个世界，并尽可能降低给亲人所造成的麻烦。

这几十年由于经济的快速发展，中国人的金钱观产生了很大的变化，从改革开放之前的“视金钱为粪土”到现在的拜金主义，父母、子女以及兄弟姐妹之间的关系也因此受到很大影响。由于家中老人

---

1 理查德·A. 波斯纳 . 衰老与老龄 [M]. 周云，译 . 北京：中国政法大学出版社，2002：156.

2 详见日本信息平台“客观日本”《日本的银发族“终活”——日本人的向死而生》，2017年4月20日。也可参见日本纪录片《终活笔记》。

生前没有安排后事，导致身后子女反目成仇、老死不相往来的个案比比皆是。因此，参考并学习日本老人的终活观，不仅可以为自己生命的最后阶段画一个完满的句号，为后人树立尊严老龄化的榜样，更有利于维护子女间的和睦与家庭的兴旺发达。

人生四季，春夏秋冬，春种秋收。不同的是，自然界是周而复始的，永远都有新的开端，而人生却是单行道。老年时能够留下什么样的遗产，很大程度上取决于其青壮年时的所作所为。如果说我们儿时的发展主要是由父母负责，那么从 18 岁起，直到离开这个世界，个人的发展则由他自己负责。人生如同一根链条，环环相扣，一个环节出了问题，整根链条的质量就会受到影响，尽管造化无比仁慈，给人类留出了无数改错的余地，但是改错就需要人付出额外的代价。

所以，认真过好每一个发展阶段，对自己的发展负责，对自己的生命质量负责，是造化赋予我们的职责之一，也是我们做人的权利与义务之一。

本章涉及术语：发展任务、童年期的任务、青少年期的任务、中年期的任务、老年期的任务、首因效应、第一印象效应、依恋理论、安全型依恋、焦虑 – 回避型依恋、焦虑 – 抗拒型依恋（矛盾型依恋）、心理学科普、无条件积极关注、未完成事件、情结、自卑情结、补偿、自我认同（自我同一性）、职业同一性、选择恐惧症、节能成长、心流、物质繁殖、精神繁殖、中年危机、存在焦虑、习得性无助感、问题解决能力、健康促进计划、终身学习、健康老龄化、尊严老龄化、精神遗产、终活、名誉遗产。

> 告诉我，我还应该做什么？
> 难道一切不是终将死去，死亡不是来得太早？
> 告诉我，对于你只有一次的
> 狂野而珍贵的生命，你的计划是什么？
>
> ——玛利亚·奥利弗

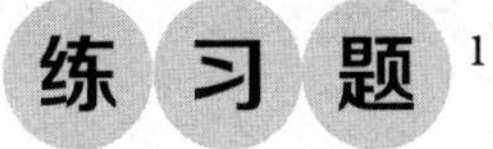

[1]

练习一：给青少年期与中年期的人：假如你只剩下三个月的时间

（一）思考：假如你只剩下三个月时间，你现在想做些什么？

1. 请先记录你看到这个题目后的感觉和感想。

注：猛一看，这个题目很怪，并且也不符合中国人的思维习惯，因此，你甚至可能会觉得不舒服。但是如果你确实想要了解自己的话，就请坚持做下去。

---

1 练习里基本没有包括儿童期，因为儿童期的发展主要取决于父母等重要他人。大人好了，孩子自然会好。另外，儿童期可能有的创伤要在“创伤”和“再决定”部分介绍。

2. 递次罗列出这最后三个月中最想做的事情。

（1）

（2）

（3）

3. 仔细琢磨上面的清单，发现其中的规律并记录下来。

（二）与你的朋友分享你们的发现。

1. 与朋友相互补充你们的发现。

2. 与朋友共同总结这个练习给你们的启发。

当你们做到这一步之后，你们要告诉自己，我不是还有三个月的生命，理论上说，我还有很长的生命。然后，回到现实。

特别说明：这是西方心理咨询和心理教育中常见练习之一，其要点不在于死，而恰恰在于生，在于提醒人要过有意义的人生，在于帮助人确立有意义的人生目标，以避免“老大徒伤悲”的未来。

练习二：你到底想要什么？为什么？

（一）请递次罗列出自己最想要实现的前五个人生目标：

1.A

2.B

3.C

4.D

5.E

请按顺序逐一回答自己，从 A 开始直到 E。

1. 我想要 A，是因为……

（1）

（2）

（3）

2. 我想要 B，是因为……

（二）从 A 到 E 都回答完之后，请把你的发现记录下来。

我发现：……

我发现：……

（三）如果你愿意，还可以参考以下句式再问一遍自己。

1. 我选择 A，是因为当前社会上最流行 A。

2. 我选择 A，是因为我父母希望我要 A。

3. 我选择 A，是因为我周围的人都想要 A。

4. 我选择 A，是因为 A 能够给我金钱与地位。

5. 我选择 A，是因为别人都认为拥有 A 的人生最有价值。

6. 我选择 A，是因为我喜欢 A。

7. 我选择 A，是因为我是为 A 而生的。

（四）和你的同伴分享，并且讨论现在的感受和发现。

1.

2.

3.

（五）带着新的发现和思考重新递次罗列你的人生目标：

1.

2.

3.

练习三：你希望身后别人如何评价你？

说明：这是前一个练习的加强版。这个练习又被译作“生命线”。这是心理咨询中一个常见作业，其要点是提醒人要做人生规划。很多时候，我们追求的并不是我们内心真正想要的，虽然追求到了，但却体验不到快乐，那时再想做自己真正想要的，又会受时间、年龄、精力、社会身份等因素的约束，结果往往会让自己成为一个郁郁寡欢的成功者，并严重增加中年危机的风险。所以，在做事之前想清楚自己到底最想要什么，然后再去追求，这样的人生会有更多的快乐，少很多遗憾。

（一）画出自己的生命线。

1. 填空：在线的左边填上你当前的年龄，右边填上你自己预期能活的年龄。

0岁　　　　　　　　　　　　　　　　　　　　　　　　100

当前年龄（　）　　　　自己的预期年龄（　）

当你经过仔细思考，郑重写下你预期的自己将要活的年龄时，你是不是受到了触动？思考这次填空给你的启发。记录自己的发现和感受。

2. 继续填空（思考过去的自己）：

以当前年龄为准，在其左边填上过去对你影响最大的三件事。

0岁　　　　　　　　　　　　　　　　　　　　　　　　100

过去对你影响最大的事　当前年龄（　）　　　　自己的预期年龄（　）

（1）

（2）

（3）

3. 继续填空（设计未来的自己）：

以当前年龄为准，在其右边填上未来你计划要做的几件事。

0岁 ———————————————————————— 100

过去对你影响最大的事	当前年龄（ ）	未来计划做的大事	自己的预期年龄（ ）
		（1） （2） （3）	

（二）思考并记录。

1. 我希望身后别人如何评价我？

2. 过去事件对我未来计划的影响？

3. 未来计划对我今天和身后名的影响？

4. 这部分练习给我的启发？

（三）结合上一个练习，思考现在写下的未来计划与你主客观条件的匹配度。

1. 未来计划与我个人当前主客观条件的匹配度？

2. 我的思考和决定？

提示：这仍然是一个“我将往何处去……”的问题，在设计未来的自己时，有以下几点可以参考：

（1）要清楚自己到底想要什么，清楚自己到底想往何处去，想有什么样的身后名？

这个练习是上一个练习的强化版，是要进一步帮助自己搞清楚自己到底要往何处去。身后名并不是名人的专属，爱惜自己羽毛（名誉）的人都会考虑身后名。就像普通的自尊自爱的中国老人常说的："别让后人笑话。"其实讲的就是要注意自己的身后名。

（2）要清楚自己能够要什么。

这涉及对自己主客观条件的认识和了解，如果我们是色盲，但却一定要做油画家，结果可想而知。人有无限发展的潜能，但潜能分布是不均衡的，只要有可能，我们就要尽力去发掘自己的优势潜能，尽可能扬长避短。而色盲要去做油画家，显然就是扬短避长了，耗能也很难成长。

（3）要清楚自己想要的与社会利益有没有本质上的冲突。

与社会利益有本质上的冲突，早晚会被罚出局。此外，人类在文明发展的进程中，良知系统已发育得较为成熟，选择损害社会利益的目标，除了要准备被绳之以法外，还要准备付出种种心理上的代价，如：不安、紧张、担惊受怕、自责等。

有必要说明的是，这个世界上只有极少数人是在很早的时候就有终身目标的，而对绝大多数人而言，很可能起初都只有阶段性目标。因此，我们不必强求自己一定要在现在就能够有一个终身目标，大多数人对自己的认识是逐渐深入的，是在现有目标上学习或者工作一段时间后，对自己的潜能又有了新发现，然后逐渐才能设计更长远的人生规划。

（四）与朋友分享彼此的生命线，并交流感想和发现。

练习四：确立健康的生活方式

健康的生活方式与人到晚年的生活质量和幸福感关系密切，因此值得我们付出努力。

（一）从以下几个方面检视自己的生活方式是否健康。

1. 自己的生活有规律吗？

2. 自己有不良嗜好吗？

3. 自己的饮食均衡吗？

4. 自己有锻炼身体的习惯吗？

（二）制定具体、可操作、符合自身情况的个人健康促进计划。

（三）上述练习给你的启发和思考。

（四）坚持执行自己的个人健康促进计划。

练习五：中老年人的终活练习[1]

（一）留下你的精神遗产。

1. 记录个人简史，并提炼可以传世的家规家训和需要感恩的人。

2. 记录家庭简史，并提炼可以传世的经验教训和需要感恩的人。

3. 择要做成PPT，每个阶段都插入一张或者几张有历史意义的相片。

（二）给亲友写信。

1. 感谢信：详细回忆、描述对方当年给予自己的帮助并表达感恩之情。

---

1 如果家中老人做这个练习有困难，而儿女又希望老人的晚年生活有质量，那么就可以协助老人完成这些作业。儿女或者孙儿女不仅会从中了解很多之前他们不了解的家史，也可以提升老人的生活满意度，从而提升整个家庭的幸福感。比如为老人用PPT方式总结其个人简史、归纳其人生准则等。

2. 致歉信：如果曾对某人做过至今都让自己感到不安的事，写信去真诚致歉。

3. 给儿女写信：回忆几件他们儿时的故事，感谢他们的降临给自己带来的幸福和完满。

（三）清点并留下你的物质遗产。

1. 尽可能断舍离各种身外之物。

（1）删减相册，尽可能把数本相册和零散的相片删减为一本，以便于孩子保存。

（2）整理过去的日记和书信，可以用在自传中，用过之后可以打包并贴上说明需要孩子如何处理的纸条。当然，最好还是趁着自己清醒时处理比较好。

（3）处理家中很久不用的衣物和其他家居用品。

（4）把银行卡、保险单等尽可能合并，然后在电脑上做出清单，同时附上密码。

（四）写遗嘱。

（五）列出遗愿清单。

前面已经完成了最重要的事情，因此现在这张遗愿清单就简单多了。

完成一些重要的未完成事件：

想看的人？

想了却的某个心愿？

想具体弥补的过失？

想当面说出的感谢或者道歉？

心心念念想去的某个地方？

……

为了保证余生的生活质量需要做的事：

锻炼？

生活方式调整？

旅游？

读书？

与亲人的联结？

……

练习六：年轻人如何协助老人做“生命整合纪念册”？

（一）上编：采访老人，记录老人的生命故事

1. 先罗列人生大事记，然后加入细节故事。

2. 用我们学过的心理学理论提炼出老人人生经历中体现出的人格特质，作为附言加在每一个阶段之后。

3. 按照时间顺序，配以图片。

下编：归纳总结老人将给你们留下的精神遗产

将老人故事中体现出的有利于持续发展的价值观，与日常生活中你所接受的家规合并，放在纪念册中的第二部分。

两编合并，就做出了一个图文并茂的纪念册。

让老人亲眼看到自己留给后人的精神遗产，不仅对老人的意义非常重大，而且对家庭中的后代也有深远意义。

（二）帮助老人列出具有可行性的遗愿清单，并尽可能助其实现。

与老人商量，帮助老人列出符合其现实状况（身体、财务）的遗愿清单，然后助其递次实现。

用这样的方式为老人的生命赋能，帮助老人实现生命的整合，会使老人产生人生完满的感觉，并且会提升老人的生活幸福感。

即使家中老人不识字也没有问题，想想倪萍，她的姥姥是文盲，但是她姥姥的故事却启发、感动了成千上万的人。

你了解自己所具备的心理防御功能吗？
——术语六：自我心理防御机制

走向内心，探索你生活发源的深处，

在它的发源处，你将会得到问题的答案。

——里尔克

为什么当我拿到考试成绩，看到自己没考好，会脱口而出埋怨老师："真讨厌，判得这么严！"

为什么我对别人有意见时不直说却去摔杯子、砸门？

为什么我明明做了错事，却在别人问我时矢口否认，然后又自责不该说谎？

为什么我老做白日梦，但总对现实视而不见？

为什么我会这么虚伪，明明不喜欢甲，见到他时却热情得不正常？

为什么我明明喜欢乙，见到他时却总是忍不住地要挑他的毛病?

为什么我都工作了，有时还会像个孩子一样任性妄为?

为什么我这样自律，却还常常冒出一些很不好的念头?

为什么有的人总怀疑别人嫉妒他?

为什么有的人总怀疑别人看不起他?

为什么有的人总爱为自己做错的事找借口?

……

生活中，我们常常被这些问题困扰，有时甚至百思不得其解。

当它发生在我们身上时，便引发我们对自身的怀疑甚至自卑。而当我们在别人身上看到这些问题时，又会心生责备和不满。

结果不仅会影响我们对自己的评价，也可能影响我们对他人的评价，甚至影响我们的人际关系。

其实，心理学家有关上述现象早有解释，最早发现其中奥妙并加以解释和命名的，则是精神分析学家西格蒙德·弗洛伊德和他的女儿安娜·弗洛伊德。他们发现，上述种种现象，都是人们心理上的自我防御功能（术语叫自我防御机制）的表现，换言之，是人们的心理正在行使紧急自我保护功能。

就如同手被开水烫了会立刻缩回来一样，人的心理被“开水”烫了也会有自我保护措施。所以，心理上的自我防御机制是人类在进化过程中获得的一项十分重要的心理自保功能。

所谓**自我防御机制**（the Mechanisms of Defense），是指人在无意识中形成的一套自动发生作用的、非理性的、应付焦虑的心理适应机制，自我通过言语、行为、思想、情感等虚构或歪曲现实，以达到协调本我、超我与现实的关系的目的。自我防御机制是一种无意识的生存策略。

要说清自我防御机制给予我们的保护和影响，不妨先复习一下弗洛伊德精神分析学说中的**本我**、**自我**、**超我**以及**焦虑**这几个概念。

弗洛伊德在其研究中发现，人格可以分作三个部分：本我、自我和超我。**本我**（Id）指人格中原始的、非理性的冲动和本能，如生本能和死本能。本我代表着不肯驯服的激情，弗洛伊德喻之为"一大锅沸腾而汹涌的兴奋"。

本我没有价值、善恶与道德感，它的唯一目的就是发泄种种本能冲动。

本我信奉快乐原则，像一个率真而又任性的孩子。

生活中，凡是那些容易冲动的、以自我为中心的人，那些会因为一些小事而与别人发生很大冲突的人，那些不知道顾及他人感受的人，那些不懂得调和个人需要与社会规则间关系的人，那些特别富有想象力、创造力的人，通常都是本我较强的人。

可以想象，如果人人都按本我行事，这个世界是难以正常延续下去的。

为此，社会必然要对本我进行约束。

社会通过父母、学校、机关单位等对人的本我实施强有力的约束，从而将人的大部分本我压抑到人心理的无意识层。但是压制并不能使本我消亡，它总是试图冲破压抑表现自己。

因此，作为人格中一个恒久存在的成分，本我在个体的精神生活中永远扮演着重要角色。

本我降生之后，很不幸地，立刻遇到了以父母为代表的超我。

超我（Super-ego）是人格中的良知部分，它超越生存需要，渴望追求完美。人的超我得之于父母、老师等社会的影响。父母、老师以自己的超我为模型教育儿童，使之逐渐积累起好坏、善恶的观念，因此，超我中包含着民族的传统，甚至古代的风尚及思想。超我按道德原则行事，像一个正直、自律而又严厉的老年人。超我用于惩罚个人的最严厉的武器就是：内疚。

超我或说道德有很重要的心理保健功能。

从消极面看，不做不道德的行为可以避免不安、自责、内疚、恐惧等负性情绪。正如“天网恢恢，疏而不漏”，其实不漏的不仅仅是法网，更有人心，而且主要是自己那颗得之于集体无意识的良心。所以有人做了违背道德的事，就无处逃生了，逃得出法网，也逃不出自己内心那颗受了重创的心。

从积极面看，一个人因为做了有道德的事而产生的踏实、满意、心安、喜悦、自尊、自豪、崇高等这些感受，都是幸福感十分重要的内容。不仅如此，遵守道德的人给人以安全感和信任感，而这些都有助于其和他人建立建设性的连接，这也是当一个人被公认有道德时，通常会引发人们诸如敬重、钦佩、心仪以及信赖等情感的原因所在。

但是任何事情都有一个度，超我亦然。如果一个社会过度强调道德，就会产生较多**广泛焦虑症**患者（过去称神经官能症，简称神经症）。

从心理卫生的角度看，健康的超我更多地体现在道德行为而不是道德观念上。因为每个人都会有恶念，是人性的弱点使然，这很正常。关键在于能够在恶念面前把持住自己，坚持做正确的或者说是符合道德的事。换言之，健康的做法是要把精力用在把握自己的行为上，而不是控制自己的恶念上。

生活中，凡是那些完美主义者，那些喜欢苛求自己和他人的人，那些总是被“应该”和“必须”紧紧束缚着的人，那些为了追求完美而使自己精疲力竭的人，那些循规蹈矩、律己律人都极其严格的人，通常都有比一般人强大得多的超我。

而从临床上看，很多心理问题都与本我或超我太强有关。

本我太强，常常会与现实发生冲突，难免被环境制裁，久而久之，就有可能因为受挫太多或人际关系问题而产生心理困扰。

超我太强，总和自己的本我作对，总把本我当敌人，总和自己进行一个人的战争，长此以往，各种广泛焦虑症状，如**神经衰弱症**、强迫症、疑病症、焦虑症、恐怖症、抑郁症等就有可能找上门来。

所以，缺乏基本道德（放任本我）是一种病态，如各种形式的乱纪行为和违法犯罪。与此同时，极端强调道德（超我太强）同样是病态。以文学经典《巴黎圣母院》为例，很多人认为雨果刻画的副主教克洛德是一个伪君子，其实不然。克洛德起初的“信”是真信，他拥有一个强大的超我，所以他一直非常坚定地压抑自己的欲望。由于他没有见到让他心动的人（环境），所以这种压抑也一直是成功的。但是吉卜赛女郎埃斯梅拉达的出现如电石火光击中了他，使他在经历了强烈的内心冲突之后终于屈服于人性或者说是欲望，后面才有因欲望不得而产生的种种劣行。其实这也正是雨果小说的深刻之处，好人与坏人不是固定的，而是同一个人的不同选择结果。如果克洛德不曾那么强烈地压抑自己，不曾有那么强的超我，后面的故事脉络就有可能不会向悲剧发展。一个真诚压抑自己的人最终还是屈服于欲望，这正是人性的悲哀之处。强大的超我加上被激活的强烈欲望，这样的张力才让这部作品不朽。从心理学角度看这部小说，导致副主教克洛德悲剧的原因之一就在于他过度的超我。我在咨询中见到过度压抑本我、超我过强、什么都喜欢归结为道德、绝不允许自己有所谓恶念的同学时，我都会提醒他们：恶念不等于恶行。因此，你不需要控制你的所谓恶念，而只需要把握自己不要有恶行就可以了。你要放下一个人的战争，不要那么苛求自己，要学习与自己友好相处。

按照弗洛伊德的说法，社会不会长久容忍放任本我的人，也由于超我的不断监督，在人格中又慢慢发展出了懂得约束自己的另一个我——自我。

自我（Ego）是人格中理智而又现实的部分，它产生于本我。自我有三重作用：感受并满足本我的需要，接受超我（道德良知）的监督，应付外界的现实。

换言之，自我调节本我与超我之间的矛盾，也调节本我与外界的关系。

自我按现实原则行事。自我像一个成熟理性的中年人。

生活中，那些能以建设性方式处理问题的人，那些注意调节个人需要与社会需要关系的人，那些能与他人友好合作的人，那些能有效处理人际关系的人，那些能保持持续成长的人，通常都有较强自我。

弗洛伊德在谈到本我、超我、自我以及与现实间的关系时，从自我的角度出发，将其比喻为一仆三主的关系：自我需要同时侍候三个“主人”——本我、超我和现实——并必须尽力调和这三个主人的主张和要求。

由于“三主”的要求常常发生分歧甚至冲突，以至于自我疲于应付，苦不堪言。

外界的要求不必说，不守游戏规则就会被罚出场，会被逐出正常的社会生活。有些人心理上出问题，就是因为他拒绝遵守游戏规则而受到种种处罚，继而导致各种情绪问题。

本我太强，不间断地要求满足自己的需要，从不顾及现实世界的游戏规则，为了保护个体不被损害，自我只有努力调解本我和现实的关系，力求使本我以社会能接受的方式获得满足。但由于本我强大又任性，因而常常给自我造成很大的困扰，比如那些习惯违规甚至违法的行为，积累到一定时候，不仅会有物质上的代价，也常常会有心理上的代价。

在应付超我时，自我也充满了艰辛。超我规定行为准则，不论本我或外界给自我造成多大的难题，超我都要求自我按规则行事，若自我没有按它的要求做，它就会惩罚自我，使它产生焦虑、内疚甚至自罪感。

自我受本我的推动，受超我的包围，受外界的挫败，举步维艰。久而久之，在一仆三主的巨大压力下，人就会产生过度焦虑，那是一种令人难以忍受的情绪状态。

所谓**焦虑**（Anxiety），表现为担心、紧张、恐惧、坐立不安，并伴有胸闷气短、心动过速、全身无力等躯体症状。适度的焦虑有重要的适应功能，有助于人们处理问题，但是焦虑不足和过度都会成为问题，而自我长期处于被三主支配的压力中，积累到一定时候，就有可能产生过度焦虑。

弗洛伊德提出，自我为了降低在三主面前的过度焦虑，会发展出一套防御机制，即一套自动发生作用的非理性的应付焦虑的适应方式，它们通过言语、行为、思想、情感等虚构或歪曲现实，以达到谐调本我、超我与现实的关系，从而降低过度焦虑给自己造成的心理压力的目的。

按照弗洛伊德及其女儿安娜·弗洛伊德的观点，保护个体生命的最基本原则便是降低焦虑与不快。因此，每当人在遇到挫折、感到焦虑时，便会在无意识中迅速调动起自我防御机制，以否认或歪曲现实的方式协调本我、超我与现实的关系，从而降低焦虑。

以下便是人们最常使用的一些自我防御机制：

一是**压抑**（Repression），指自我把意识所不能接受的冲动、情感和记忆抑制到无意识层中。同时也包括由于意识的检查作用而无法进入意识的无意识的心理活动，其目的是使不受欢迎的精神因素尽可能永远从意识中消失。压抑是防御机制中的中心概念，其他防御机制都以压抑为前提。

压抑有双重性，一个社会、一个人要健康正常地发展，是需要一定的压抑的，这是人作为社会人存在所必须付出的代价。按照弗洛伊德的观点，文明就建立在压抑个人欲望的基础上。另外一方面，压抑如果过度，又有可能会使人为心理疾病所困扰。过度的压抑会使人失去与自身的连接，同时还会极大消耗人的能量，结果便是阻碍个体的发展与成长。

压抑不等于克制，克制是在意识中发生的，是自主行为；而压抑是在无意识中不自觉地发生的，是不由自主的，但是它们又有密切关系。很多时候，先有克制，然后才有压抑，比如外界的多种约束，导致人的自我克制，时间长了，成为习惯，就变作压抑，也就是进入"从来不需要想起，永远也不会忘记"的状态。压抑的目的是自我要保护自身免受本我的攻击，但是压抑的东西不因为压抑而消失，它仍然会在无意识中影响我们的行为。

比如一个从小受到虐待的人，他有可能因为那段记忆太痛苦而选择压抑（完全遗忘），但是长大后这些被压抑的内容一定会在他难以处理人际关系的问题上表现出来。再如**神经症性厌食**，起初是为了某种原因而自我克制，时间久了，就被压抑到无意识中，以至于即使后来意识部分决定恢复饮食，但无意识却会产生巨大的阻抗，这使得人只有在专业人员的帮助下才能够逐渐恢复正常。

在当代中国，最普遍发生着的压抑便是父母们以“为孩子好”的名义逼着孩子学习，结果造成对孩子天性的严重压抑，同时也造成孩子对父母的愤怒的压抑。父母原是为了让孩子“不要输在起跑线上”才去逼孩子学习，但是他们不知道，这种逼迫的结果是：孩子渐渐会失去体验快乐的能力。

有一天，孩子得到了父母认为会让孩子终生幸福的一切，如学历、学位、金钱、地位等时，他们的孩子却有可能出现如下两种极端情况：一是因为压抑得太久，以至于丧失了体验和享受生活的能力甚至愿望，最典型的表现就是在有时间玩的时候却不会玩了，或者把玩本身也当作了任务；另外一个极端则有可能是在遇到诱惑时完全失去控制地投入，比如那些陷入网瘾的学生。

此外，中国文化强调的“男儿有泪不轻弹”，也导致中国男性对自身情感的严重压抑。它不仅造成男性自身的很多问题，也妨碍了男女两性之间的有效交流与理解。

压抑是需要付出代价的，它会持续耗费自我的能量。自我把过多的能量耗费在压抑上，就没有能量去做有利于自己成长的事，个体的发展就会停滞。更何况，过度的压抑从来不会成功。“三我”的冲突不断升级，结果要付出的代价就必然是：层出不穷的心理问题。

二是**置换**（Displacement，又译作替罪羊），指改变冲动的方向，将能量从一个地方转向另外一个更为安全的地方。比如个体把无法对某人或某事直接表达的情感（通常都是负性情绪，如愤怒、妒忌、憎恨等）置换到另一个安全的人或事上去表达，以此达到减轻精神负担和维护内心安宁的目的。简言之，置换是改变冲动的方向，将能量从一个有威胁的地方转向另外一个更为安全的地方的过程。

所谓踢猫效应，就是一种典型的置换现象：一位被老板冤枉的男士回到家中对儿子发脾气，儿子气得踢猫，而猫吓得往外逃时又惊着了前来致歉的老板……

路怒症是典型的置换现象，而**恋物癖**则是一种病态的极端置换。做梦也是一种置换现象。再如一个孩子小时候喜欢吃手，大人总是严厉制止，等这个孩子长大后会将这方面的能量置换到抽烟、喝酒、唱歌、吃泡泡糖、爱说话等方面。

现实生活中，假如一个家庭中的老大总被父母指责甚至打骂，他不敢直接对父母表达自己的愤怒，便把怨恨与愤怒发泄到父母喜欢的弟弟妹妹或某个东西上，于是，弟弟妹妹或者某个东西就成为这个总挨打的孩子的替罪羊。

再有，当老师偏心某个学生时，其他学生有可能会集体冷落甚至攻击这个学生。特别要说明的是，大部分时候，被当作替罪羊的人为了适应新情况，会变得低调，以保护自己。但是也有个别替罪羊会在偏心他的人面前恃宠而骄，结果导致别人对自己的惩罚升级。

我们有没有在心情不好的时候摔门、砸东西，或者迁怒于人的情况？若有，这就是你的自我防御机制正在发生置换作用，也就是用一种**精神宣泄**替代另一种精神宣泄。由于置换作用，我们真实的愿望和冲动被压抑了，转而以一种较为安全的方式呈现。

社会生活中的**种族歧视**、**性别歧视**、**年龄歧视**、**地域歧视**、**疾病歧视**、**阶层歧视**等，也都是置换的表现，是需要我们警觉的。

还有一种需要学校和家长注意的置换现象——学校霸凌事件。

很多人在指责学校的霸凌事件时，更多关注的是学校的管理和实施霸凌的具体的人。其实，有可能导致学校霸凌现象的重要原因在于家庭。如果家庭中充满了暴力和伤害，在父母面前完全无法保护自己的孩子就有可能出现置换——把心中的愤怒和痛苦发泄到身边那些无法自卫的弱小同学身上，通过霸凌他们，来转移自己内心的痛苦和无助感。所以，当我们在中小学发现霸凌现象的时候，不能简单地只针对实施霸凌的孩子做工作，更重要的是将其行为作为线索，去了解他的家庭与环境背景，从而采取有效的措施。

特别需要提出的是，在 2020 年新冠疫情期间，由于内心的极度焦虑，很多人把对疾病的恐惧转移到对武汉人和湖北人的歧视上。有研究文章指出，“新冠肺炎疫情期间，针对武汉人、湖北人的群际歧视现象受到社会关注。疫情时期的群际歧视主要表现为语言轻蔑、过度回避、扩散信息、标签污名和粗暴对待。原因是地域歧视和疾病歧视叠加下个人心理因素与社会群体规范因素的共同影响。”[1] 很显然，由于内心的恐惧，有些人把武汉人和湖北人当作替罪羊。

而要消除这种对武汉人和湖北人的歧视，学者们给出的建议之一，就是要“聚焦‘中国人’共同身份认同……（因为）这一身份所形成的共同目标认同与内群体偏爱，可以有效预防群际歧视”[2]。

1　佐斌，温芳芳 . 新冠肺炎疫情时期的群际歧视探析 [J]. 华南师范大学学报：社会科学版，2020（3）：11.

2　同上。

这里提到的“认同”，也是我下面要介绍的自我心理防御机制之一。

三是**认同**（Identification），指个体无意识中模仿某个人的某些特征、行为风格，以加强自身特色，从而使自己与所模仿的对象趋于一致，或者说试图变得像另一个人的心理过程。

前面在介绍置换这一防御机制时，我提到有学者提出，为了消除对武汉人和湖北人的歧视，我们要“聚焦‘中国人’共同身份认同”。这个建议非常必要且重要，这就是通过意识层面的工作调动，唤醒我们无意识层面的共同身份认同。这不仅对疫情时的武汉人和湖北人有重要意义，对有效预防将来发生的新疫情同样重要。

我们是中国人，我们是一家人，我们要守望相助。2003 年，SARS 在北京爆发，2020 年新冠在武汉出现并蔓延，谁也不知道下一次疫情会在什么时候、什么地方发生。遭遇疫情时，如果我们由于恐惧只知道去找替罪羊，不仅于事无补，还会伤害我们自己。我们都生长于华夏大地，我们都是血脉相连的一家人，这个共同身份让我们在遭遇疫情时能够共克时艰，能够“一方有难，八方支援”，能够相互支持与安抚，这才是解决问题的正道。

当然，我们也要警惕过度的共同身份认同，因为所有身份认同都具有排他性，都有可能走极端。目前西方民粹主义兴起，就是一个值得关注的现象。

认同在人的成长中有很大的作用，因为每个人都会模仿他心目中的榜样。人在童年时通过认同父母、老师的价值观和行为规范，以获得奖励、减少惩罚，并在认同父母、老师的过程中发展起个人的超我。长大后，认同感还可以满足人的归属需要和一定程度的成就需要。

例如当代青年人中流行的各种“饭圈”文化等，都是年轻人认同行为的表现，他们在认同各类人的过程中获得的不仅有归属感和价值感，还有很强的意义感、成就感和存在感。

但是认同目标是需要慎重选择的。认谁和同谁，怎样认和怎样同，都需要我们三思而后行。例如 2021 年发生的一件事，明星吴某某涉嫌强奸罪被刑拘事件让一些粉丝不断做出惊人之举，比如说要去“劫法场”以及代坐牢等。

年轻人追星本是很正常的现象，因为正处于确立自身同一性（身份认同）的阶段，所以要在追星的过程中去满足自己内心对美好与魅力的需要，还要在追星的过程中寻找并确立自己的生活榜样，更需要在追星的群体中获得归属感和力量感。年轻人追的星是多种多样的，科学家、宇航员、医生、作家、运动明星等，但从数量上看，更多的年轻人倾向于选择影视明星。一是因为影视明星光彩照人的外表可以极大满足人们的审美需要，二是因为他们看起来更容易模仿，发型、服饰，再加上一些习惯用语，粉丝就可以和自己所倾慕的影星有很多相似度。不像科学家、宇航员和医生等，是需要埋头苦读、延迟满足才有可能达到的目标。

追星对年轻人而言是有重要的象征意义的，它意味着追求自己所认为的美好，也象征着更美好的自己。可是，如果这个明星本身已经变质了，甚至已经触犯了法律，为什么还有人坚持要捍卫他，甚至不惜以身试法呢？成语“择善固执”，说的是做人要选择美好、正确的事去坚持。当初你选他为楷模，是因为他象征了青春的美好，你推崇的是他所代表的美好，而不是他这个人；今天你选择忠实于缺乏自律的他，就意味着你要背叛你自己。而你最需要的其实是忠实于你自己，你要坚定维护的是你对美与善的追求，而不是已经背离你初心的影星。

在社会生活中，大到国家，小到集体，都会选取一小部分人作为榜样供大家学习、认同。如 2020 年新冠疫情期间各大媒体报道的大批抗疫英雄事迹，这些人与事都极大地感染着中国人，被很多中国人所认同。

所以，看一个人认同什么样的人，选什么样的人做自己的榜样，可以对这个人的未来发展趋势做出明显预测。

因此，一个人若选错了认同的对象（如少年团伙的认同目标），后果就非常糟糕，极端的如青少年犯罪。所以，负责任的父母在孩子进入青春期（12~22 岁）时都会特别留心孩子所结交的朋友和所阅读的书籍，其用意就在于避免孩子选择有问题的认同对象，同时引导孩子做出积极的选择。

还有在认同流行的问题上，很多年轻人仅仅是因为怕被别人说成“OUT 了”，就总是追着流行跑。结果被愚昧无知甚至下流绑架了还不自知。例如曾经流行的“× 丝”以及“绿茶 ×”[1] 等说法，都是自甘下流，是让人类文明集体退化的表现。

---

1 我们从小就被父母和老师教育，不可以重复别人的脏话和错话，所以，这里用“×”代替原说法中的脏话。

有的学生说，现在社会就是这样，这样的流行词过几天就没有人用了，我们也就是说着好玩而已。可事情并没有那么简单，我们以为说说而已的事，却会在无意识中重新分配我们的动机和注意力，降低我们的品位，使我们越来越接近自己的玩笑。成语“一语成谶”和佛家强调的“不妄言”都是同样的道理。

自重者人重，一个认同“× 丝”的人，不论他内心多么渴望美好的生活，他用如此糟糕的词形容自己或者评价他人行为，显示出他的不自重。他都不肯尊重他自己，还怎么指望别人尊重他?

所以，个人在进化道路上的一切努力，除了在学习工作中的奋斗之外，还包括认同积极向上、懂得自律自强的榜样。

四是**合理化**（Rationalization，又译作文饰作用），指人们无意识中通过歪曲现实的方式——如用各种言辞掩饰自己的过失、损失或错误，使其看起来合情合理——而达到降低焦虑和痛苦的作用。例如《伊索寓言》里那个《狐狸与葡萄》的故事。狐狸想方设法也没吃到树上的葡萄，便用歪曲现实的方式安慰自己，对自己说：那个葡萄是酸的，没什么好吃的。这样一来，它就不会再为吃不着葡萄而感到焦虑，当然更不会因此而丢面子了。

学生在学习上最常用“合理化”替自己辩护：“今天我没考好，是因为老师的题出得太偏”或“是因为我今天不舒服”等。当然，在受到老师批评的时候，学生也常常会采用合理化方式替自己辩解。

成人也常常会用合理化方式替自己辩护。比如，中国家长包办孩子的一切，包括替孩子做主报高考志愿，被合理化为“为孩子好”。

中国小说中最常使用“合理化”机制的典型当推阿Q。

当代中国，在某些阶段会出现道德滑坡，重要原因之一，首推社会榜样偏差。其次便是很多人在放任自己时会不由自主地与腐败者比较，认为比起贪官污吏所犯下的罪行，普通人的小恶当然算不了什么（合理化）。然而，正是大恶与小恶的不断积累，使得各种安全问题层出不穷，最终，受到损害的还是普通老百姓自己。

五是**升华**（Sublimation），指个体在某个事件上受到重创后，把原有的能量与愿望转移到另外的、社会能接受的、有利于文明的对象上，因此而有所作为。

在弗洛伊德看来，**力比多**[1]（性力）受压抑，是人类进入文明社会不得不付出的代价。为了避免因为这种压抑而产生的心理疾病，人们有意或无意地采用了很多方法，其中一种就是升华。

例如失恋后转而发奋读书与创作，从而成为学者或艺术家等；再如有进攻冲动的人去做警察、军人、足球队员等。

这种通过职业以及科学、艺术或运动等创造性活动释放原有能量的方式，就是升华。有一位诺贝尔化学奖得主就是这方面的典型，他在失恋后“化悲痛为力量”，发奋钻研，结果得了诺贝尔奖。

中国的司马迁也是一个升华的典范，他承受了对一位男性来说是奇耻大辱的宫刑后写出了流芳百世的《史记》。司马迁的个案给

1　libido的中文译名，弗洛伊德理论中一个十分重要的概念，用以专门表述本能，是弗洛伊德“性欲论”的重要内容之一，同时也是精神分析学派的重要理论。其基本含义是表示一种性力、性原欲，即性本能的一种内在的、原发的动能和力量。——编者注

弗洛伊德有关升华的理论提供了一个非常经典的论据。

在弗洛伊德看来，升华是较为高级的转移现象，从社会角度看，它使能量转向更为有益的方向。因此，他认为，升华是“缔造文明中最庄严、最美妙的成就”[1]的历程。

有关升华，我还有一些不同的看法，虽然弗洛伊德认为升华导致最高的社会文化，可是，过度升华会塑造工作狂，而工作狂对个人身体和家庭生活的消极影响也应该被考虑到。

六是**补偿**（Compensation），指因先天（或自认为的）身心缺陷或不足而感到焦虑，无意识中在其他能够获得成功的方向做出努力从而代偿原先的缺陷，以此降低焦虑和自卑感。

补偿有正反之分，升华则专指能量的正向转移。

比如有进攻冲动的人，在受挫后做了维护社会安全的警察、军人、特种兵，这就是升华。而如果他做了打家劫舍的强盗，那就是补偿。

日常生活中，积极的补偿可以帮助人克服弱点。比如海伦·凯勒，她因为失明、失聪等严重躯体缺陷，在老师莎莉文的引导下发展出超常的教育与写作能力，从而补偿了她身体上的严重残疾。

消极的补偿则会深化人的自卑感，严重的甚至会给人类带来灾难。

在日常生活中，我们能见到的补偿包括：原生家庭状况不好的

---

1 弗洛伊德 . 爱情心理学 [M]. 林克明，译 . 作家出版社，1986：143.

人，往往会以超人的毅力和努力去改变自己的社会地位；自认为长相不好的女孩子往往会在学习上特别用功；高考连续失误的人可能有考证强迫症。暴发户一旦有了钱，往往就会通过炫富来补偿他极度缺乏的自尊感。

电影《查理和巧克力工厂》讲了一个极端补偿的故事。查理的爸爸是牙医，为了保护查理的牙齿，不许查理吃糖，还给查理戴上牙套和头套，让他无法吃糖，更不用说巧克力了，而查理长大后则开了一个巧克力工厂作为补偿！

网购在中国出现之后，也引发了一种新型补偿形式：买买买。在网上疯狂购物的人通常缺乏生活意义和职业同一性，在生活中积累了很多压力和不满，因此无意识中用大量网购的方式补偿自己，从而进入购物成瘾的恶性循环之中。

七是**隔离**（Isolation），指人在无意识中把部分事实在意识中加以回避，以此避免引起不快。人在启动隔离机制时，通常都是有所忌讳。

凡是有忌讳的地方就有禁忌。禁忌是人类普遍具有的文化现象。每个国家、每种文化在生死、生命或者权威等大问题上都有自己的禁忌，以此保持社会的秩序不被扰乱。

禁忌（Taboo，直译为塔布）是人类普遍具有的文化现象，“塔布”原是南太平洋波利尼西亚汤加岛人的土语，表示“神圣的”和“不可接触”的意义。

禁忌最初的功用是在人和神之间设置界限，以避免世界秩序混乱，从而保护人类自己。比如我们中国人忌讳说“死”字，中国人相信“死者为大”，因此，在说某个人去世时，常常用“走了”“去了”或者“仙逝”来代替。再如中国渔民忌讳讲“翻”字，是因为怕得罪了水中的神而造成船翻的危险。又如在生活中，有时我们喜欢用“那个”代表很多难以启齿的事，以回避社会公认的“不洁”表达。

再如很多国家禁止公开谈论私生活，则是为了保护个人生活的神圣性。还有在公开场合禁止说脏话，不仅是为了避免脏话造成的表达“不洁”和社会退化，也是为了保护个人的尊严乃至生命安全，因为脏话很容易激活他人的愤怒，从而置说脏话的人于危险之中。

2020 年，新冠疫情暴发，澎湃新闻报道：“不少医护工作者处在高度与自己的内心恐惧隔离的状态，他不能让自己体会到内心的自我感受，把自己隔离在‘我责无旁贷，我有使命感，有职业道德’的位置上，但这不代表他内心没有压力。”[1]用崇高的目标隔离现实中的危险，这是很多从事高危工作的人常会在无意识中使用的防御机制。

此外，我们在电影中看到的外科医生，有时会在手术时有说有笑，不知道的人会以为他们不负责，其实他们如此做，正是无意识中调动了隔离这种防御机制，以保护自己的专业态度不受个人情感的影响，只有这样，他们才能有足够的勇气、理性和力量去实现救死扶伤的目标。

1　请参见 2020 年 2 月 4 日澎湃新闻刊发的文章《面对新冠病毒疫情，医护、病患、公众如何调整心态》。

我们再看一个例子。随着自杀率的上升，心理学界对此做了很多研究。结果发现，导致自杀的原因有很多，而其中一个重要原因是媒体报道这类新闻时缺乏隔离处理。例如：对自杀事件和自杀方法详细描述并配有图片，这在公众心中消解了生命的神圣性。

媒体报道“自杀”这样一个重大的公共健康问题是很正常的，但媒体的报道方式对日后的自杀行为是有可能产生影响的。国外把受媒体自杀报道影响而采取的自杀行为称作模仿自杀。研究表明，模仿自杀与年龄相关，而青少年群体更容易受自杀报道的影响。

吸取之前的教训，现在各国媒体在自杀报道上都知道自律（隔离），只客观呈现，不再为了追求新闻效应而对自杀事件做戏剧性描述。

我们中国民间的说法“淹死会水的”，就是典型的不知道怕的后果。再举一个极端的例子，2003 年，中国发生过一起恶性连环杀人案。凶手黄勇在网吧、游戏厅和录像厅前后欺骗多名 15~22 岁的被害人到他家里，然后将他们中的 17 人杀害。

究其根由，还是因为作恶者总在虚拟世界活动，对虚拟世界中的暴力和血腥完全脱敏，并误以为自己可以无往不胜，可以有无限的机会重新来过，结果在现实世界中不知道怕为何物，从而付出生命的代价。

八是**否认**（Denial），指个体在现实生活中遇上痛苦的、难以接受的事实时，会在无意识中对之加以拒绝和否认。否认可以帮助自我暂时逃离无法应付的现实，起到暂时降低焦虑和痛苦的作用，同时还能帮助自我重新聚集勇气和力量。

比如罹患癌症时，人们的第一反应通常都是："不可能！一定是医生搞错了。" 遇到灾难时，这种当即出现的否认对当事人有重要的保护作用。

再如，某人突然去世，未亡人会像什么也没发生过一样，完全否认配偶已经消失的事实，因此，吃饭时不仅会摆上逝者的碗筷，还会不断地对着空位子劝对方"多吃点"。

很多人不了解否认这个机制，在未亡人否认事实时，执意要向其说明真相，结果往往会给当事人造成新的创伤，否认让当事人有时间去慢慢接受现实。他需要通过否认事实，帮助他渡过最艰难的时刻。

否认这种机制可以在一定程度上保护遇到重创的人，使其有更多的时间准备去面对现实，尤其在灾难太大，或者已经成为不可逆的事实时。比如，与亲人的永别，面对这样的伤痛，机体最好的防御机制就是否认——否认灾难发生，而"**麻木**"正是否认的主要表现之一。

否认是有机体自动调节的产物，是有助于生命复原的重要机制。这样的创痛，唯有先以否认去应对，才有可能重新赢得生存的勇气、能量和动机。可以说，正是否认这种防御机制保护了受创者，使他们以为这一切都不是真的，为他们的身体赢得了喘息的时间，为他们将要面对的伤痛设置了一个缓冲期，为他们不得不承担的生活重任积蓄能量。

如果轻易打破当事人的"麻木"，等于提前让当事人面对他们的伤痛，这是非常危险的。他们的身心都还没有准备好应对这个创痛，伤口却被如此打开；而打开伤口的人又没有可能为他们包扎，势必造成二次创伤。

所以，对处于否认阶段的人，只需要耐心陪伴，不去触碰他们的伤口，让他们尽可能多一些缓冲时间。

当然，如果否认的时间太长，则需要去医院找医生做鉴别。

那么，我们该如何区别“否认”和“谎言”呢？由于否认是在无意识中发生的，常常表现为不假思索地脱口而出，或者是在某个压力事件面前条件反射般的反应，因此常常会有不合逻辑的地方。而谎言因为是在意识层面发生的，往往都是深思熟虑的后果，因而表面看来似乎无懈可击。

九是**白日梦**（Day-dream or Fantasy），指沉湎于幻想之中，以至于对现实视而不见而成为脱离现实的人。通常孩子的白日梦会比大人多，因为孩子的自我控制力不够，会用幻想去弥补不足。

白日梦通常有两类：

一是强者型：在幻想中自己无所不能，屡战屡胜，总是拯救他人于水火。

文学在某种程度上就是白日梦的载体，读金庸、古龙、梁羽生的武侠小说，故事中那些身怀绝技、见义勇为的的义士，就满足了中国人行侠仗义、替天行道的侠客梦需求。

西方最典型的强者型白日梦者莫过于塞万提斯笔下的堂吉诃德了，他生活在主观的幻想中不能自拔，怀着无比善良而又美好的愿望，想要把别人从痛苦中解救出来，结果却常常碰壁。

《伊索寓言》中那个卖牛奶的女孩所做的也是一个强者型白日梦，头上顶着一个牛奶桶，心里却有着那样美好的憧憬。很多人读这个故事，都只看到她的虚荣和失误，却没有看到她的志向。其实她需要调节的不是自己的梦想，而只是实现梦想前要注意的事项。

表面上看，绝大多数人的生活状态都是形而下的，实际上，真正美好的生活一定是有形而上的精神做支持的。这个卖牛奶的女孩，正因为有她的白日梦做支撑，她形而下的生活才有了意义。

现在很多青少年特别迷恋电子游戏，原因之一就是他们在其中不仅可以逃离现实，而且可以实现很多在现实中无法实现的宏伟愿望。网瘾孩子的家长，除了要反思自己的夫妻关系之外，也可以从白日梦角度去思考，就有可能用健康的白日梦去取代孩子对数码产品的迷恋。

还有一种白日梦，属于弱者型：在幻想中，自己历尽磨难，受尽欺凌，总等着别人来拯救。

在某种意义上，德国作家格林兄弟可以说就是这样的白日梦者，我们去看他们收集的童话故事，里面最著名的那些人物，不论是灰姑娘、小红帽，还是青蛙王子、白雪公主，都是受尽凌辱并在别人的拯救下重获新生的。

格林兄弟如此热衷这种类型的人物写作，与他们早年的个人生活以及他们所处时代的艰难不无关系。

再如前些年的“韩流”影视剧，对很多中国女性来说，那简直就是白日梦大全，其中以灰姑娘为人物模板的类型片，更是吸引了无数中国年轻女性。

青春期是白日梦的频繁发生期，比如现在流行的“中二病”之说，其中很重要的一个特征就是“白日梦”。

白日梦不仅是帮助我们保持创造力的非常重要的手段，而且满足了我们进化的需要。正是白日梦，或说是幻想帮助我们发现并且实现了我们的很多潜能。此外，白日梦还有暂时缓解内心焦虑的作用。但是，白日梦如果过度又会影响我们的学习与工作，因为若任由白日梦代替思考，人就会脱离现实。

所以，每当我们意识到自己因为做白日梦而浪费了很多时间时，不要自责；当我们从某个过长的白日梦中“醒”来时，我们可以对自己说：“没关系，就是做了个白日梦，我现在继续我的学习和工作就可以。”我们不用花时间自责，只要在清醒后把能量再次投入到我们的学习和工作中就好。这样，我们不仅可以节约自责的时间，而且也节约了由于自责而消耗的能量，以及为了调节自责而不得不付出的更多的时间。

十是**反向形成**（Reaction Formation，又译作反向作用），指无意识中把人的思想以相反的形式在意识中呈现出来，或说自我为了控制某些不被允许的冲动而无意识地做出相反方向的过度举动。反向作用是人自我保护的一种表现，和其他防御机制一样，反向作用也是人们无意识中应对焦虑的一种方式。

例如我们常常会遇到这样的情况：自己明明不喜欢甲，但见到甲时却热情万分，事后我们会很自责，会认为自己很虚伪。但事实上这不一定就是虚伪，因为在无意识层中，超我不允许本我对别人有反感的情绪，自我出面调解，为降低焦虑而在无意识中调动起了反向的表现，即以超出常态的热情掩饰并且补偿自己内心对对方的不满。

如黛玉明明十分喜欢宝玉，但却常常表现出对宝玉的各种挑剔和不满，这也是一种反向表现。在那个时代，一个女孩子如果直接表露对一个异性的喜欢（本我），会被看作缺乏教养（超我），同时也会被人看轻，无意识为了调节这种冲突，自我便以反向形成的方式加以解决。

那么，我们究竟该怎样区别一个人的情感到底是真实的还是反向形成的呢？首先，是要看自己或者他人的表现与事实是否匹配。你帮了别人的忙，别人见到你后特别热情地致谢，这就很正常。你明明什么都没有做，别人见到你时热情万分，这就值得思考。

另外一个重要的标准是看其情感表现的程度与事实是否匹配。一般来说，当人们受反向形成作用驱使时，会倾向于过度、夸张地表达自己的情感。例如，你在见到一个自己不太喜欢的人时反倒表现得特别热情周到，以至于事后你自己都不知道自己是怎么了。或者你对一个内心喜欢的人却不由自主地表现出特别的冷淡或拒绝。这就是反向形成机制在发生作用。

此外，按照弗洛伊德的观点，就我们自身而言，越是表现得循规蹈矩，很有可能我们内心想要打破规则的愿望就越强烈。比如那些洁癖患者，如果用精神分析的观点看，是因为其内心充满了（自认为的）不洁的念头；那些过分的温情和体贴，也往往是努力压抑内疚和敌意的反向表现；而那些咄咄逼人、总爱和别人对着来的自负者，则常常是过度自卑的反向形成的表现。

十一是**退行作用**（Regression，又译作极端退缩），指当个体面临应激事件时，为降低焦虑，会放弃已学到的成熟的应付方式，通过使自己倒退到儿时的幼稚状态，以回避现实危机和困难。

按照精神分析的观点，一个人出现什么样的退行行为，取决于其性心理的发展阶段，不同发展阶段中的固着会导致不同的退行表现。

出现退行的人往往会用较原始和幼稚的方式，去应付自身愿望或冲动引起的困难境遇。例如，夫妻冲突时一方或者双方的任性妄为，如摔东西、大吵大闹，甚至大打出手。在有些家庭，只要夫妻闹矛盾，妻子就立刻躲回娘家。这类用幼稚的方式解决问题的行为都是退行的表现。再如那些生病后变得不讲理的人，或者被称作“老小孩”的老人。

人在遭遇重大生活事件时特别容易出现退行。中国2003年非典时期和2020年新冠疫情初期，那些惊恐到失态的成年人，不停地测体温，不断地洗手，打个喷嚏就怀疑自己被感染了，以至于出现情绪崩溃，表现出的就是退行。还有各种成瘾行为，如网瘾、酒瘾、烟瘾和毒瘾等，也是退行的表现。现在网络发达，常常能够见到有人在网上吵群架甚至骂架，那样的时刻，双方的表现都是典型的退行。

人群中还有极少数非常富有才华的人，也往往会表现出部分退行，他们除了在自己所钻研的方向上表现出超常的成熟外，在其他方面，如日常生活与待人接物方面，却表现得不谙世事，显得特别单纯和幼稚。

十二是**投射**（Projection），有非防御与防御之分。防御性投射是指自我无意识中把自己的过失或社会不能接受的冲动和欲望转嫁到他人身上，说成是他人有此欲望和冲动，以此降低自身焦虑。

日常生活中那些总认为别人嫉妒自己的人，往往是将自己内心对别人的嫉妒投射到他人身上，从而被自己对他人的嫉妒所控制。还有一些总认为别人看不起自己的人，则往往是由于其被深刻的自卑所控制，从而投射到他人身上，说成是他人看不起自己，这样就可以在一定程度上减轻自身焦虑。还有日常生活中我们看到的单相思，原因之一，往往也是自身的投射。中国成语中的“以小人之心，度君子之腹”，说的也是防御性投射。

非防御性投射是指一个人误把自己内部的心理过程看作是来自外部，比如自己觉得糖好吃，投射出去，会以为别人也都爱吃糖。再比如自己不喜欢运动，就以为别人也都不爱运动。非防御性投射有推己及人的性质，也构成共情的基础。另外，所谓“仁者见仁，智者见智”，以及杜甫的“感时花溅泪，恨别鸟惊心”，也都是非防御性投射的表现。

中国文化中另有一种正性防御性投射，如中国士大夫常歌颂松、竹、梅的品行高洁。其实植物哪有品行，那完全是一种个人追求的投射。按照中国传统观念，一个人不能直接夸奖自己，更不用说是歌颂自己的品行高洁了，所以，中国文人无意识中便以对松、竹、梅的赞赏表达自己对高洁品行的认同和向往。

十三是**抵消**（Undoing），指以象征性行为来抵消已发生的不快，以此降低焦虑与自责。弗洛伊德提出："抵消是一种消极的巫术。其做法是力图借助运动象征作用，不仅'消除掉'某些事件的后果，而且'消除掉'事件本身。"[1]

例如，小孩子打碎了东西，按中国的传统，老人常常会说一句"岁岁（碎碎）平安"，以此抵消打碎东西造成的不安。再如中国人丢了钱，不仅是当事人自己，周围的人也会用"破财免灾"的话去安慰他，被安慰者的懊恼感往往立刻就能缓解很多。

中国有些地方还有一种风俗，如果一个小孩子受到惊吓，大人会摸着孩子的脑袋说"摸摸毛，吓不着"等，这也是抵消的表现。此外，如果小孩子打喷嚏，老人会马上说一句"长命百岁"。根据最普遍的一种说法，可能是因为小孩子身体弱，如果打喷嚏，大人担心这是得感冒甚至肺炎的前兆，因此赶紧说句"长命百岁"以做抵消。

有趣的是，当西方人打喷嚏时，周围的人也会条件反射般说一句"Bless You"或"God Bless You"（上帝保佑你），这也是一种抵消的表现。一种说法是，打喷嚏会把人的灵魂从身体内逼出来，说"上帝保佑你"就是不让魔鬼把你的灵魂带走。另外一个说法正

---

1 弗洛伊德．弗洛伊德文集：第 4 卷 [M]. 杨韶刚，高申春，译．长春：长春出版社，1998：229.

好相反，打喷嚏是要把身体里邪恶的魔鬼驱赶出去，所以说“上帝保佑你”，就是不让邪恶的魔鬼逃回你的身体里去。

强迫症患者往往会表现出非常频繁的抵消行为，比如用反复洗手或其他仪式行为去抵消其无意识中不洁、害怕、焦虑甚至恐惧的念头。2020 年新冠疫情暴发后，有报道说，有人因为恐惧而不断用 84 消毒液洗手，欲罢不能（起初是有意识的，后来就是无意识的自我防御），结果导致皮肤变色。

其他如烧香拜佛，老人在家里发生重大变故后吃素，有的学生通过熬夜学习抵消玩手机的内疚感等，也都是抵消行为。有学者提出，抵消行为的背后隐含着**全能幻想**，即认为通过抵消行为，眼前的不快甚至不幸就会消失殆尽。

十四是**幽默**（Humor），是指以玩笑的语言或行为去应付令人感到尴尬或者难堪的情境。

日常生活中，幽默较多涉及人类的各种弱点、窘境，以及与攻击冲动、性欲望有关的问题，通过幽默表达攻击或性欲望、掩饰窘境时，可以不必担心自我或超我的抵制。侯宝林相声中有个形容破自行车的段子：“除了铃不响，哪里都响。”这句话可以成为一个只能买二手自行车的人自嘲时套用的模板。

幽默是自我在与本我、超我和现实发生冲突时为了降低焦虑而急中生智的表现，那种谈笑间化干戈为玉帛的幽默则更是人类智慧的体现。值得一提的是，一个人要在瞬间于无意识中对某件事做出幽默的反应，是要有文化与修养的底蕴的，否则，情急下的玩笑反应则更有可能是庸俗甚至低俗的了。因此，如果按照防御机制的框架去看庸俗的笑话与幽默之间的区别，前者就是退行的表现，后者则是成熟的表现。

我们在关键时刻的玩笑反应是否得体，更多取决于日常生活中自身教养与知识的积累。

十五是**理智化**（Intellectualization），指思考、逻辑与理性压过本能的冲突。理智化是“逃进理性中”（flight into reason）的表现，具体是指当一个人遇到重大的情绪冲突时，无意识中通过对事物进行冷静、客观的思考，将自己与情绪冲突隔离，当人只聚焦于事实和逻辑时可以逃避负性情绪和压力，从而降低焦虑。

安娜·弗洛伊德认为，理智化是人在青春期发展起来的一种防御机制。在这个生长阶段，人的性力的表现开始变得旺盛，青少年前所未有地开始意识到自己身体的存在。与此同时，他们也开始了解社会有关性的禁忌。比如现在有些父母和老师，往往会用“早恋”这样的词去定义处在青春期的孩子对异性的好奇，同时也会对这种行为采取非常严厉的打压措施。面对如此的困境，有的青少年就于无意识中启动理智化的防御机制，即逃到理性中，逃到学习与思考中，逃到对知识和成就的渴望中，以此降低生理冲动所造成的困扰和焦虑。如此，自我便通过思考、逻辑的手段掌控了本能。

这个精神分析的视角，很容易让我们想到中国老师和父母多年来的一个经验之谈：“不用担心男孩子在小学时不好好学习，到了中学，一开窍，自然就好了，到时候学习成绩就会嗖嗖地上去。”

也许正是因为中学时期男孩子的生理冲动更明显，有更强的性冲动和攻击冲动，因此在13岁左右，自我为了逃避本我与超我和现实的冲突以及可能造成的麻烦，于无意识中启动了理智化的防御机制，突然对学习和成功产生了非常强烈的兴趣，从此将力比多升华至一件很有社会意义的事。如果客观条件允许，他们中大多数人都能在此时为未来的学业和事业奠定坚实的基础。

当然，也有过度者，日后就有可能成为俗话所说的“书呆子”或者“工作狂”，他们由于种种原因成为过度理智化者，从而忽视了人生中至关重要的主题：亲情、友情、兴趣和爱好等。

比如前几年网上流行的清华理工男的段子[1]，就是理智化过度的书呆子所特有的与情感隔离的例子。由于过度理智化，即使意识中想要结交女孩子，但当事情发生时，却不由自主地以理智化方式去应对：忘了情感，只剩理智。

理智化是在青春期发展起来的，但是当有些成年人在遇到重大生活事件，尤其是情感事件时，往往会在无意识中过度使用理智化，从而逃到理智中、逃到工作中、逃到一切可以回避痛苦情感体验的事件中。

以上我们介绍了弗洛伊德及其女儿安娜·弗洛伊德有关防御机制的主要发现。在他们之后又有很多心理学家提出不少防御机制，例如布莱克曼在《心灵的面具：101种心理防御》一书中就提出了

1 “然后就没有然后了”的段子。

很多防御机制，下面只补充介绍人本主义心理学家马斯洛提出的一种防御机制。

去圣化（Desacralization，又译作非神圣化）是马斯洛从宗教学家伊利亚德那里借来的概念，他用此描述这样一个现象：有些“青年人怀疑价值观念和美德的可能性。他们觉得自己在生活中是受骗了或受挫了。……这些年轻人已经学会把人还原为具体的物，不看人可能成为什么，或不从人的象征价值看人，或不从恒久的意义看他或她”[1]。

具体来说，去圣化使很多人不相信生活中还存在值得珍视的、神圣的、诗意的、具有永恒意义的事物。例如当代人日常生活中的很多去圣化思维和现象：诚实的劳动者是傻子，会钻空子的是聪明人，纯真的爱情不存在，人与人之间只存在相互利用的关系。还有网上的“杠精”，各种为达目的不择手段的“话术”，以及网上流行的粗俗甚至下流的语言等。再有学业、学术上的百无禁忌则表现为各种抄袭与作弊行为，而近来较多发生的自杀和他杀事件，则是部分人对生命失去敬畏的最为极端的表现。

导致去圣化的原因很多，马斯洛的观点是，启动去圣化防御机制的年轻人是因为其父母本身具备混乱的价值观，他们要么对孩子的美好感情加以讽刺，要么对孩子的不当行为的反应仅仅局限于吃惊，而从不给予孩子正确的指导，导致这些孩子先是在家里鄙视父

1　亚伯拉罕·马斯洛，等．人的潜能和价值 [M]. 林方，主编．北京：华夏出版社，1987：263.

母，进而泛化为看不起一切大人及其制定的规则。

我认为，除了马斯洛所说原因之外，导致去圣化的一般原因还有儿时创伤、不幸的生活经历、糟糕的坏榜样——如贪官污吏，以及价值混乱、底线失守的社会环境等。

以中国大学生中出现的去圣化现象为例。来咨询室的学生中，有一部分受社会上拜金主义的影响，在高考后报考专业时只考虑“钱途”，全然忽视自己的内在需要。另有一些学生也会被“就业”这个目标所驱使，刚上大一就开始想着找工作的事，他们用来学习和思考人生的时间自然就少了。

这些学生不知道：一个人没有经过形而上的思考，是过不好形而下的生活的。生命的意义、自由、孤独、死亡，这些形而上的问题都需要有属于自己的答案。对青年人而言，大学是在老师和经典读本的指导下，站在巨人肩上思考这类形而上问题，并寻找基本答案的最佳场所。但大学的去圣化倾向、功利主义，以及盲目的就业观，为学生的成长和发展留下了隐患。

说起这场横扫全球的疫情，已经引起全世界人对自身生活方式的反思，可以预见，人们会重新恢复对大自然的敬畏，同时也会为了生态平衡而对自己的行为加以约束。

当然，适度的去圣化是有进化上的积极意义的，如果我们一味只遵守规则，那么今天有可能仍然如我们的原始祖先一样生活在树上。正因为每一代都有一定程度的去圣化，人类才达到今天的进化水平。但是任何事物都有其度，“过犹不及”，如果去圣化过度了，那么人类又有可能出现退化的情况。

为此，马斯洛在同一篇文章中还提出**再圣化**（Resacralize）的建议，也就是"愿意再次从'永恒的方面'看一个人……那就是说，能看到神圣的、永恒的、象征的意义"[1]。

以上，我介绍了16种自我防御机制。自我心理防御机制是无形的，当我们心理上感觉受到威胁时，它便自发启动，以保护我们的心理不受伤害，或把伤害降到最低限度。它是在瞬间发生的，当我们意识到它时，它已完成了对自我的保护。

因此，自我防御机制是人的心理在适应过程中为应付焦虑而发展出的自我保护功能之一，是人类在进化过程中所获得的一项十分重要的自我保护机制。

现在回过头去看此章开头罗列出的那些问题，就可以清楚地发现，那几乎全是自我防御机制行使自我保护功能的表现，或说是标志。

就个人而言，了解自我心理防御机制的最大意义在于可以有效地消除人的自罪感，使人把那些他们认为是不正常的，而实质上是防御反应的念头正常化，以此增进其自我接纳。

以"反向形成"为例，当一个人对自己不喜欢的人表现出过分的热情后，他往往会在事后陷入深深的自责中，责备自己很虚伪，甚至会生自己的气。

但是，如果他了解了防御机制，就会知道，这一切都是在无意识的心理过程中发生的。本我不喜欢那个人并想率性表现，可超我

---

1 亚伯拉罕·马斯洛，等. 人的潜能和价值 [M]. 林方，主编. 北京：华夏出版社，1987：264.

却说："你不能对人无礼！你不应该不喜欢别人！"现实则"威胁"说："你要是敢表现出你的不喜欢，你看我怎么治你！"

自我夹在本我、超我和现实间的冲突中深感焦虑，为降低焦虑，自我在无意识层面自发调动了反向形成这一防御反应——即以过分的热情掩饰本我对对方的不喜欢。

这样去看自己的"热情万分"，一个人就会感觉释然，就会接受自己为降低焦虑而无意识采取的反向表现，不会再责怪自己虚伪，并且也会为更清楚地了解了自己对他人的情感而感到放松。

在我的咨询工作中，有相当一部分人的焦虑与不安都是在了解了自己的心理防御机制后得到明显缓解的。

例如那个深为自己对朋友的嫉妒而感到不安的人，当他知道自己的嫉妒只是源于渴望像朋友一样优秀时，他就不再把能量耗费在自责上了。

还有那个总是为自己在父母面前说谎而苦恼不堪的同学，我记得很清楚，当时她来咨询时说的第一句话是："老师，我是个说谎成性的人，我很害怕自己现在这个样子。"

但是当她知道，她的所谓"说谎成性"原来是她无意识中为应付父母的苛求而保护自己的防御反应时，她就不再总为自己脱口而出的谎话感觉内疚。因为放松了，也因为对父母的苛求有了新的认识，一段时间后，让她苦恼不堪的"说谎成性"的习惯也不治自愈了。

自我防御机制像一个卫士一样保护着我们，是人心理上自动产生的自我保护机制，它在人的正常发展和心理保健中发挥着十分重要的作用。

但是，如果不是弗洛伊德的发现，也许到现在为止，它都仍然是一个无名英雄。

由于弗洛伊德和他的女儿安娜·弗洛伊德的努力和坚持，才发现了人的心理防御机制，使无形的心理有形化，从而为人的自我觉察、自我认识、自我接纳与自我调整提供了一个科学的视角。

他们让我们知道：我们的内心冲突产生于“三我”的冲突，当自我防御过度时，表明在我们的心中正发生着“一个人的战争”，这样的战争持续久了，原本只是临时发生作用的自我防御机制就有可能成为人的性格盔甲，并损害人的心理健康，从而使人因过分消耗心理能量和脱离现实而陷入更大的困境，严重的甚至有可能导致心理不正常。

所以，这里有一个关键问题——度的把握。如果一个人在一段时间内反复出现某种防御反应，并且其强度与客观现实又明显不匹配，那么就需要引起警觉。因为那表明我们的防御反应显然是过度了，那有可能是某种心理问题的信号。因此，需要我们有意识地跟上第二反应——理性反应，也就是根据自己的防御反应反推自己为什么会如此焦虑，了解自己有什么样的内心冲突，以此增加自我觉察和自我认识。

不仅如此，我们还可以在意识到自己的防御反应后，以有意识的第二反应对事情做出更积极的解决。

以上述反向形成的表现为例，我们可以考虑采用建设性方式降低与自己不喜欢的人相处时的焦虑，比如可以选择多去看对方的优点，接纳对方；也可以选择敬而远之，避免把自己置于焦虑的境地……

再如前述的那则嫉妒的个案，咨询者可以采取的第二反应是：从此以后把能量用到能使自己成长与发展的方面，而不是在嫉妒别人的同时自责和内疚。

还有“说谎成性”的个案，女孩尝试以一种理性的方式与专制的父母相处，同时她也采取了提高自控能力的方法。

所以，第一反应是什么不重要，出现过度的自我防御反应也无需慌张，关键是能否跟上第二反应。这也是人与人之间的重大区别所在。在同样的情境中，大多数人的第一反应基本相同，而事情最终的结局和走向，取决于第二反应，看当事人是否做出了正确的决定，以及是否采取了建设性解决问题的方法。

感谢弗洛伊德及其女儿对防御机制的发现，由于他们超出常人的努力与坚持，才让今日的我们在经历内心冲突时，知道追根溯源，去处理“三我”与现实的关系。

在生活和心理咨询中我还发现，从一个人的“三我”中可以准确地推断出其早年的家庭教育状况。

自我发育得好的人，通常其父母心理健康，懂得使用宽严适度的教育方法。

一个本我强的人，通常其父母会过于溺爱、放任孩子。

一个超我强的人，其家教通常都非常严，父母双方至少有一个有完美主义倾向。

曾有一个来访者非常痛苦地谈道：“小时候父母管我（父母们

总是用自己的超我去管孩子），我总是特别激烈地反抗。可是自从我离开父母到北京上大学后，我发现我不仅在代替父母管教自己，而且比他们管得更严厉（已经形成了自己的超我，并且还很强）。结果我一天到晚总是很紧张，根本无法放松。”

所以，要想从根本上避免“三我”的冲突，我们既需要有一个健康发展的社会，又需要有健康的父母。但是，对于那些正在被强烈的“三我”冲突所困扰的人而言，是不是存在一种可以“亡羊补牢”的补救措施呢？

曾经有不止一个人问我：“既然人的防御机制是环境压力的产物，而且它又是自动发生并在瞬间完成的，那么我们了解它，除了可以降低自罪感，还有什么用呢？”

答案是为了可以采取“亡羊补牢”的补救措施。了解它可以降低不确定性。很多时候，人们因不确定性而产生的困扰和盲动，往往大于为一个确定的难题所产生的困扰和盲动。

下面我们来看“三我”的具体调节法：

本我最想要的是快乐，但是，任何可以持续发展的快乐都离不开两个要素：一定程度的节制和很大程度的满足自身需要的能力。否则不仅无法拥有可以持续发展的快乐，还有可能触犯法律。

调节本我的方法是，在满足本我的同时，也要让其学会忍受一些不快。因为人与社会的关系就是这样，每个人都得用一部分自由和自律去换取只有社会才能向我们提供的安全、富足与和谐。所以，本我最重要的功课就是：让自己学会延迟满足。

现在来看超我。超我一心想着做好人，这当然很好。但是，超我不知道，“做好人”是一个简称——做好事的人。此外，“好人”“坏人”也是简称，“好人”是指常做好事的人，“坏人”是指常做坏事的人。

超我总是喜欢用是否有恶念来衡量一个人，超我不知道，所有人都既有恶念又有善念，如同所有人都既做过坏事又做过好事。而“好人”与“坏人”的区别在于：“好人”有恶念，但少恶行；“坏人”虽然有善念，但却缺少善行。

所以，如果超我不再把注意力放在与本我的种种“一闪念”做斗争这件事上，而是把精力用在第二反应上，也就是把精力投注在以下两方面：一是注意约束自己的行为，约束自己不以任何名义做伤害他人的事；二是努力去做好事，去做有利于自己和社会持续发展的事。那么一个人就能够生活得健康、快乐。

说到自我，则要多多锤炼解决问题的能力，这种能力越强，其协调本我和超我的能力就会越强，社会适应能力就会越好，需要调动其防御机制的时候也就越少。一个人若真能如上所述调节自身“三我”之间的关系，就能进入“从心所欲不逾矩”的境界。

不仅如此，由于弗洛伊德的研究与发现，使我们在自我认识与自我接纳的同时，也增加了对他人的了解与接纳。很多以前难以理解甚至难以容忍的人际现象，在防御机制说前都变得容易理解。而宽容和谅解也会油然而生，这是发自内心的情感。

是防御机制说使我们认识到：一个对我们百般挑剔的人可能正

是最关心我们的人，一个对我们说谎的人可能正经历着巨大的内心冲突，一个总怀疑别人看不起自己的人可能正被自卑折磨得无法自拔，一个总爱跟风的人或许正为“不知道自己是谁”这样的人生大问题所困扰……

所以，了解自我防御机制也有助于改善我们的人际关系。自我防御机制说能帮我们更好地认识和理解他人，看到别人有“古怪”的行为举止时，我们可以大致判断对方正在使用哪种自我防御机制，同时也可以反思自己的行为是不是引起对方防御反应的原因，从而进行调节。

其次，在表达不同观点时，我们也会因为了解防御机制产生的原因而选择得体温和的方式，有效避免激活对方的防御反应，从而实现非暴力沟通。

学者霍尔曾用冰山做比喻介绍弗洛伊德的无意识理论。他比喻人的心理就像冰山，意识只是冰山露在水面上的那个山尖，无意识则如水下那巨大的山体。

咨询中我发现，其实人成长的过程就是不断降低水线的过程，同时也是不断正视和接纳自己的过程。认识与了解自我防御机制，对我们降低自身的水线具有最深远的意义。

本章涉及术语：自我防御机制、本我、自我、超我、焦虑、广泛焦虑症、神经衰弱症（强迫症、疑病症、焦虑症、恐怖症、抑郁症）、压抑、神经症性厌食、置换（替罪羊）、路怒症、恋物癖、种族歧视、性别歧视、年龄歧视、地域歧视、疾病歧视、阶层歧视、精神宣泄、共同身份认同、认同、合理化、升华、力比多（性力）、补偿、隔离、禁忌（塔布）、百无禁忌、否认、麻木、白日梦（强者型白日梦、弱者型白日梦），反向形成（反向作用）、退行作用（极端退缩）、投射（防御性投射、非防御性投射）、抵消、全能幻想、幽默、理智化、去圣化（非神圣化）、再圣化、延迟满足。

我以为是微风过处，
一张老树叶抖动了一下，
却原来是第一只蝴蝶飞出来了。
我以为自己眼冒金星，
却原来是第一朵花儿开放了。

——普里什文

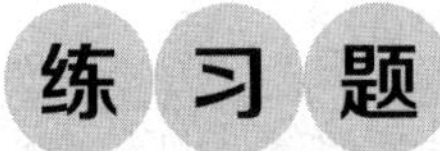

练习一：认识自己的“三我”

说明：按照精神分析学的观点，人的心理问题本质上起源于人的“三我”的冲突。所以，了解自己的“三我”，学习以恰当的方式调节自身“三我”之间的关系，对预防心理疾病有很重要的意义。

（一）请认真思考并回答下列问题：

1. 你是喜欢任性的人吗？

2. 你在受委屈时会做很幼稚的事，如大哭、大闹、大叫吗？

3. 你对别人的情绪敏感吗？

4. 别人和你相处有安全感吗？

5. 你是否常想做些叛逆的事？

6. 你是否常犯同样的过失？

7. 你反感循规蹈矩吗？

8. 你守时、守信吗？

9. 你在情绪不好时仍然能够保持得体的行为吗？

10. 你能够为了健康而改变不良生活习惯吗？

11. 你是总喜欢挑自己和他人毛病的人吗？

12. 你是总喜欢用“应该”或者“必须”要求自己和他人的人吗？

13. 你能够容忍自己和他人犯错误吗？

14. 你是喜欢用完美主义的标准要求自己和他人的人吗？

15. 你是严格遵守各种规则的人吗？

16. 你是总在与自己抗争的人吗？

17. 你让周围的人放松吗？

18. 你是那种为了健康而严格约束自己的人吗？

19. 你常常为了维护人际关系而会做许多屈己从人的事吗？

20. 有时你是不是会冒出一些让自己害怕的念头？

21. 你是不是觉得周围的人都挺好相处的？

22. 你喜欢自己吗?

23. 你周围的人和你在一起时有安全感吗?

24. 你害怕自己偶尔冒出的坏念头吗?

25. 必要时，你能够在非原则问题上做出让步吗?

26. 你认为这个世界上有不可调和的矛盾吗?

27. 你让周围的人紧张吗?

28. 你具备开放性和弹性吗?

29. 你认为与人相处是一件很难的事吗?

30. 你害怕自己的情绪吗?

31. 你的防御机制反应——如投射、否认、合理化、补偿等——会频繁、持续、长久地出现吗?

与你的朋友共同分享并讨论。

以上31道题包括了一个有助于我们了解自身“三我”状态的框架，其中，1~10题有关“本我”，11~20题有关“超我”，21~30题有关“自我”。用这些框架性的提问，可以增进我们对自身“三我”的认识，使我们大致了解三者对自我的构成比例。

与你的朋友共同分享、讨论前面你们各自所做的简答，然后记下你的感想和发现。

练习二：学习与自己的本我友好相处

说明：这是一个有关自我调节的练习。本我太强的人要学习以建设性的方式满足自己的本我，使能量有恰当的宣泄渠道。超我强的人则要学习停止对自己和他人的苛求，学习容忍自己的不完美。本我、超我都调节好了，自我也就不会那么疲惫了，需要调动防御反应的时候自然也就少了。

（一）学习有效满足自己的基本需要。

注：本我看不见摸不着，其本质却相当于我们前面谈到的各种基本生理需要。所以，这个练习，是要检视你对自己基本需要的满足情况。

1. 自我觉察：你有效满足自己的基本需要了吗？

例如：你吃好、喝好、休息好了吗？等等。

你是用建设性方式满足自己的基本需要吗？

例如：你的饮食规律吗，健康吗？你的生活方式规律吗，健康吗？等等。

（二）培养自己具备“延迟满足的能力”。

所谓**延迟满足**（Delay Gratification），指一种能够为了一个更重要、更有价值的长远目标而放弃即时满足的能力，同时还包括在等待期中所表现出的自律。比如，为了拥有好的课业成绩，当下约束自己不去玩那些会立刻产生快感的游戏，同时把时间用在功课学习上。

提高延迟满足的能力不仅可以帮助我们与自己的本我更好地相处，帮助我们实现自己的目标，还可以协助我们管理自己的生活，让我们更健康地消费、戒掉不健康的生活方式等。提高延迟满足能力的具体方法包括：

1. 了解自己的价值观。

按照你的价值观对自己的目标做出排序：你最想要什么？你认为对你最重要的是什么？请把你的目标递次罗列在纸上，并贴在书桌边经常提醒自己。

2. 了解得失之间的规律。

有所得，必有所失，这是亘古不变的铁律。很多人之所以在面临短期利益和长期利益的冲突时只顾眼前利益，除了目光短浅、目标不明确之外，还有一个很重要的症结，那就是总想什么都得，但又什么都不想失。从长远看，这是几乎不可能的。因此，通过明确自己的目标，人们就可以有效增强自己抵制眼前诱惑的控制力。

3. 制定实现目标的具体计划，包括时间设置、把目标分解成一个一个可以操作的小目标等。

4. 运用当代各种网络工具（时间管理、进度管理的应用程序等）提醒和监督自己的计划实施过程。

（三）克服诱惑，远离刺激环境。

人性最大的弱点是抵制不了诱惑，尤其是年轻人，更容易被诱惑击中。要想与自己的本我友好相处，一个很重要的点就是要尽可能远离刺激环境。就如同那句禁毒宣传语：珍爱生命，远离毒品。

远离诱惑我们的刺激环境，可以让“三我”减少发生冲突的概率，本我受到的诱惑少，被超我打压的情况就少，内心的挣扎自然也会少。所以，为了让本我少些痛苦的挣扎，我们要远离毒品、远离声色犬马的刺激环境，让自己拥有可以持续发展的人生。

（四）及时奖励自己。

前面提到，我们要把自己的大目标分解成小目标。我们可以在实现一个小目标后就奖励自己一次，比如看一场好电影，享受一份美食，与朋友聚一次会等。这对自己坚持追求大目标会有很大的激励作用。

练习三：学习与自己的超我友好相处

说明：心理治疗理论中有一种认知疗法，其要点是认为，一个人之所以会产生心理问题，是由于他存在一些不合理的观念。因此要想解决他的心理问题，就要从帮助他改变不合理的观念入手。在超我问题上也一样，很多人无法克制地想要追求完美，结果导致自己疲惫不堪。而这往往是因为他们存在一些不合理的观念。因此，此练习着重于对不合理观念的调节。

（一）从认知上解决对“完美主义”的痴迷。

1. 圆的故事。

这是一个有着很多版本的寓言故事，此处介绍其中的一个，我对之略加修改。

从前有一个非常完美的圆，它为自己如此的完满感到自豪和快乐。可是有一天，它不幸失去了一角，不再完满。它因此变得非常不快乐，便决定去找回自己失去的那一角。一路上，它经历了风霜雨雪以及各种困难，但也见识了很多以前由于它太圆而无法停下来欣赏的美景，它闻到了花香，听见了虫鸣，看清了飞鸟，看见了日出日落，听见了潮涨潮落。如果它愿意，它想数多久的星星就可以数多久的星星；如果它高兴，它想和小虫聊多久就可以聊多久。它突然发现，原来生活可以这样，原来它曾经错过了那么多美丽的风景。

但是它还是心心念念想找回它的完美。这一路，它遇到了好多个角，但都不是它所缺失的那个角。直到有一天，它终于找到了自己的角！它终于又成为一个完美无缺的圆！

它是那么幸福，它真想把这幸福与它这些日子认识的朋友分享。可是，还没有容它反应过来，就在那个角与它合二为一的那个刹那，它立刻开始迅速地滚动，那速度快得使它根本无法停下来。于是，它先是错过了那只总和它聊天的小虫，又错过了花的芬芳。紧接着，虫的鸣叫、鸟的歌唱都因为它滚动速度过快所产生的噪音而变得模糊甚至刺耳，它怎么也停不下来……

这时，圆突然明白，原来完满也是有缺憾的，它让自己错过了太多乐趣，也让自己的生活失去了意义。想到这里，它毅然决定把那个角去掉。它做到了，它把那个自己曾经视作珍宝的角甩了出去，它又有了残缺，但是它也因此终于又能体验生活的乐趣了。从此，圆过上了幸福的生活。

这就是圆的故事。这个故事是则寓言。

2. 请与朋友就以下问题进行讨论，并分享你得到的启发。

（1）寓言中最触动你的是哪一部分？为什么？

（2）这则寓言是否让你对完美主义有了新的认识和发现？

（3）你也在找自己的缺角吗？你还会继续寻找它吗？

3. 请在本子上记下新的人生宣言。

参考句式：

（1）从现在起，我选择与自己友好相处。

（2）我选择追求卓越而不是完美无缺。

（3）我选择不断地超越自己，而不是苛求自己。

4. 记录你的思考和发现。

（二）解放超我，解构自己的恶念。

弗洛伊德在对心理问题患者进行治疗的过程中发现，他们把很多能量用于与自己的所谓恶念做斗争，结果导致了严重的内心冲突。我在咨询中发现，人都可能有恶念，但只要我们约束自己不要付诸行动就可以。因此，我们不要苛求自己，学会与自己的恶念和平共处。

示例：

1. 我喜欢嫉妒别人。

解构：这是因为我有非常强烈的上进愿望，也因为我善于发现他人的优点。

2. 我喜欢在背后说人坏话。

解构：这是因为我还没有找到与他人打交道的正确方法，也因为我想从别人那里确认我自己的一些观点。

3. 我对会享受生活的人心存鄙夷。

解构：这是因为我自己还没有学会享受生活，也因为我不知道该如何享受生活。

4. 我总想报复那个伤害我的人。

解构：我想为自己寻求公正、保护自己，这没有错，只是我还没有找到合适的方法。

……

对自己的恶念进行解构之后，写下你的感觉和感想。

练习四：学习更全面地理解他人

说明：我们理解他人的角度有很多，其中一个便是防御机制的角度。以下，我从此角度出发，提供一些理解他人的新视角。从新的角度去看别人，也许很多困扰我们的问题都可以迎刃而解。

1. 理解他人的新视角——解构众生相。

（1）如果一个人总说别人嫉妒他，那说明他现在正在为找不到恰当的上进方法而焦虑。

（2）如果一个人总怀疑别人看不起他，是因为他太在乎别人，太希望把事情做好，而且他现在很可能正被自卑感和上进心所折磨。

（3）如果一个人总为自己的过失找理由，那是因为他实在承受不了自己有过失的现实。

（4）如果一个正常的成年人做出了一些像孩子一样幼稚可笑的事，那是因为他的焦虑让他不堪重负，或者是因为他可能还保持着难得的童心。

（5）如果一个不喜欢你的人现在突然对你热情起来，除了他或许会求你办事之外，更有可能是因为他现在正体验着深刻的自责和内疚。

（6）如果一个人对一件事情说谎，你不要生气，也许那是因为他太怕犯错误，或者还说明他意识到自己犯了错误，他只是特别想保护自己。

（7）如果一个人对周围的人总是充满不满和敌意，那是因为他实在无法忍受自己对自己的不满甚至敌意。

（8）如果一个人总在背后议论别人，是因为他太关注别人了。

他想和人拉近关系，是因为他对人有特殊的兴趣。

（9）如果一个人斤斤计较，不仅是因为他特别勤俭，也说明他懂得和别人保持界限。

（10）如果一个人总看不惯我，是因为他太在意，甚至是太看重我了。

2. 记录你的发现与思考。

换一个视角看他人的感觉怎么样？有没有增加你对人的理解和包容？请与朋友分享，然后记录你的发现与思考。

你要提防你自己
——术语七：暗影

如果你要把所有的错误都关在门外，真理也要被关在外面了。

——泰戈尔

暗影（Shadow，又译作阴影）是新精神分析学家荣格提出的概念，指的是人类精神中最隐蔽、最深奥的部分，既包括了人性中最糟的一面，也包含了人性中最有生命力的一面。暗影是我们从祖先身上遗传来的具有一切动物本能的集体无意识的组成部分。

荣格指出，暗影里包含着令人惊异不已的东西，那是一片充满着前所未有的不确定性的无边之域。从积极面看，暗影是自发性、创造力以及生命力的原动力。从消极面看，暗影包括所有社会认为是邪恶、有罪和道德败坏的那些冲动，如攻击性、破坏性。

暗影包含着积极面和消极面，而它的消极面先于积极面。我们在世界各地的文学与历史中，都可以看到暗影消极面的代表。如丹麦王子哈姆雷特的叔叔的阴险，中国传说中桀纣的残暴，秦始皇“焚书坑儒”的罪过……

现实中，大到欧洲猎巫运动、德国纳粹对犹太人的大屠杀，小到贪官污吏的腐败堕落、校园霸凌，以及人与人之间的欺骗、谎言、仇恨、嫉妒、伤害、怀疑、抱怨等，这些都是暗影消极面的表现。

暗影的消极面如果用通俗的语言来表达，其实就是人性的弱点。

人们通常认为人性最大的弱点是贪，其实不然。我以为，人性最大的弱点在于抵制不住诱惑。是抵制不住诱惑在先，然后才有想要占有眼前的财、权、色等表现。

普希金那首著名的童话诗《渔夫和金鱼的故事》，最能说明诱惑与贪婪的关系。没有诱惑之前，渔夫的妻子每天在家“纺纱结线”，“整整三十又三年”。可是遇到诱惑之后，从只要一只洗衣盆到要做海上的女霸王，她的变化只能用令人惊诧来形容。当然，并不是所有人遇到诱惑都会动心，比如渔夫就一直保持着善良朴素的本色，但是在现实生活中，像渔夫这样有定力的善良人却往往不是多数。

这也就是为什么环境对人具有无比重要的影响力，因为世界上绝大多数人都是脆弱的，既受不了好东西（各种利益）的诱惑，也受不了坏东西（暴力、毒品）的诱惑。

人性的另一个弱点是懒惰，并因此派生出喜欢投机取巧。尤其在缺乏法制传统的社会，投机取巧似乎已经成为一种日常生活状态。为了能够走捷径，人们花很多时间去钻空子，可是生活的初始状态是没有捷径可言的，结果是不仅浪费了自己的生命，也养成了很糟糕的、会断送人持续发展机会的投机性格。

人性中还有一个弱点：希望成功，但因害怕失败而不敢承担责任，尤其是自性实现的责任。心理学家马斯洛借《圣经》中一个类似的故事，将这种有关成功的矛盾心理称为**约拿情结**（Jonah Complex）。

还有一种会威胁人的安全需要却常常被人们忽视的人性弱点：背后说别人的坏话。很多人喜欢用否认别人的方式来满足自己的自尊需要，殊不知，这不仅会腐蚀别人对他的尊重，而且会毁灭一个人对自己的尊重。现在，因为互联网的发达，这种背后议论别人的行为极大地升级，如在网上对他人进行人身攻击和不负责任的评价——幸好前些年曾造成过多起悲剧的“人肉搜索”现在得到一定程度上的遏制——这些行为都对人的安全需要构成了很大的威胁，如此发展下去，必然会导致人人自危；而另一个可能则是人人都更放任自己，结果就会进入更大的恶性循环。因此，控制自己议论、评价甚至诽谤别人的行为，有很重要的心理保健功能。

喜欢窥探他人隐私，也是人性的一大弱点。大家都是社会人，因此必然存在着社会学习，也就是几乎每个人都会注意他人的行为，以作为自己行为的参照。但是那些只关注他人私生活的行为就超出了社会学习的意义，而成为满足个人窥探欲的人性弱点。这个弱点有可能给人带来的麻烦和问题非常之多，像大家都熟知的，造成英国王妃戴安娜之死的狗仔队行为，这是为满足窥探欲而给他人带来杀身之祸的极端例子。

其实，喜欢窥探他人生活同样会给窥探者本人带来问题、制造麻烦。大家熟知的谚语“好奇害死猫”，表达的就是这个意思。有九条命的猫都能被“好奇”害死，只有一条命的人当然就更危险了。

此外，一个人把能量用到窥探、猜测和注意他人身上，能够用于个人成长的能量自然就会少很多，更何况，放任自己的这个弱点，会使人天生向善的内在神性受到极大的破坏和削弱，同时也会使其人际环境受到破坏。这种行为会极大地威胁他人的安全感，从而让他人对我们畏而远之。

中国有句古话：害人之心不可有，防人之心不可无。我的咨询经历还告诉我，防己之心也不可无。我们要提防自己，要对自己的弱点保持警觉，以免它在不经意时跳出来断送我们持续发展的可能性。

每个人身上都有人性的弱点。更糟的是，人性的弱点和人性的优点一样，都具有无限发展的潜能。

那我们究竟该如何应对人性中的暗影呢？

从宏观上看，首先需要有制度做保障。贪污腐败这样的暗影更多是由不良制度造成的。好制度可以最大限度地抑制一个为官者的暗影，而坏制度则可能最大限度激活他们的暗影。所以，法律法规的健全，让放任暗影的代价变得足够大，这有助于从客观上抑制人性弱点。此外，也需要各级执政者能够以身作则，为公众树立正心、正念和正行的榜样。

从微观来看，我们还可以借助不同心理学家给出的不同处方。

荣格给出了如下处方：一是要正视自己的暗影，使它浮现到我们的意识之中，这样它就很难在无形之中继续控制我们；二是要接受自己的暗影，要能够带着暗影继续生活。荣格提醒大家："人与自己的遇会，首先是与自己阴影的遇会。那阴影是条狭路，是一道窄门，任何走下深井的人都逃脱不掉那痛苦的挤压。”[1]

为此，荣格的建议是：“如果我们能够看见阴影，并且能够容忍有阴影的存在这一事实，那么问题的一小部分就已经得到了解决。”[2]使暗影意识化，也就是使问题意识化，而任何被意识到的暗影都很难继续控制我们于无形。

不仅如此，一个没能处理好自己暗影的人，不仅会被自己的暗影所控制，也常常会把自己的暗影投射到他人身上，并因此把一切责任推卸到他人身上。但如果一个人敢于正视自己的暗影，他就不仅会对自己内心深处的问题有足够的警觉，知道对自己的行为负责，也不会再把自己的问题投射到他人身上。

更重要的是，能够正视自身暗影的人，会降低被他人的暗影诱惑的可能。例如现在很多肆无忌惮的网络诽谤、造谣中伤、辱骂、攻击等行为，其重要原因之一就是当事人自己有很多没有解决的问题，积累了很多的怨气、不满和愤怒，在现实世界中不敢发泄，就滥用网络便利和匿名的条件恣意妄为。

西方行为主义心理学斯金纳的处方与荣格的不一样，他的假设是：人要与天性抗争是很难的，为了帮助人们应对“抵制不住诱惑”这一人性弱点，他提出了“自我控制说”。

1　卡尔・古斯塔夫・荣格 . 荣格文集：让我们重返精神的家园 [M]. 冯川，苏克，译 . 北京：改革出版社，1997：60.

2　卡尔・古斯塔夫・荣格 . 荣格文集：让我们重返精神的家园 [M]. 冯川，苏克，译 . 北京：改革出版社，1997：58.

斯金纳提出的**自我控制说**（Self-control）与我们按照字面的理解不完全一致。该理论更多指一种尽可能去控制那种会决定我们行为变量的环境，换言之，斯金纳强调通过远离某些对我们有诱惑的环境而达到控制自己行为的目的。这与我们通常理解的仅从人的意志出发去约束自己的行为不一样。

从操作上看，为了实现自我控制的第一步，需要学习**刺激控制**（Stimulus Control）——如果某个环境中的刺激会使你产生不好的行为，那么你就要采取脱离刺激环境的方式。例如“珍爱生命，远离毒品”就是典型的刺激控制的例子。又如想减重的人通过绕开冰激凌店、面包店来控制吃甜品的行为等。我们前面提到的远离声色犬马之场，也是一种刺激控制行为。

多年前，台湾一名官员在被问到能不能做到坐怀不乱时，曾回答：“我不是柳下惠，美女坐怀我还是会乱，所以唯一能做的，是不给任何美女有坐怀的机会。”他说他的信念是：“行有行规，每一行都要遵守行规。绝对不碰财与色，是政治行规，政治人物都应遵守。”在这里，“绝对不碰财与色”就是此人想要通过对自己实施刺激控制而实行的自我控制。

在孩子的成长过程中，通过刺激控制对其进行教育有很重要的意义。“孟母三迁”的故事最能说明问题。当代中国的发展速度实在太快，人们面临的各种诱惑实在太多，能够经受住环境考验的人在这个世界上微乎其微。因此就个人而言，通过刺激控制把持自己，相对而言是一种节能成长的途径。

我知道这样一个个案，一位年轻人因为一次普通的按摩经历而控制不住地想要去寻找刺激。经过极为激烈的内心斗争后，他带着内心冲突去咨询。他说他知道这样不好，自己是有抱负的人，知道不应该被这种冲动所控制，但是他就是觉得快要管不住自己了。所以，决定去寻求专业帮助。

他想要控制自己的欲望，但是不知道该怎样做，于是与咨询师共同讨论了很多方法。要点就是知道如何做到刺激控制，如何对自身的能量做有意义的分配。他想出的方法包括：读书、运动、增加熟人社交、坚决远离一些场所等。

一段时间后，他面带微笑去找咨询师。他为终于战胜了自己人性中的弱点而自豪。

斯金纳自我控制说的第二步和第三步是：采用自我惩罚和外界监督的方法。这方面大家都熟悉，不赘述。

扩展斯金纳的自我控制说，我们除了通过远离刺激环境控制自己的行为之外，还可以设置有助于维持新习惯的环境，来让自己更快养成好的行为习惯。比如想提高学习成绩的人，就到图书馆或者教室去学习。

我在咨询中发现，人要想把握自己的暗影，还需有一个底线伦理。做人如果没有底线，是很容易被诱惑击中的。这从无数落马的贪官以及各类犯罪行为中就可以看出。

所谓底线伦理，指的是无论你做什么，都有一些基本规则不能违反，有一些基本界限不能逾越。学者何怀宏提出：“‘底线伦理’所包含的内容其实早已隐含在千百年来许多文明的传统之中，比如说，在我们自己的文化传统中，孔子早就说过‘己所不欲，勿施于人’。你不愿意被杀、被抢、被盗、被强制、被欺骗和被凌辱，那么，你也不能够对别人做同样的事情。”

咨询中我总结出一个底线伦理，即：法律是最后的底线，道德是倒数第二的底线。

就道德底线而言，我的观点是：不以任何理由伤害人，正当防卫除外；不以正确的理由做错事，善意谎言除外。当然，现实的情况无比复杂，这只符合基本情况。

越线会怎么样？法律的代价不用说，心理上的代价同样难以承受。前文中，我们提到日本临终关怀医生大津秀一从上千例临终病患的“人生至悔”中总结出了 25 个最有代表性的悔恨，“做过对不起良心的事”排在前三！[1]

成语“一念之差”，说的是人在关键时刻，由于瞬间的决策错误而使自己陷入上述“一失足成千古恨”的境地。

为什么看起来挺聪明的两个人，在同一个转折点上，一个会因“一念之差”走上犯罪之路，而另一个却在瞬间做出了正确的选择？这两种截然不同的结果，并不真正由那一瞬间所决定，而是由那一瞬前的无数修行或放任而决定。

不是说养成道德习惯的人就不会在一念之间做出错误的选择，但是相比较而言，他被人性弱点击中的概率要低很多，因为他的道德习惯已成为他的第二天性。所以，在面临诱惑时，他的内心冲突

---

1 大津秀一 . 换个活法：临终前会后悔的 25 件事 [M]. 语妍，译 . 北京：中信出版社，2010.

相对会比较小，再加上多年习惯形成的条件反射作用，使他更容易进入“从心所欲不逾矩”的境界，或说是自由状态。

最低限度，我们不要去养恶。例如各类跟从霸凌的行为、网络中的各类语言暴力，还有背后议论、评判别人等，都是非常现实的养恶行为。就个人而言，声色犬马之场，陌生的城市、场所，以及网上的匿名状态，这些自认为不会被别人看到的地方，都是有可能诱发暗影的情境。

道德习惯的养成在日常语言中被称作修行。人都是善恶并存的，但是人的天性是向善的，因此就需要在日常生活中通过修行来养成道德习惯。所谓修行，是指在日常生活中以仁爱、恭敬的态度对待你所见到的人与事。日常生活中要有意识地体现自己“**平凡的善**”[1]，例如日常人际关系中的温暖、尊重和责任担当，它们都可以更多地体现善，同时也激活善。

总之，虽然我们存在人性的弱点，但也存在着同样强大的**良知系统**，而且它也是我们集体无意识的一部分，是祖先留给我们的重要精神遗产。

所以，人有恶念不要紧，那是人性的弱点使然。生活中，关键在于我们能否把持自己的行为。

下面是日本歌手高桥优的歌《糖果》[2]，这首充满绝望与悲愤的曲子中充满了暗影与抵制暗影的挣扎。

---

1 是我对应阿伦特“**平庸之恶**”提出的一个观点，我认为这是用以抵御平庸之恶的重要力量。

2 感谢学生董晓雨让我知道了这首歌。

这是晴朗的过午时分常有的事

在图画课上画着风景画时发生的事

“这个颜色和糖果一样呢”，有人这么笑着说

“真的呢！好像不是绘画用具一样”，然后什么人笑着回应

然后把那笔伸到我的嘴边

“快点，舔舔看”，女孩笑着说

比起反抗，还是顺从不会被欺负得更惨

我知道的！我知道的！

我发誓要成为强者

可是谁也不对我抱有期待

如果那些人才是对的话，我会与全世界为敌

爱到底是什么味道

友情又是什么样的形状

每天缠绕在我脑中的那“糖果”的味道，我一生都不会忘记

…………

即便如此，世界还是继续转着

无论什么事都会变成昨日

泪水也好疼痛也好，被时间冲淡到令我恐惧的程度

我发誓要坚强地活下去

这是首为了不再重蹈覆辙的歌

如果掠夺到使人走投无路的地步才是正义的话

我会与全世界为敌

高桥优歌中的少年遭遇了霸凌，他想要报复，同时他又反复提醒自己："为了不被染上憎恨的颜色，为了不成为笨蛋一样的大人。"（所以他要抵制恶的诱惑，抵制复仇的冲动。）这是一个面对暗影做出正确决定的少年，他为我们树立了与暗影抗争，并且绝不被暗影所淹没的榜样。

前面我们历数暗影的黑暗面，事实是，人是善恶并存的。虽然我们具有人性的弱点，我们同时也存在着强大的良知系统。所以，我们不用害怕自己的暗影，尽可能远离刺激环境，具备底线伦理，在日常生活中坚持做正确的事，知道关键时刻把持自己的行为，同时把能量用到个人的成长上。这样，暗影的消极面就不会轻易发生作用。即使我们一时冲动犯了错误也没有什么，只要坚持做到"不二过"，那么我们就可以把人性弱点对我们的影响降到最低。

此外，我们也需要知道，按照荣格的观点，暗影所代表的并不全是消极的东西。暗影具有双重性，从积极方面看，暗影是自发性、创造性及生命力的原动力。被压抑的并不都是不好的，很多时候，它只是因为会妨碍社会整体的发展而不得不被压制。

比如人的原始生命力，如果完全不加约束，就有可能给他人造成问题甚至是伤害；若放任暗影，则会助长人的攻击性和原始冲动，从而造成个人与社会的冲突和自身的病态。可是对生命力的过分束缚又必然会影响人的创造力，使人变得平庸且丧失活力。

以大家都熟知的艺术家为例，说到"艺术家"，通常人们马上就能联想到"不拘小节""桀骜不逊"等词，他们通常不太遵守社会的游戏规则，而更愿意听任内心的自发力与生命力的指导。他们比一般人更富有活力和生命力，也更有创造性。

因此，荣格提醒我们，并不是要压制暗影，而是正视暗影，并与之同行，这样，我们才能够容纳和利用自己的暗影，将其和谐地组织到自己的人格中。如果我们懂得处置自身暗影的消极面，同时又能够非常好地发挥暗影的积极面，我们就会为自己的成长和社会的发展做出特别的贡献。

认识问题并不等于解决问题。但是，没有认识就永远不可能解决。所以，认识暗影，接受它存在的现实，然后选择让暗影处于我们意识的关注与警觉之下，对自己的暗影负起责任，那么暗影中那些淹没和腐蚀我们的力量将很难发生作用，而我们也将获得把握自己的自由。因此，套用哈姆雷特的名言："被暗影控制，还是不被暗影控制，这将不再是一个问题。"

本章涉及术语：暗影（阴影，消极面、积极面）、平庸之恶、约拿情结、自我控制、刺激控制、刺激逃避、良知系统、平凡的善。

富与贵是人之所欲也，不以其道得之，不处也。贫与贱是人之所恶也，不以其道得之，不去也。

——孔子

练习题

练习一：了解自己人性中的弱点及其造成的麻烦

例题1：

弱点：我一遇到有便宜可占的事就变得不像我自己。它给我造成的麻烦是：因为爱占小便宜，很多人都疏远我。

解决方案：为自己设置“君子爱财，取之有道”的底线。用手机设置来提醒自己不要占便宜，同时在日常生活中学习关心他人。

例题2：

弱点：我控制不住地嫉妒身边所有比我强的人。它给我造成的麻烦是：我活得很累，同时人际关系很糟糕。

解决方案：改变比较对象，只与自己比。只要今天的自己比昨天的自己有成长就好。把嫉妒别人的能量用到个人成长中的问题解决上。努力发现并模仿身边人的长处，让自己具备博采众家之长的能力。

……

练习二：学习避开他人的暗影

在我们的日常工作或学习关系中，往往有这样几种互动模式：

第一种人，他总和别人的弱点相处，也就是总盯着别人的弱点，总看别人的不好，并且当着别人的面去指责某人，或动辄给人脸色看。这样的人最容易勾出别人的恶，别人忍不住要以牙还牙。

第二种人，他的行为模式常常是包容和顺从别人，产生异议时也一定是那个主动退让的人。在一个地方待久了，似乎人人都可以拿他开玩笑或者支使他。

第三种人，他总是漠视别人，别人自然也回报他以漠视。

第四种人，他不仅善于发现别人的长处，而且把别人的优点当作美好的人文景观来欣赏，这样的人自然具有对他人的吸引力。

我们需要了解自己是哪一类人——是总盯着别人毛病的人，还是一味退让的人；是漠视别人的人，还是特别能欣赏并学习他人优点的人。虽然每个人的主要行为模式都是产生暗影的原因，但作为普通人，我们可以不探索原因，只解决问题。

如果我们是第一类人，即总和别人的弱点相处，那么下面这个小小的练习有可能帮到你：

1. 在家、学校或者办公室各找出一个你不喜欢的人，从现在起，每天从他们身上至少各找出三个优点。

2. 一个月后，尝试每周真诚地夸他们一次。

你去试试，不盯着别人的毛病，而是尽可能看他人的优点会是什么样的感觉，也许你的生活会因此而不同。

这里有必要提醒：不盯着别人的毛病与必要时捍卫自己的权利是不矛盾的。我们不要总盯着别人的弱点，但是如果别人的弱点伤害到了我们，我们有义务去捍卫自己的权利。

如果我们是第二类人，即过度包容、顺从他人，那我们有必要问自己：人与人之间是互相影响的，为什么别人总在我面前表现出他的恶，是因为我做了或者没做什么？是否我们平时做了过多的忍让，以至于让别人误以为自己不在乎甚至是喜欢开各种玩笑？

学会对不喜欢、不舒服的玩笑说“不”，不管你曾经有过多么难以说“不”的环境，现在你长大了，不再是不能、不敢、不许说“不”的那个孩子了，你要学习发出自己的声音。

持讨好型生存姿态的人常常会轻率地做出承诺。他们通过取悦他人而得到存在感和价值感，养成了为他人奉献时间和金钱的习惯。在承诺的当下，他们确实会为自己赢得很多好感，但在之后的某一天，当他们无论如何也无法兑现诺言的时候，他们的世界就会再次崩塌，再次印证自己的无价值和无意义，从而陷入恶性循环。

如果我们的轻诺是生存姿态造成的后果，就需要寻求专业帮助，只有这样才可以建立起内在自信与价值，才可以避免因轻诺而造成的寡信和由此产生的信任危机。

至于那些把漠视作为生存策略的人，和同事、同学见面时一个点头或一声“你好”，对你而言应该不是什么太难的事，对别人而言却是一个不小的安抚——要知道，漠视会伤人，而安抚则是维生素。更重要的是，这会让你的生存变得容易而不是艰难。如此。你既能仍然保持自己的独立（如果你是因为想要保持独立而采取漠视策略的话[1]），同时又能让他人感受到你的尊重，何乐不为？

练习三：确立自己的底线

做人如果没有底线，个人和社会的持续发展都会受到影响。

---

1 病理性漠视需在心理咨询或专业治疗室才可以得到解决。

前面谈到，所谓底线，指的是无论你做什么，都有一些基本的规则不能违反、有一些基本的界限不能逾越。如果违反或者逾越底线，不仅自身发展会受到致命打击，还要付出重大的心理代价。

我曾经听过一位农民父亲给他儿子定的做人底线：有能耐，不做坏事。这里的“不做坏事”就是底线，是一个人可以健康成长和持续发展的基本前提。而“有能耐”则是我们中国文化中一向主张的“凭本事立身”的另一种表达。

现在，此时此地，请为了你自己的长期主义，定一条行事做人的底线。

练习四：养成慎独的习惯

所谓慎独，原意是指做人要遵守天赋的本性（善），即使独处时也谨慎守道[1]。后又被发展出另一层意思：独处时也要自觉遵守社会公德，不做有可能损害他人或社会利益的事。

为什么有些事在众人面前不该做？因为做了会妨碍甚至伤害别人，而最终这种妨碍和伤害又会如回旋镖一样回落到自己身上。例如，我们在公共场合不可以大声喧哗，否则就会妨碍到别人，严重时还会受到他人的制裁。

这是慎众，是他律。而慎独是自律。那么，人为什么要慎独？我的答案是，人在独处时仍有可能做出违背初心（善）或违反他人利益并最终损害自己利益的事。所以，我们在为人处世中就有了慎

---

1 杨天宇，礼记译注 [M]. 上海：上海古籍出版社，2016：846.

独的必要。

比如说，做作业时总抄别人的，总得好成绩，这就是对认真学习的同学的不公平。总抄答案的习惯最终不仅会影响自己的学习成绩，也会让自己养成不劳而获甚至投机取巧的毛病，从而背离自己的初心。此外，现在的网络匿名状态也需要我们慎独。

慎独是自律的最高境界，其表现形式是：自律、自我约束和不欺暗室。慎独是过程，也是结果，是从过程到结果。而自律、自我约束和不欺暗室则是方法。

所以，衡量一个人是否慎独，不在于他是不是偶尔会有“非分之想”，而在于他独处时，在道德行为上是否仍谨慎不苟。

慎独使我们可以持续拥有做公民的权利，慎独能带给我们真正的自由。

若无法以自律的方式养成慎独的习惯，而只靠在人前自我约束，这是靠不住的。小事也许做得好，遇到大事时难免会受坏习惯的干扰。要养成慎独的习惯，需要我们在日常生活中注意以底线伦理为标准。

从理念上看，要树立牢固的正道做人、凭本事立身的信念。行为上则要养成如下习惯：不占小便宜，不投机取巧，不走歪门邪道，不偷奸耍滑，不弄虚作假，不口是心非，不在网络匿名状态下攻击别人。

中编：

自我接纳与接纳他人

自我接纳一小步，走向自信一大步
术语八、九、十：自信、自我接纳与自我效能

从我生命的核心，涌起
巨大的喷泉，湛蓝色
投影在蔚蓝的海水上。

——露易丝·格丽克

所谓**自信**（Self-confidence），是一种对自己和世界的积极感觉与信念。相信自己有力量和能力解决人生中的诸问题，并取得成功，同时也相信别人信任、尊重自己。自信以自我接纳为起点，以提升自我效能为过程。

展现自信可以帮助我们获得他人的信任，同时给人留下深刻的印象。自信是一种吸引人的性格特点，能让别人感到轻松自在、踏实和放心。自信可以在有计划、有目的的学习与练习的基础上形成或获得。

自信这种性格特点到底有多重要呢？我们看那句流传很广的格

言："播种行为，收获习惯；播种习惯，收获性格；播种性格，收获命运。"我的教学与临床实践告诉我，这句格言用于形容自信的重要性再确切不过。因为很多时候，错失良机的根源其实都只是：缺乏自信。

缺乏自信导致人不敢信赖自己，也不敢信赖他人，不敢走出自己的舒适圈。因此，缺乏自信会妨碍人们在生活、学习、工作与关系中适当冒险并抓住机会。而过度自信则表现为自大、傲慢，或是过度自恋。

有自信的人很好辨认，你看那些目标明确、从容不迫、心无旁骛、专心致志做着自己事情的人，那些遇到事情总能往好处想的人，这些人一定有自信心。

有自信的人在与人打交道时也特色鲜明，他们为人随和、友善，但又从不丧失原则。他们不仅善于发现自己的优点，也善于发现、欣赏周围人的优点。他们像欣赏大自然中的美景一样，欣赏着人文环境中的美景，并为自己的发现感到喜悦。

自我接纳加上**自我效能**，是构成自信的两大基石。有自我接纳，有不断上进的动机和行为，总有一天，就会具备自我效能感，并最终具备自信。

所以，自我接纳是自信的起点。

一个缺乏自信的人同样很容易辨认，因为不论从外表还是从内在看，他们的最大特点就是不接纳自己。外表上，他们常常显得紧张、局促，很少能够正视别人，目光总在躲闪。内在上，他们对自己总是十分挑剔，充满了不满与苛求。

他们是那样地不接纳甚至不能容忍自己，可是他们内在的生命尊严又拒绝对自己的不接纳。换言之，他们的意识不肯接纳自己，但无意识却努力捍卫着生命的尊严。两者间的冲突导致焦虑，焦虑又激活了他们的防御机制，于是，就出现了**投射**。

因为戴上了那个叫作“投射”的眼镜，放眼看去，似乎周围全是些看不起他们的人，别人的一个眼神、一个动作、一句不经意的话都会被他们误读为针对自己，是对自己的不满、批评，甚至指责。既然别人不能接纳他们，他们当然也就无法接纳别人。这就是一个自卑者无意识中发生的，从不接纳自己到不接纳他人的心理过程。

因此，我们既可以从一个人能否自我接纳推断出他能否接纳别人，也可以从一个人能否**接纳他人**反推出他是否接纳自己，进而推断出他是否具备自信。

其实，自我接纳是天赋人权之一，也就是说，你不需要做任何事，生命的存在本身就已经具备被接纳和被尊重的价值。可是，由于种种社会影响，以至于很多人认为一个人只有具备一些条件，比如漂亮的外表、优秀的学业成绩、过人的专长、出色的业绩等，才有被自己和他人接纳的资格。

很多人内心就是被这些条件所束缚，因而背上了自卑的包袱，习惯于用他认为的社会标准挑剔自己，越看越觉得无法接纳自己，便陷入自卑的恶性循环中。

但是，诡异的是，现实生活中，真正具备各种所谓的客观条件的人也未必都能接纳自己。

有一些人，在外人眼中，其外在和内在都十分优秀，但他也有可能拒绝接纳自己。和这样的人相处是件很不容易的事。当别人由衷称赞他的时候，他同样发自内心地、真诚地否认，有时甚至说出自贬的言语，常常会使称赞他的人觉得自己像个伪君子。

我曾经见过这样一个典型的个案。这位来访者在各方面都十分优秀：拥有不错的外表、不错的学历和学位，业绩出挑，为人也很真诚友善。在外人眼中，他简直近乎完美。

可就是这样一个人，却因为不能自我接纳而引发了许多心理问题。

无论他有什么样的成就，他的眼睛永远盯着他自认为重要的问题，并为此苦恼不堪。无论别人怎样称赞他，他都会怀疑别人的诚意，都会觉得别人是在哄他。那种发自内心的自我否定，常常使真诚称赞他的人觉得自己像个骗子。

因为他不能真诚地与自己相处，也就无法真诚地与别人相处，久而久之，他周围的人开始疏远他。他来做咨询，不是因为自我否定的习惯让他觉得不好，而是因为他发现自己的人际关系出现了问题。他不明白，以他一向的友善与温和，别人为什么会渐渐地离他而去。

他不知道，当他真诚地自我否定时，别人看到的不是他的谦虚，而是不真诚，甚至是虚伪，同时看到的还有他对别人的不信任。时间久了，和他相处就成为一种负担。人都是趋利避害的，既然相处得不舒服甚至心累，还不如敬而远之。

各种条件都很好，仍然无法接纳自己的人，是因为幼年时有太多被大人否认或者是更为特殊的创伤经历。

前述来访者也一样，他的父母小时候对他非常苛刻，总是不断苛求、指责他，比如，父母总是盯着他丢掉的那一分而从来不表扬他得到的99分。为了摆脱那些指责，尽管他努力学习，也很有成就，但是儿时父母的指责给他留下了太深的印记，以至于他内心有了根深蒂固的低下感，使他在自我评价上成了一个既无法信任自己，也无法信任别人的人。

这位来访者若想改变自己的人际关系状况和心情，他将面临两大选择：是让父母早年对自己的影响持续下去？还是从现在起，改变自我否定和自我贬损的习惯？

如果他做了后一个选择，紧接着，他要做的就是学习接纳自己。

很多追求上进的人有一个认知误区，认为自我接纳等同于不思进取、不求上进，甚至自暴自弃。其实不然。相反，自我接纳是一个人能够健康成长的前提。

自我接纳（Self-acceptance）是指我们知道人无完人，因此能接受真实的自己。具体来说，就是能无条件、无例外地接受完整的自己，无论优点还是缺点，都完全接受。一个人只有接受了完整的自己，承认自己有缺点，但不让这些缺点定义自己，才有可能拿出能量，去做有意义的自我提升，以实现节能成长。

一个人如果不接纳自己，连自身的问题都不敢正视，怎么可能引导自己向上？更何况，在生活中，不接纳自己的人常常会把很多能量耗费在自我否认和自我排斥上，陷入自我战争中。带着那么多对自己的不满、失望、否认和拒绝，一个人又怎么可能成长？

举个例子，一个学法律的大学生，他缺乏对英语的敏感，他得先承认并且接受自己的这个弱点，才能为提升英语水平做努力。如果他停在自责和不接纳自己的阶段，自然就会缺少提升英语水平的动机和能量。

再比如，一个失恋的年轻人，他只有接受失恋这个事实，接受自己在这次恋爱中的失败，才有能量从失恋中总结经验，在一段时间后重新振作起来，开启新的恋爱旅程。而如果他拒绝接受自己的失恋，把能量都用到自责、责备甚而纠缠对方上，他就没有能量去开启新的生活了。

这就是自我接纳与进取的关系。的确，接纳自己的人未必一定会继续进取，但是不接纳自己而想有积极的成长同样也是很难做到的。因为能量守恒，你不可能在与自己斗争时，还有能量去做与成长有关的事情。

人的**成就动机**有两种，一种是追求成长，一种是避免失败。不接纳自己的人，他的成就动机更多用在了避免失败上。因为他不接纳自己、不信任自己，他没有勇气对自己提出高要求，于是就把进取心全部放在避免失败上，结果自然较难取得建设性的进展。

为了帮助自己养成自信的习惯，我们首先需要学会**无条件地接纳自己**，也就是要学习无条件地做自己的朋友，无条件地站在自己这一边，无条件地接受并且关心自己的身体和心情，无条件地接受自己的一切现实。

从操作上看，有效实现自我接纳的方法包括：

首先，停止与自己对立。停止对自己的挑剔和责备，不论有多少自认为的不足，从现在起，都要学习站在自己这一边，学习维护自己生命的独特与价值。

其次，停止苛求自己。允许自己犯错误，但在犯错后要知道做出补偿，以弥补因错误而造成的损失；另外，还要做到“不二过”，即一个错误决不犯两遍。

最后，停止否认、逃避自己的负性情绪。先学会接纳它，然后再想办法解决引起此情绪的问题。

如果我们能够学会**真诚**地接纳自己，我们就会很自然地去接纳别人。

从另一个角度看，如果我们从学习接纳别人入手去学着接纳自己，也未尝不可。我们发自内心地接纳别人、尊重别人，别人通常也会对我们做出积极的回应。久而久之，在接纳别人的过程中，我们也会感受到自己生命的尊严与价值，于是，自我接纳便会自然产生。

能够使别人感受到我们对他的接纳的方式有很多，其中最主要的有：

倾听：与人交往时不加评论地、认真而又耐心地倾听别人。

尊重：不论对方有什么，或者没有什么，都尊重对方生命的尊严。

主动：要让对方首先感受到自己想要友好交往的愿望与诚意。

欣赏："人都喜欢别人喜欢自己"，真诚地表达对他人的欣赏是能够迅速进入他人视野的捷径。

此外，还要能对别人的称赞即时做出由衷的感谢。被苛求的幼年经历和注重谦虚的中国传统文化会使有些人在听到别人的称赞时习惯性的否认。按照中国传统习惯，人们有时候的确是会出于客气而称赞别人，但是只要这种称赞是没有附加条件的，通常传递的都是友善。我们理应也立刻回报友好才是。

当然，仅仅自我接纳是不够的，我们还需要提高自己的自我效能感，这样的自信才有牢固的基石。

自我效能感（Self-efficacy）是指个体相信自己有能力完成某个任务或实现某个目标。自我效能感影响着任务的完成。换言之，我们实现一个目标或完成一项任务的能力取决于我们是否认为我们可以做到（效能预期），以及我们是否认为它会有好的结果（结果预期）。首创此概念的心理学家班杜拉认为，自我效能感是人们如何思考、感受和行为的决定因素。

具体来说，**效能预期**（Efficacy Expectations）是指一个人是否确信自己可以成功地采取会产生某个预期结果所需要的行为，**结果预期**（Outcome Expectancy）则是指一个人对特定行为将导致特定结果的估计。在这两个预期中，效能预期是在初始水平上决定人们是否会采取行动的因素。如果一个人对自己是否能采取并坚持某项行为产生怀疑，他们就不会采取行动。

所以，自我效能感反映了人们对控制自己的动机、行为和社会环境能力的信心。“自我效能感不仅对活动和环境的选择具有方向性影响（效能预期），而且通过对最终成果的期望（结果预期），一旦开始了应对的努力，就会产生影响。效能预期决定了人们在面对障碍和厌恶的经历时会付出多少努力和坚持多久”[1]。

换言之，自我效能感不仅仅影响着我们对自己的看法，而且决定了我们会选择什么样的目标，以及会为实现目标做出什么样的努力。此外，人们在某一个领域建立的自我效能感，还有可能扩展、泛化到其他领域。例如，数学成绩上来了，会使学生提高物理课的自我效能感。

自我效能感强的人，会更努力、更勤奋，对所参加的活动有更深的兴趣和责任感。反之，效能预期低的人，不是缺乏行为动机，就是缺少过程中的努力和韧性，同时还会有更多的防御，比如用回避对待困境，用合理化过错为自己开脱等。

此外，高自我效能者采取行动时会把思维更多集中在解决问题上，他们不会高估潜在困难。在解决问题的过程中，也倾向于把失误归因于自己的努力不够或方法不当，即便失误也能从挫折中迅速恢复。而低自我效能者常常盯着自己的不足，并且夸大潜在困难，遇到问题时，会把失误归结为自己的能力不足，并迅速丧失信心。

面对同一个目标，例如成长，自我效能高的人会在遇到挫折时保持百折不挠的努力。而自我效能低的人要么根本就不敢迈出第一

---

1 Albert Bandura. Self-efficacy: Toward a Unifying Theory of Behavioral Change[J]. Psychological Review, 1977,84 (2) :191–215.

步，要么会在遇到困难时立刻做出放弃目标的选择。很多因为无法忍受失败而采取极端措施伤害自己的人，很大原因就在于丧失自我效能感，以为自己再也没有可能走出困境。

“听过很多道理，却依然过不好这一生。”造成这种结果的原因之一，就是缺乏自我效能感，从而导致缺乏**行动力**。他们让自己止于知道道理，却不敢去实践这些道理。而任何伟大的道理，不经过实践或者说行动这个中间环节，就不可能结出任何果实。

还要说明的是，自我效能感与人的实际能力有时并不成正比。有的人能力挺强，但自我效能感却不高，这让他们错失了很多重要机会；也因为缺乏自我效能感，他们的成就动机往往表现为尽可能避免失败。当然，这也是有原因的，早年被打压的不幸经历及其他创伤事件等，是导致有实际能力却缺乏自我效能感的主要原因。

还有另外一种人，虽然他的能力不是那么强，但是由于从小基本健康的养育环境和父母、老师的适度鼓励，让他具备了自我效能感，因此，他更勇于尝试并在尝试中具备能力，进而形成良性循环。

自我效能感有很重要的意义，它是行为动机、学业与工作成就、职业选择和发展的中介因素。健康心理学领域的多项研究表明，自我效能感还有助于人们对戒烟、戒酒、减肥和**慢性病与疼痛的管理**，以及养成健康的生活方式等。而缺乏自我效能感则是低自尊、无力感和焦虑情绪的来源之一。

1986年，班杜拉综合前人的研究成果，进一步分析了自我效能感的来源，他认为，人的自我效能感主要来源于以下四个方面[1]：

一是**个人的成就表现**，也就是自己在切身实践中获得的成就。成功地完成一件事能增强人们的自我效能感，尤其是那些经过顽强努力而获得的成功。

二是榜样的作用（术语：**替代性经验**）。看到身边与自己条件相似的人，能完成自己原来认为无法完成的任务，或者看到别人通过努力在某项活动上取得成功时，会让观察者产生期望，认为如果自己加强并坚持努力，也会有所成就。因此，榜样会提升我们的自我效能感，同时减轻我们在追求自我效能感时的焦虑。现实中，身残志坚者之所以特别激励人，就是因为他们为我们提升自我效能感树立了特殊的榜样。

第三个会影响人自我效能感的因素是**言语说服**。这种方法被广泛运用于对人们自我效能感的激励中。比如高考前的誓师动员大会，学校、老师会用最激励人心的语言激发学生的士气，提升学生的自我效能感。

第四个因素是生理状态。身心状态都会影响我们的自我效能感。身体情况自不必说。情绪积极时人们的自我效能感通常会比较高，而处于恐惧、焦虑等消极情绪中时，则会破坏我们的自我效能感。比如说，某人在日常的社交中有很高的自我效能感，但是在大会发言时，因为太想给人留下好印象而产生的高焦虑却会导致其自我效

1　阿尔伯特·班杜拉 . 思想和行动的社会基础：社会认知论（上、下册）[M]. 林颖，等译 . 上海：华东师范大学出版社，2001：563–579.

能感降低。其他如疲倦、痛苦或烦躁等，也都会影响人们处理问题时的自我效能感。

按照班杜拉的观点，以上四个方面是评价自我效能的参照，它们需要通过人的认知、实践才会真正发生作用。例如，一个具有**消极思维习惯**的人，即使有很多的成就积累也不一定能激发他的自我效能感。榜样对他而言可能只是压力的来源。而说服一个具有消极思维习惯的人同样很难。还有就是归因方式对自我效能感的影响，我们将在“术语十四：归因方式”一章中专门论述。

尽管真正的**病理性自我效能缺乏**需要借助治疗室去解决问题（比如习得性无助者等），但是作为普通人，我们却可以按照班杜拉的框架提升自我效能感。比如，我们可以更多地去实践，在实践中积累经验和教训；也可以更多地去观察、学习身边的人，向他们学习解决问题的决心、思路和方法；还可以自我鼓励，说服自己，或请朋友督促自己；同时，在自己出现情绪反应时，可以告诫自己暂时不要做出重大决策，等情绪缓和后再处理问题。

其实，还有很多其他因素会决定自我效能感，比如年龄、学识、关系等，但从自身成长的角度看，班杜拉提供的上述框架却是当下就可以立刻去实践的。

以自我接纳为起点，以提升自我效能为终点，我们就可以有效完成对自信心的调节和培养。当然，仅仅知道道理是不够的，还需付出切实的行动，我们想要自信的愿望才可以变为现实。

本章涉及术语：自信、自我接纳、自我效能、投射、成就动机、无条件地接纳自己、接纳他人、真诚、倾听、尊重、主动、欣赏、自我效能感、效能预期、结果预期、行动力、健康管理、慢性病与疼痛的管理、替代性经验（榜样的作用）、人的成就表现、言语说服、消极思维习惯、病理性自我效能缺乏。

我们承受的黑夜——
我们迎来的晨光——
我们蔑视中的缺失
我们对幸福的补偿——
这里一颗星，那里一颗星，
有些迷失了方向！
这里一团雾，那里一团雾，
然后——白昼的明亮！

——艾米莉·狄金森

练习题

练习一：自我接纳宣言

说明：自我接纳是指个体对自身以及自身特征所持的一种积极的态度，即能欣然接受自己现实中的状况，不因自身优点而骄傲，也不因缺点而自卑。自我接纳是自信的起点。

（一）停止与自己对立。

“停止与自己对立”是指停止对自己的不满和批判，停止对自己的挑剔和责备，不论自己做了多少不合适的事，不论自己有多少自认为的不足，从现在起，都停止与自己对立，学习站在自己这一边，站在自己人性的尊严这一边，学习维护自己生命的尊严和价值。我们要对自己说：“不论我的现状如何，我选择尊重自己的生命和独特性。”

（注：这个练习的要点是要把自己和自己的过失区分开来，如果我们确实有过失，那么需要被责备的是过失而不是我们自己。如果我们因为某个过失而全盘否定自己，我们就很难再有改变和成长。所以，不论自己有什么样的过失和不足，都要站在自己这一边，要相信自己永远有改变和成长的可能性。）

（二）停止苛求自己。

如果我们不慎犯错，不要把能量用于苛求自己，而要用于弥补过失和吸取教训。

1. 及时改正，把错误所造成的损失尽可能降到最低。

2. 及时补偿，如果错误已成定局，就要尽可能采取措施去弥补自己造成的损失。

3. 及时道歉，让对方知道自己勇于承担责任。

4. 不二过，一个错误不犯两遍。

（注：此处的错误不仅是指自己犯的错误，也包括看到别人犯的错误，自己可以引以为戒。）

（三）学习无条件地接纳自己。

自我接纳是天赋人权之一。可是由于绝大多数人自小就受到种种有条件的关注、苛求，以至于很多人认为一个人只有具备一些条件，如漂亮的外表、优秀的学习成绩、过人的专长、出色的业绩等，自身才有价值，也因此才有被自己和他人接纳的资格。

但事实并非如此，一个人是否有价值，与他有什么（美貌、奖杯、金钱、名校学历等）和没有什么（弱点、缺点、错误等）无关。一个人的存在本身就是有价值的，无须靠做到什么或没有什么来证明。

与此同时，对人对己的接纳是一个人天生就应该拥有的权利，而非后天努力的结果。一个人并非要有突出的优点、成就、作为或者做出别人希望的改变才应该被接纳。

所以，我们要学习做自己的朋友，学习站在自己这一边，学习接受并且关心自己的身体和心理，学习不附带任何条件地接受自己的一切现实。

可用以自我接纳的参考句式是：

不论我有什么优点和弱点，我都选择无条件地接纳完整的自己。

不论我有什么优点和弱点，我都选择做自己忠实的朋友。

不论我有过或可能有什么样的过失，我都是一个值得尊重的人。

不论我做错了什么，我都选择从中吸取教训。

我选择不二过，而不是不断地责备自己。

（四）接纳，但不止于接纳。

能否接纳自己是一个人能否自信和成长的前提，但是如果一个人止于接纳，他就很难有发展和成长。

我给大家的建议是：

1. 以建设性的态度和方法对待自己的弱点。

如果一个人能够正视并且接纳自己的弱点，那么弱点也是有意义的。首先，它让我们意识到自己的局限性，使我们不至于狂妄自大，并懂得尊重有相应长处的人。其次，能正视自己的弱点，不把时间耗费在自责或者沮丧上，而是集中精力去发掘自己的优势，这样就可以少走许多弯路。

2. 以建设性的态度和方法对待自己的错误。

只要我们能从错误中吸取教训，它就会成为我们的老师。因为从错误中学习本来也是学习的方式之一。

3. 尽可能扬长避短、发挥优势，不到万不得已不必取长补短。

（五）实践一段时间后记录自己的感觉和感想。

练习二：学习喜欢并且关爱自己

说明：自卑者通常是不喜欢自己的，他们往往对自己充满了不满，并且总是苛求自己。为此，他们常常在心中进行着一个人的战争——一场总是很难停止的内在战争。

所以，学习喜欢自己，学习与自己友好相处，也可以成为培养自信心的途径之一。以下是一些简便易行的方法，我称之为“心理保健操”。

（一）每天喜欢自己多一点。

1. 每天在生活中找出至少三件能让自己微笑的事（阳光、美食、美文、别人的问候等）。

2. 每天在自己做的事中找出三件值得夸赞的事。

3. 每天对自己说：我喜欢我的……（内在、外在都包括）。至少要罗列两条。

（二）多为自己做一点。

1. 每天主动做至少两件能使自己快乐的事，即使小到为自己买小零食。

2. 每天至少留半个小时的时间与自己独处，期间你可以做任何你喜欢的事，或者什么也不做。

3. 把自己一直想做但因为种种原因没有做的事（爬山、逛书店、买衣服、看朋友、看画展、听音乐会、睡个大懒觉、发呆等）罗列下来，制定一个切实可行的计划，然后以周为单位，一件件地去做。

（三）一个月后，写下自己的感受和发现。

练习三：学习接纳别人

仅有对自己的接纳是不够的，要想让生活进入良性循环，就需要与他人合作，而一个不能接纳他人的人是无法与人友好合作的。

能够使别人感受到我们接纳的方式有很多，其中最主要的有：

（一）学习倾听，也就是与人交往时能不加评论、认真而又耐心地倾听别人的述说。

倾听方法介绍：全神贯注地听。几分钟做一次概要总结，同时把倾听中向对方学到的东西反馈给他。

（二）学习尊重别人，即不论对方有什么或者没有什么，都尊重对方生命的尊严。

表达尊重的基本方法：遵守时间和诺言、言语得体、主动打招呼、尊重对方的文化习俗（国别、民族、宗教、风俗、籍贯等）。

与人交往时要主动，要让对方首先感受到你与他友好交往的愿望与诚意。

方法：主动问候、主动发言。

（四）能发现并及时表达对别人优点的欣赏。

（五）能够没有附加条件地称赞别人，并及时表达由衷的感谢。关于这一点，当代青年做得很好，这是中国人的进化表现之一。

（六）实践一周后与朋友分享感受，并写下自己的感想。

练习四：提高自我效能

（一）设置小目标，走出舒适区，进入学习区。

我们先从完全可以由自己做决定的事情入手，培养自我效能。比如培养健康的生活方式、良好的学习习惯、良好的生活自理习惯等。下面我们以管理自己的内务为例题。

1. 设置目标：学会整理内务，让自己的居室闪闪发光。

具体包括：叠被子，收拾屋子，整理书桌、床铺、衣橱等。

2. 走出舒适区（也就是自己的习惯区），进入学习区。

学习整理内务，必要时读几本有关“整理术”的书（榜样），从中整理出一两句可以激励自己的话，贴在墙上。就我个人而言，最喜欢的是日本整理术专家近藤麻理惠的一句名言：通过整理，让自己的家闪闪发光。

（二）认知上，一定要允许最初的失败和偶尔的放弃。

我们从舒适区进入学习区时，最初常常会有反复，这是很正常的，要接受自己的反复甚至偶尔的放弃，要认识到，挑战和失败是必然的，这样的时刻，只需要我们改变方法，然后继续朝着自己的目标努力。所以，要允许自己暂时的失败，不让偶尔的失误影响自己的心情和信心。

（三）先学整理，后学归位。

参考别人的整理术，先为每样东西找到它应该存在的位置，比如牙刷该在牙缸里，衣服该在衣橱里，鞋子该在鞋柜里等。然后学习把用过的物品立刻归位。

很多人的家显得很乱，一个重要原因就是东西乱放，用后不归位。因此，养成东西归位的习惯非常重要，可以一劳永逸地解决居所凌乱不堪的问题。

（四）设置奖励自己的方法。

分解前面的目标，达成一个，奖励自己一次。

（五）总结收获，归纳方法。

（六）开始下一个自我效能目标的培养练习。

善解人意是一粒和谐的种子
术语十一：共情

他们对我说："你若了解自己，你就了解一切人。"

我说："只有当我寻求一切人，我才了解我自己。"

——纪伯伦

我曾多次做过这样一个小小的思想试验，在不同的人群中问同样一个问题："你们喜欢和什么样的人交往？"

大家的回答大多是：聪明、活泼、正派、热情、负责、善解人意等。

我会继续追问："现在，如果只允许你们保留这些人格特质中的一个，你们会选择哪一个？"

结果，绝大多数人最终选择的都是：善解人意。

不是说其他特质不重要，而是人们——这些通俗心理学家们——凭自己的直觉意识到：具有"善解人意"这样一种人格特质的人，通常都懂得对别人负责，而一个负责的人却不一定"善解人意"。

善解人意的要点在于能够理解和体贴别人。在心理学上，有一个专门的术语来描绘这个特质：共情。

所谓**共情**（Empathy，又译作同理心等），是指能设身处地从他人角度去体会并理解他人的感觉、需要和情绪的一种人格特质。它会在人的态度和行为中表现出来。

从操作角度看，共情可以分解为：能设身处地感受他人的情绪，理解他人的意图，并以恰当的方式把自己对他人情绪的理解和意图表达出来。

是否具有共情能力，对人际关系、工作关系、家庭关系以及个人的心态等都有十分重要的影响。一切与人打交道的工作，如教师、医生、心理治疗师和人事部门等，共情的态度和能力都是刚需。

咨询中，我见过太多因为缺乏共情能力而产生的人际问题和心理问题了。

甲是位工作能力非常强的领导，他的下属都十分佩服他。但是，让甲十分苦恼并且百思不得其解的是，他的下属平时总是对他敬而远之。

甲不知道，他的问题正出在缺乏共情的态度与能力上。他常把下级未能按照自己意图完成任务看成下级愚笨的表现，却从未想过自己布置工作时的方法是否需要调整。他在批评下级时也从不顾及对方的感受，结果常常是直到下级忍无可忍奋起反击时，也不知自己的问题出在哪里。

乙老师与学生有矛盾甚至冲突，很多时候，也是因为乙老师缺乏共情能力。于是，学生的任性被解释为故意作对，学生的贪玩被看作胸无大志，学生一时冲动违反校规则被定义为道德低下。

以这样的眼光去看学生，乙老师还怎么能快乐？怎么能享受自己的工作与人生？他与学生的关系又怎么可能不出问题？

丙是个聪明且富有才干的人，也非常热心、慷慨。但是因为她那种总是咄咄逼人的谈话方式，渐渐地，大家开始躲着她。她来做咨询，充满了困惑和苦恼："其实我就是说话不太注意，我一点坏心都没有，我不明白为什么大家现在那么不喜欢我，总躲着我。"

其实，她不知道，并非大家不喜欢她，而是大家需要保护自己。因为她的尖锐让大家感觉不安全，和她相处，不知道什么时候就会被她的无心之过所伤害，为了减少这种伤害，为了节约能量，别人对她自然是敬而远之。

再看丁，他一度因为有困难而去向别人求助，其间遇到过一些拒绝，他把这些拒绝全都解释为"吝啬"或者"不够朋友"。

这种解释给他的情绪造成的损失可想而知，给人际关系造成的损失则更大。

且不说丁当年求助的是否都是朋友（找朋友借钱是否合适，这是另一个问题）。即使都是朋友，对方有可能也正有难处，一时无法帮他也很正常。丁不肯替别人着想，也不会从别人的角度想问题，而只知道埋怨甚至记恨别人。如此，他的情绪和人际关系又怎么可能不出问题？

其他如亲子冲突，很多时候则是因父母缺乏对孩子的共情而起。比如孩子做错事后由于一时害怕脱口而出的否认，会被他们认定为说谎。孩子替自己做的辩护会被他们看成顶撞、不服从管教。而孩子青春期时对异性的好奇与欣赏则常常会被父母解读为不可饶恕的早恋。

再有，夫妻间的抱怨与指责、朋友间的误会与疏远、同事间的冷淡甚至戒备、师生间的曲解甚至对抗，上下级间的误解、个人的冲动犯罪……所有这一切，都可能与缺乏共情能力有关。

总之，人与人的相处，是在各自现有的角度上尽可能寻找相同之处的过程。站在自己的角度，并同时懂得从别人的角度去看问题和思考问题，才有合作和双赢的可能。

在心理咨询与治疗中，最常见的问题之一莫过于人际关系给人造成的困扰。尤其是青年人，尽管他们中大多都有很强的工作能力和积极上进的愿望，却往往被卡在人际关系的问题上，以至于常常错失表现自己能力的机会。

心理治疗界自卡尔·罗杰斯以来，就开始强调心理治疗师应该具备共情的特质，但我在实践中发现，培养来访者具备共情的态度与能力，其实同样重要。

因为很多心理冲突都是由人际关系所引发的，具备共情特质的人容易和他人建立积极和谐的人际关系，在和他人产生矛盾时，能心情平和地以建设性方式处理问题，产生人际冲突的概率也较低，从而降低了这方面的能耗。

共情作为一种能设身处地替人着想的态度和能力，是直接关乎别人、间接关乎自己的一种态度和能力。

共情是人在进化过程中发展出的一个很重要的人格特质，具有十分重要的心理保健功能。一个社会人，其共情能力的有无和大小，不仅直接影响他的人际关系，同时也关乎他的情绪状态。

比如，面对一个看起来傲慢无礼的人，一个具有共情能力的人会想："他是不是心情不好？"或"他是不是受过别人的伤害？"

而一个缺乏共情的人可能会想："他凭什么对我这么傲慢？"或"他凭什么对我这么无礼？"两种想法，产生的是两种心情。

再如，同样是父母，有一些父母认为处于青春期的孩子的沉默、烦躁和冷淡都是在针对父母甚至是有意反抗他们。因此，他们的对策就必定是强力打压孩子，其效果可想而知。

而另一些父母则把此期间孩子的顶撞、任性、反抗解释为孩子正处于急剧发展期，他不知如何面对身心发展的巨大变化，他需要时间去重新认识自己。而他所有的叛逆行为都是他痛苦而认真的思考人生的表现，就如同几十年前处于青春期时的自己一样。因此，他们的对策就是：尊重孩子的变化，耐心等待孩子的成长。

两种解释，又一次导向了两种不同的心情和对策。

咨询中，凡是涉及人际关系的问题，如家庭不和、师生矛盾、上下级对立以及朋友反目等，很多都与缺乏共情能力密切相关。

缺乏共情能力是有关系困扰的人中最常见的问题之一。如果简单地问他们，"你为什么不能从对方的角度想问题呢？"他们的回答通常是："我凭什么要替他考虑？他怎么就不能为我考虑？"

这类人内心的最大误区往往是："人和人相处，如果我替别人考虑，别人就会利用我，并给我造成损失。"事实上，他们不知道，设身处地替别人着想的最大受益者通常都是我们自己——可以使我们减少很多不必要的烦恼。例如，别人因为工作忙碌而怠慢我们，因为心情不好而烦躁、易怒，因为缺乏问题解决能力而食言等，就不再会成为困扰我们的事件，反而会成为我们表现自己善解人意这一人格特质的机会。

其次，对人最大限度的理解和体谅通常也会为我们自己赢得别人的理解与宽容，会使大多数人以同样体贴、关心、温暖的态度，与我们交往、合作，使我们拥有强大的社会资源。

此外，共情能让我们拥有好心情，减少坏心情，拥有健康的人际关系。这是从正面看共情对我们个人的意义。很多时候，就是那种感同身受的不忍与恻隐之心（共情能力）使一个人在与自己不喜欢的人相处时懂得留有余地，懂得尽可能从对方的角度去想问题，而这种给对方留余地的处世态度往往也给自己留了余地，从而可以**及时止损**。

如果从反面看，共情的最大作用在于：使人避免把事情做绝。某种意义上，共情甚至具有预防犯罪的作用。一个能够设身处地替别人着想的人，在遇到会给人造成伤害的处境时，会比一个缺乏共情能力的人产生更多、更高的道德焦虑，并因此产生更多的**自律**（道德行为）。

因为一个具有共情能力的人在看到别人受伤害时是会心痛的（道德焦虑使然），这种心痛的感觉会帮助他阻止自己产生有可能伤害别人的动机，在他因一时冲动做出伤人行为后，也能及时控制住自己，使事态不至于向不可救药的方向发展。

考虑到有的犯罪行为与缺乏共情能力密切相关，为此西方人专门发展出“**受害者影响**”**课程**（Victim Impact Curriculum）。该课程的要点就是调动服刑者的共情能力，帮助其意识到犯罪对受害者的影响，从而为自己的行为承担责任，并尽可能弥补自己的过失。

肯替别人着想的人，别人通常也会为他着想；不肯替别人着想的人，别人通常也会远离甚至摒弃他。这个世界不是没有例外，但例外是可以忽略的小概率事件。

很多时候，我们的痛苦、沮丧、无助，甚至愤怒，并非像我们认为的那样，是由别人的不当行为造成的，其实恰恰是由我们自己缺乏设身处地替他人着想的愿望和能力造成的。“我们把世界看错了，却以为是世界在欺骗我们。”

当然，尽管朋友之间的误会不一定会因为一方的共情而消除，孩子的任性妄为不一定会因为父母的共情而消失，夫妻间的观点冲突不一定会因为一方的共情而和解，下级所造成的工作损失也不一定会因为上级的共情而解决……可是，越是这样的时刻，能否共情就越重要。因为“共情虽然不能改变现实，但它可以改变人的心情”（这是我一个学生的名言）。

且不说有共情习惯的人通常很少会与别人发生冲突，即使真的发生了以上情况，在面对问题时，他们也能有效地处理事情并避免问题的进一步恶化。因为设身处地为人着想的习惯使他们在遇到问题时能够最大限度地理解别人，这种理解可以使人心平气和地面对问题，从而提高处理问题的效率。

我在给有社交焦虑的来访者做**集体心理治疗**（Group Therapy，又译作团体心理治疗）时发现了一个很有效的方法：用“**换位思考**”的练习调动来访者的共情能力，并鼓励他们养成设身处地为他人着想的习惯。

结果，仅这一项练习，就不仅帮助他们极大地减轻了自身的焦虑，而且有效地促进了他们对别人的理解与包容。

过去有一个流传很广的口号：“理解万岁。”什么是理解？“理解就是了解后的释然与体谅。”什么是了解？了解就是“知道得很清楚”。可是了解的本质是什么？或者说什么才可以促成真正的了解？

如果我们不能站在别人的角度去设身处地为别人着想，如果我们不能尽可能地从友善的角度去想别人，我们又怎么可能“知道得很清楚”？

所以，归根结底，是共情促进了了解的愿望和行动，并最终促成理解和体谅。

很多时候，人们仅仅因为会共情，问题就消失了。还有些时候，则是因为具备共情能力，人才能最有效地解决问题。这主要包含以下两方面的内容：

一是指因为具备了共情的习惯，能最大限度地理解别人，遇到问题时就不会轻易产生强烈的负面情绪；二是指因为不受情绪干扰，能理性地、就事论事地处理问题。

举例来说，以往在面对孩子的“谎言”时会勃然大怒的父母，在懂得共情后，就会重新解释孩子的行为，知道孩子是因为紧张或者恐惧才会“否认”，这只是一种本能的自我保护意识，并不是真正想要以谎言欺瞒父母。于是，原来有可能被定性为“谎言”的问题就不再存在，父母的愤怒也自然会消失。

再比如，甲平时知道自立自强，在真正面临困难向他人求助时，又懂得不强人所难，懂得理解并体谅别人的难处。那么，他就不仅能得到自己所需要的帮助，还能满足别人“助人的需要”，从而使自己和别人双赢，而不会既得不到帮助，又伤了朋友和自己。

另外，有共情习惯的人能够理解一个有完美主义倾向的领导的苛求，但同时又能以冷静、理智、温和的方式表达自己被苛求时所体验到的不舒服与不被信任的感觉。用这种方式去敦促领导改变工作作风，比那些只知道和领导对抗，结果导致两败俱伤的行为有效果得多。

我的学生王同学生活在一个幸福的家庭，在她采访家长后完成的一次作业中，记录了她爸爸的一个故事。她的爸爸和妈妈是自由恋爱，爸爸当年非常欣赏妈妈。可是婚后，因为琐碎的家事，父母经常发生争吵。后来，爸爸开始反思：“我的岳父把那么美好的一个女孩子托付给我，可是我们现在却为了一点小事而争执不休，是我哪里做得不好才导致这样的结果吗？”爸爸反省之后做了调整，从那以后，他们的家庭关系变得十分和谐。

这个有关婚姻关系自调试的故事，其核心要素就是共情，因为能够设身处地为对方着想。这位爸爸反求诸己，先从自己身上找原因，从调节自己开始做起，而妈妈被爸爸感染，也做出相应的调整，于是就有了美好的结果。

再看日常生活中的另一种情况，假设我们遇到了最让人头疼的情形：别人的嫉妒、中伤、挑拨离间，甚至是阴谋诡计等。如果这的确不是我们自身由于投射而产生的**心理现实**，而是实实在在的**客观现实**，我们仍然可以凭借共情这一能力化险为夷。

举个例子，面对一个总在背后中伤自己、挑拨离间，甚至要阴谋诡计的人，通常人们最初的反应大多是痛苦的，会花大量的时间与精力去琢磨："他为什么要这样对我？"或是"我做了什么以至于他要这样对我？"

这样的思考不仅从来不会有什么结果，而且会腐蚀自己的心情，削弱自己处理问题的能力，严重的，还会使我们产生心理问题。

如果我们具备共情的态度与能力，懂得最大限度地了解别人，我们就可以知道自己以上的纠结毫无意义。

比如："他为什么要那样做？"

如果你的确没有做过伤害他的事，如果你与他的确没有发生过什么误会，那么，他那样做不是因为你做了什么，可能仅仅是他曾经的生活环境造成的，在他的生活环境里，即使最基本的需要，都得凭借一些手段才能得到满足，甚至要不择手段地去获得对生活的控制感和安全感。

一个是千辛万苦还不一定能满足自己需要的人，他的生活经验是即使不遗余力，也未必能够得到他想要的东西；另一个是被无微不至甚至超前满足自己的需要和愿望的人，他的生活经验是全世界都该主动为他的需要或者愿望行方便。

他们是真正的两个世界的人！

所以，很有必要去了解，去理解，去共情，去交流，去沟通。

这世界上有不幸经历的人多，但是会用不正当方式满足自己目的的人却没有那么多，具体到个人的实际情况，又存在着很大的差异，所以，才更需要我们最大限度去理解他人。

比如来访者A的经历。与她从无过节的同事B突然在领导面前打她的小报告，这让她手足无措，困惑无比。她花了很多时间去想“为什么”，结果不仅搞得自己的心情十分恶劣，还使事态不断恶化。

在咨询期间，她学会了共情，这使她能够平心静气地从对方的角度想问题，知道缺乏安全感的对方在一个提级的机会面前失去了自控力，才有了一系列反常的举动。

从此，她不再把时间花在纠结“为什么”上，而是把更多精力用在思考“怎么办”上，结果很快就使局面出现了转机。

每个正常人做出的看起来不正常的事都有其非做不可的理由，如果你具备最大限度理解他人的能力，具备设身处地为他人着想的能力，你就不会花太多时间去思考别人行为反常的原因，而会把更多的精力用在理解别人和处理具体的问题上。这样一来，你的心情就会明媚许多，生活会简单许多，处理具体问题的能力也会强许多。

这样的主张不是要抹杀是非。尤其在涉及严肃的法律问题时，当然只能以事实为依据，错了就是错了，“法律不相信理由”。但是如果你的问题只是与同事或熟人有一些生活上的矛盾或者冲突，那么最大限度地理解他人，最终结果通常都是解放自己。

此外，以上主张也不是让你无原则地迁就、放任别人给你造成的不便，而是让你能建设性地解决问题，把更多精力用于自我保护和自我捍卫上。

以上罗列的大多是日常情境中共情的重要性。

其实，在很多特殊而复杂的人际情境中，共情这一人格特质往往能创造出人际关系的奇迹。以 2008 年 5 月 12 日的四川汶川地震为例，整个中国大地上涌现了那么多具有牺牲精神的救援者（尤其他们中很多人还是志愿者）。比如那位伟大的谭千秋老师，以及那位年仅 9 岁的“抗震救灾英雄少年”林浩，他们表现出的都是超常的共情特质。

还有 2020 年年初，中国面临新冠疫情时，几万名医护人员驰援武汉；更有无数民警、社工、居委会工作者及其他志愿者坚守在一线，为保证封城地区人们日常生活的正常化和稳定居民情绪做出了非常具体的贡献。他们来自各行各业，在性别、年龄、专业、兴趣、爱好和专长方面都存在个体差异，但是他们却有一个非常突出的共同特点：具备高度的共情力，能够设身处地为处于困境中的人着想。与此同时，他们也具有高度的利他精神，因此才能排除万难，活跃在抗疫一线。

人为什么会对他人产生共情？社会心理学研究给出的结论之一是：“对人类而言，这种同理心是自然产生的。即使是刚出生的婴儿，也会因为别的婴儿的哭声而啼哭。”[1] 此外，戴维·迈尔斯所著《社会心理学》进一步表明，共情能引发**利他行为**，如产生敏感的帮助行为、抑制攻击、增加合作、改善对**污名群体**[2] 的态度等。

从演化的角度看，人天生能共情，是因为人的社会性。人无法离开他人而独自完整存在。因此，人就发展出维持社会关系的需要，会在与他人的相处中顾忌他人的感受和利益，从而最终具备人皆有之的“恻隐之心”，或说“共情”。

这世界上有很多人，其中绝大多数受健康天性的引导，加上后天父母长辈的榜样作用、社会影响和学校教育等因素，保持并发展出了恻隐之心，具备了感同身受的能力，知道替他人着想，从而在与他人的互动中形成良性循环。

那么，为什么我们身边又的确存在缺乏共情能力的人呢？他们是什么时候、在哪里开始失落自己的共情力的呢？

宏观上看，会导致人失去共情力的一个重要原因是社会环境的影响。在一个充斥着不良风气的社会，人们不仅不愿，而且已经很难设身处地替别人着想了。

微观上看，排在第一位的应该是创伤事件。一个孩子来到这个世界，如果有幸遇到爱他、保护他的父母，他就会身心健康地成长，各种情绪、情感能力也都会正常发育。可是如果他不幸遇到家庭的

1　戴维·迈尔斯．社会心理学 [M]. 侯玉波，乐国安，张智勇，译．北京：人民邮电出版社，2019：448.

2　污名群体（Stigma Group）指明显受到贬低或者可能被贬低的人群，比如残疾人（生理污名）、艾滋病患者、流浪者，以及罪犯等身份受损者。

冷热暴力或其他创伤性事件，往往就会走极端：一端是他天生的共情能力有可能会被腐蚀甚至被磨灭，从而变成一个冷漠、冷酷的人；另外一端则有可能是他发展出过度的共情能力，同时表现出病态利他，以讨好的姿态立足世界。

另一个微观因素是父母、家人的溺爱。溺爱会导致孩子以自我为中心，丧失不忍或恻隐之心。人在儿童时总是以自我为中心的，会认为太阳是为他而发光，星星是为他而闪烁，世界上的万事万物都是以他为中心而发生发展的。但是随着年龄的增长，在父母、家人的健康影响下，孩子开始了解自己与环境中他人的关系，逐渐摆脱自我中心的倾向。

但也有一些人，由于父母的溺爱甚至放任，虽然生理年龄长大了，但是心理年龄却没有同步发展，仍然以自我为中心，只关心自己的需要，受自己愿望的支配，完全忽视他人的感受与存在。这类人中的极端者更容易走上冲动犯罪的道路。

年龄和经历也会影响人的共情能力。比较而言，年长者会比青少年更能体谅他人。经历多的人比经历少的人也更能从他人的角度想问题。俗语“养儿方知父母恩”讲的就是经历对人的共情及其他相关情感的影响。

总之，善于共情与否，不仅可以决定人际关系的质量，而且也是决定人能否持续发展的关键因素之一。比如绝大多数人在自己的事业做到某个阶段时，都需要依赖团队的力量。而在其他条件相同的情况下，共情这种人格特质，是一个人能够拥有真诚合作者和强大社会支持的基本前提。

因此，生活在人群中的我们，如果想要拥有健康的人际关系、良好的心情、适合个人成长的环境，想要建立牢固的社会支持系统，就有必要提高自己的共情能力，学习设身处地从他人的角度去理解问题。

想让自己具备共情能力，最易见效的方式就是学着从别人的角度看问题，也就是懂得换位思考。这样可以避免很多误会，或是冲突。

但是，真正实践时，换位思考却并不像人们所想象的那样简单。

首先，面对同样一件事物，角度不同，每个人能看到和感受到的东西也就不同，即所谓的“人只能看到他能看到的东西”。

此处所说的“角度”，是一个具有象征意义的符号，所指非常宽泛，如遗传、早年家庭环境、受教育程度、眼前的阶层地位、经济状况、处境，以及当前正在发生的事情等。

好在心理学家和治疗师发展出了有助于提高共情能力的技术。一个人若是真诚希望自己具备共情力，可以借助这些方法提升自己。而共情作为一种很重要的核心人格特质，还可以派生出其他有助于人际交往的特质，如：**善解人意**、**体贴**、**亲和**、**关怀**、**温暖**、**负责**、**利他**等。

走笔至此，突然想到那些因高度的共情特质而有所成就的伟人：如甘地、马丁·路德·金、拉宾、周恩来、特蕾莎修女等，还有那些为了大多数人的幸福而做出巨大贡献甚至牺牲的人，他们那种“以天下为己任”和“为大多数人谋利益”的精神都源于共情这样一种人格特质，源于他们对他人的苦难和不幸具有异常深刻的感同身受的能力。

本章涉及术语：共情（同理心）、及时止损、自律、“受害者影响”课程、集体心理治疗（团体心理治疗）、换位思考、心理现实、客观现实、利他行为、污名群体、善解人意、体贴、亲和、关怀、温暖、负责、利他。

> 不管怎样，我们无疑是所有物种中最坚持不懈、最执着的群居性生物，比最有名的群居性昆虫还要彼此依赖，而且当你注视着我们的时候，就会看到，在群居生活方面，我们也真的比它们有更多的想象力和娴熟的技巧，多得它们没法比。
>
> ——刘易斯·托马斯

练习题

练习一：感受性增强训练

说明：此练习旨在提高我们对他人情绪和需要的敏感度。很多时候，缺乏共情能力，是因为缺乏对人的情绪和需要做出迅速辨别和反应的能力，结果往往造成误会。所以，共情训练就有必要从提高我们对人的敏感度入手。

（一）通过观察非言语信息，学习去关注他人。

人与人之间的交流和交往，不仅借助言语，也借助非言语的方式，如身态语、面部表情、空间距离、服装等。社会心理学的相关研究表明，在人际沟通中，言语只占35%，而非言语占65%。所以，要想准确体验并理解他人，就有必要了解人的一些基本非言语行为。

（1）面部表情

和朋友讨论，以下表情通常意味着什么：

* 面红耳赤　　* 笑逐颜开

* 喜上眉梢　　* 咬牙切齿

* 愁眉苦脸　　* 愤然作色

* 面如土色　　* 灰头土脸

（2）目光

和朋友讨论，以下目光通常意味着什么：

* 目瞪口呆　　* 目空一切

* 目不转睛　　* 炯炯有神

* 躲闪游移　　* 目光清澈

* 怒目而视　　* 目光如炬

（3）身态动作语

人的手势、姿势（站、坐、走动、谈话时、独处时）等都能反映出人的情绪与意图。和朋友讨论，以下身态动作通常意味着什么：

* 指手画脚　　* 坐立不安

* 点头哈腰　　* 昂首挺胸

（4）人际空间

人与人交往时，空间会说话。除文化差异之外，在同一种文化中，交往、交流时的距离都是有意义的。和朋友讨论，以下人际交往的空间距离通常意味着什么：

* 促膝谈心　　　　* 比肩而行

* 十指相扣　　　　* 退避三舍

（5）语气、语调、语速

这同样是反应情绪的重要线索，同时也是我们表达情绪与意图的重要线索。

这道题需要与朋友共同练习，练习中要仔细体验：

用不同语气、语调、语速（真诚、虚假或讽刺……）说“我喜欢你”。

用不同语气、语调、语速说“我理解你的感受”。

（6）服装

新潮还是保守？整洁还是邋遢？正式还是随意（这取决于场合）？合体还是不合体？简约还是简陋？舒适还是别扭？……

（注：非言语信息可以帮助我们更有效地了解他人的情绪与意图，但也要注意，由于种种原因，人常常会不自觉地掩饰自己。因此，言语信息只能作为我们了解他人的线索之一，而非言语信息则是了解他人的重要辅助线索。）

（二）观察并体验他人的情绪和情感。

1. 对他人描述问题时的情绪情感做出正确反应。

这道题需要你和你的朋友一起完成，请对方先叙述他最近遇到的一件事，高兴的、不高兴的都可以，然后你把听朋友述说时所体验到的对方的感受告诉他，让朋友判断你对他的感受的描述是否准确。请注意用“你”开头。

描述时的句式格式：

“你感觉……”“这件事使你感觉……”

如此反复，至少实践对三个事件的情感描述。

2. 培养对人需要的敏感度。

一个眼神，一声叹息，一个欲言又止的表情，一次嘴角的牵动，一次稍纵即逝的皱眉等，都可能反映出人的需要，要学习从这些细微的表情变化中迅速觉察别人的需要。

请与朋友讨论：

人需要帮助时通常有哪些言语和动作？

人需要理解时通常有哪些言语和动作？

人需要关心时通常有哪些言语和动作？

……

3. 写下你们的感觉和感想。

练习二：提高对他人的理解力

说明：一个人，不论你主观上多么努力地去理解他人，也不论你多么善解人意，你都有可能受个人经验、阅历，有时还包括信念、偏见等影响，而误解甚至曲解他人的意图，以至于出现在同一问题上有完全不同的见解的现象。所以理解他人并不是一件容易的事。

真正的理解包括理解他人的动机和行为，以及对他人观念的尊重等。

（一）换位思考，提高对他人的理解力。

所谓换位思考，指把自己当作对方，对他们的情绪与想法感同身受。

学习尽可能地替他人的行为寻找理由。

1. 例题：

A 平时总是一副咄咄逼人的样子，是什么使他表现出这个样子？

请先主动替 A 找原因。在本子上罗列出你为 A 寻找的种种理由，然后再看下面的参考答案。

参考答案：

可能的原因罗列：A 太自卑，想用这种方式加以掩饰；A 自小的生活环境中曾有如此行事的长辈，从而使他学习到这种处世方式；只因为他是急性子；因为他不知道怎样与人交往；当然也有可能是他目中无人；他攻击性强……

这样多角度去看 A，替他的行为寻找理由，不仅可以较准确、客观地理解他，我们自己也能从中受益。因为如果我们一开始就认定 A 是因为目中无人而咄咄逼人，我们一定会有受伤的感觉。但如果我们把他的攻击性看作掩饰自卑的方式，则不仅不会有受伤的感觉，还能增加对他的理解和宽容。

共情不能改变事实，但能改变我们的心情。其实，心情变了，我们所感受的事实也有可能发生变化。仍以 A 为例，如果我们选择“是自卑使他硬做出咄咄逼人的样子”这种解释，以后和他相处时，如果能对他表达一些称赞与欣赏，一段时间后，就会发现，他不再那样具有攻击性了。

2. 参考练习题：

B 为什么总是怀疑别人？

C 为什么总喜欢背后议论别人？

D 为什么总是挑我的毛病？

……

请尽可能为他们的行为寻找原因。如果确实是他们的问题，那就努力找出可以有效解决当前问题的方法。

（二）学习尽可能从资源取向的角度理解他人。

说明：以下练习主要针对那些让人不愉快的行为。当然，并非所有人的不恰当行为都是无心之过，但问题是，如果我们只从不好的方面去解释他人的不良行为，受伤的首先会是我们，这会导致我们的心情被腐蚀，采取行动的能力被抑制，更糟的是，我们还有可能丧失对世界的希望。

所以，从我们的心情出发，也为我们处理问题的能力考虑，我们要学会尽可能从资源取向的角度去理解别人。更何况我们前面也谈过，一个正常人做出不正常的事，一定有他自己的理由。

例题：

甲为什么总看不惯我？

请先从有利于自己的角度（资源取向）去解释这个问题。在本子上罗列出可能的原因，然后再看下面的参考答案。

参考答案：

可能的原因是：他特别关注我、他善于发现问题、他对人的要求比较高。如果我有些行为的确不合适，正好可以从他那里学习到克服自身盲点的视角。

有必要说明的是，我们最大限度地理解他人，最大限度地从好的方面去思考他人的行为动机，与必要时要捍卫自己的权利是不矛盾的。如果对方真是有意伤害我们，或者他的无心之过给我们造成了伤害，我们都有义务以得体的方式捍卫自己。

举例：张三总喜欢背后议论别人，不论他这样做是出于什么样的原因——也许是他小时候跟父母学习到的，也许他想用这种方式来讨好别人，或是显示自己知道得多，等等——从我们的角度看，他的这种行为都是不能容忍的。只是我们在捍卫自己的时候要采用得体的方式，让他知道他的行为给我们造成了伤害，同时也会给他自己的人际关系造成破坏性影响。

（三）练习换位思考，学习站在对方角度去体察他人的需要。

请与朋友就以下例题进行讨论：

假如你是一个白发苍苍的老人，在上了一辆拥挤的公共汽车后，你特别希望发生什么？

假如你是一个刚从外地进京打工的人，你现在最需要什么？

假如你是一个领导，你最需要你的下级做什么？

假如你是一个下级，你最需要你的领导为你做什么？

假如你为人父母，你最需要孩子做什么？

假如你是一个孩子，你最需要父母为你做什么？

为一个误解你的人找出十个以上的理由。

为一个你不喜欢的人的行为找出十个以上的理由。

重新评价一个曾经困扰过你的人。

……

再次申明：设身处地理解别人，或是尽可能把别人往好处想，不等于我们要放弃自己的权利或者是放任不好的行为，而是要学会最大限度地理解别人。这样，即使在需要捍卫自己权利的时候，我们也能做到心平气和、就事论事，而不至于伤人或把事情做绝，如此，才更有利于人际关系的持续发展。

（四）向身边的人学习共情。

要提高对他人的理解力，捷径之一便是向身边具有共情能力的人学习。观察他们与人相处时的言谈举止，观察那些使他们显得非常善解人意的具体说法和做法，并把这些观察记录在本子上。

例如：我们身边那些善解人意的人，那些对别人的苦恼有细致入微的体察能力的人，那些热心助人同时又绝不把自己助人的愿望强加于人的人，他们都是有高度共情能力的人。

我们还可以去读特蕾莎修女、史怀哲医生和钟南山医生的传记，他们都是心中有大爱、具有高度共情能力的人。

做这部分练习时，一定要尽可能具体，比如自己的共情榜样的一句话、一个表情、一个动作等，都要具体罗列出来。因为越细化，越便于学习和掌握。

练习三：学会倾听

说明：理解以倾听为前提，以准确地表达出自己的理解为结束。

我们都知道沟通在人际关系中的作用，也知道要想理解别人，先要学会倾听，先听明白对方究竟在说什么，想要表达什么。

但是在现实中，由于每个人都有自己的局限性，因此造成“人只能听到他所能听到的东西”的现象，很多人际误会、矛盾、冲突也因此产生。

此处所说的“倾听”，指不仅能耐心细致地认真倾听，而且能真正深刻地理解对方；不仅能听懂对方的问题、理解对方的思想、体会对方的情感，而且要明了他话中的意思——有时甚至是述说者本人都未曾明确意识到的含义。

（一）热身练习。

与朋友合作，就体育、时尚、网络、电影等话题进行倾听练习。

要求：倾听者只能听，不能说，听的过程中只需要不时以“嗯”“噢”等做出回应就可以。

写下做此练习的体验和感想。

与朋友互换倾听的角色，按上述要求再做一遍。

记录下做此练习的体验和感想。

与朋友就两次练习的感想进行交流，把你们的发现记录下来。

是不是发现倾听原来并不那么简单，它需要有自控力，需要我们能够把自我完全放下，去真正地关心别人的感受，而不只是自己的思想。

好的倾听是积极倾听，它能给人以被关怀、被理解的感觉。很多时候，仅仅是倾听，就能使对方恢复自身的价值感，并促使其恢复处理问题的勇气和力量。

写到此，我想到我一个学生说过的话：“倾听真是奇妙。我以前听朋友说什么事时，总是不断地给她出主意，结果我的朋友总说我不理解她。而在我学会倾听后，我坐在那里，除了简单的回应，没有做任何事，她却一再说我现在变得善解人意了。”

（二）科普：倾听的基本原则。

好的倾听通常都有以下特点，我们也将其称作倾听的基本原则：

1. 专注。

以对方为中心，专心致志，聚精会神，不轻易插话。要用身态语和简单的言语回应对方，让对方知道你在倾听。

2. 不做价值判断，不用褒贬的词句。

倾听中的价值判断是最容易影响你对他人的体验和理解的，不仅如此，也容易激起他人对你的反感甚至敌意。

这个世界是多元化的，要学会尊重别人的选择。如果对方的观点和我们的价值观有很大冲突，而我们又需要通过指出这种差异来降低内心的紧张，那么，我们可以用礼貌而又尊重的态度表达自己的观点，可以参考的句式有：

“我理解你的意思是……同时在这个问题上我的看法和你的不太一样……”

“你谈的有道理，同时关于这一点我的看法是……”

3. 仔细捕捉对方表达时的言语和非言语信息。

方法之一是通过提问确认问题。好的倾听离不开提问。提问不仅是为了确认我们是否真的理解了对方想要表达的内容，而且也是为了让对方知道我们是真心想去理解他的。

参考句式：

“你的意思是……”

“你想说的是……”

“你想表达的是……”

“你看我的理解对不对……”

4. 表达共情。

表达共情，就是以准确、恰当的方式，表达对他人情绪与意图的感受、理解和尊重。

体会别人的情绪、理解别人的需要和难处还不够，如果我们缺乏恰当的表达技巧，正话反说或好话坏说，如“刀子嘴，豆腐心”，那结果仍是背离共情原则的（关心、理解、尊重、温暖），我们的理解也会变成一句空话。

（1）表达对他人情感的理解。

参考句式：

“你现在的感受是……”

“你感觉……”

“你感到……”

（2）表达对对方意图的理解。

即能概括对方诉说中表面的或潜在的意思。

参考句式：

“你想说的是……”

“你希望的是…”

“你想要……”

“你的意思是……”

（3）表达对对方情感与意图的尊重。

参考句式：

“这件事看起来对你很重要……”

“这种事处理起来确实很难……”

（4）表达对对方的关心。

共情有时候是以具体的行为表现出来的，所以有可能用到这样的句式：

“你需要我为你做些什么吗？”

“我能为你做些什么？”

用这样一种积极的、有创造性的、敏锐的、准确的、善于共情他人的方式去倾听，就有可能建立一种开放而又真诚的互助关系，并会促使对方渐渐从面具下走出来，学会真实地面对自己、信任自己，并独自负责任地对事件做出判断。

5. 印第安棒的故事与练习。

这是我在《读者》上看到的一个故事，后来又在一部美国电影中看到人们用同样的方法进行沟通。

在印第安人的某部落中，如果有人发生冲突，他们就要到族长那里去讨说法。族长会把手中的权杖先交给张三，让张三说话，此时李四只可以听着；等张三说完后，张三把权杖交到李四手上，李四才可以说话。第二个规则是：李四在说自己的理由前必须先把张三的话概括出来，并要得到张三的确认后才可以说自己的观点。

换言之，两个人到族长那里讨公道，每个人都必须先倾听对方，再复述对方的话，被对方确认后，才可以发表自己的观点。

这个方法在促进人际沟通上有很特殊的作用，因为当我们必须在复述别人的话之后才可以发表自己的观点时，我们就不得不先努力听取别人的说法。而如果没有这个规则，我们常常会在听到对方的观点后就立刻关上耳朵，脑子里只想着如何去反驳对方。而事实上，如果我们肯倾听，就会发现，我们和别人的分歧并没有自己原先认为的那样大。

练习：和朋友就某个有分歧的生活话题进行交谈。比如，“喜欢看球和不喜欢看球”“喜欢养宠物和不喜欢养宠物”“喜欢逛街和不喜欢逛街”等。请记住，这个练习的要点是：在发表自己的观点前一定要先倾听，然后复述对方的观点。

教学中，每一次做完这个练习后，我发现大家都有相同的感觉：原来以为立场完全不同的观点，其实并没有那么对立。而且这个练习也极大地增加了对对方的理解。

到目前为止，我们已经学了不少可以提高自身共情水平的练习。其实方法是因人而异的，只要我们发自内心地对他人关切、理解和尊重，我们就能以无限多样的方式表达我们对他人的共情。不仅如此，善于共情还能促进自身利他、宽容、合作、尊重等人格特质的发展。

人际关系中的维生素
术语十二：安抚

人们需要得到他人的注意或说安抚才能够生存。

——艾瑞克·伯恩

安抚（Stroke）是心理治疗学中人际沟通分析学派（Transaction Analysis，又译作交互作用分析学）的一个重要概念，指的是一个人给予另外一个人的承认、注意和反应。

按照首倡者伯恩的定义："安抚是任何对别人的存在表示认可的行为。因此，安抚也许可以被用作社会行为的基本单位。社会交往是由交互作用构成的，而交互作用则由安抚的交换所构成。"[1]

通俗地说，安抚这个概念就是它的字面含义，包括物质安抚和精神安抚。不同的是，在伯恩之前，很少有心理治疗家把安抚的重要性上升到如此高度："人们需要得到他人的注意或说安抚才能够

1 Eric Berne. Games People Play[M]. New York : Penguin Books, 1964: 15.

生存。”[1]在他看来，我们在这个由人组成的世界上，人与人之间每天进行的不过就是安抚的交换而已。

生活的确为伯恩的断言提出了强有力的证据。环顾四周，很多人际关系问题的产生，往往就是由安抚饥渴导致的。林妹妹因为没有得到她所渴望的安抚撒手人寰；宝玉因为没有得到他所希冀的安抚遁入空门；如今的网红为了得到安抚不惜在网上恶搞自己；现在的年轻人为了安抚自己，碰到节日就一定要过，不管是中式还是西式的；而目前蓬勃发展的各种体验式产品更是以对顾客的安抚为主要目标。

那些得到父母和老师的及时鼓励、回应、关注的孩子，他们的心态和行为通常都积极向上，对自己和世界充满了信心。而那些被忽略、漠视的孩子，他们看世界和看人的态度常常是消极甚至阴郁的。不仅如此，他们对自己和他人都缺乏信心，生存意志也往往比那些受到积极安抚的人薄弱。

有意思的是，在中国古代还曾经专门设过“安抚使”这样的官位。“安抚使，官名。隋代始置，杨素曾任‘安抚大使’。唐代，当各州发生水旱灾害时，由中央临时派出使官，委以职分，至灾区完成赈济任务。”[2]

ITAA（国际交互作用分析协会）在介绍安抚这个概念时指出：

1　Eric Berne. Transactional Analysis In Psychotherapy[M]. New York : Grove Press, Inc, 1961.

2　赵德义，汪兴明 . 中国历代官称词典 [M]. 北京：团结出版社，1999：2.

“伯恩注意到，持续得到他人的注意是一个人心理生存的必要条件。不论人们有多少伪装成其他目的的行为，其最终动机其实都是为了引起人们的注意并获得安抚。”[1]

但是，什么样的安抚需要是适度的，什么样的是过度的？什么样的安抚方式是健康的，什么样的不够健康？我们该怎样满足自己和他人的安抚需要？在安抚问题上我们存在什么样的认知误区，需要做什么样的调节？等等。以上这些都是人际沟通分析学理论所关注的。

先来看安抚的分类：

正面安抚（Positive Stroke）是指给予人积极的认可、鼓励、安慰、关心、表扬和支持等，能让接收者在此时此刻就体验到愉快的感觉。

负面安抚（Negative Stroke）指批评、指责、教训，严重的还包括打骂等，会让接收者当时产生不舒服甚至痛苦的感觉。

现在，大家在意识层面都知道正面安抚对一个孩子的重要性。我们一度兴起过“鼓励教育”，但是这往往只停留在意识层面，因为我们的父母从他们的父辈那里学到的更多是负面安抚，而不是正面安抚。比如孩子考了99分，父母不是表扬孩子的努力和学习能力，而是盯着那丢掉的一分，条件反射似的质问：“那一分哪里去了？！”

在这样的环境中，孩子更容易受完美主义影响，在学习压力下，也更容易发展出强迫倾向。所以在中国文化的语境下，父母尤其需要学习正面安抚，要更多地给予孩子鼓励与支持，这对孩子的健康

---

1 详见ITAA（International Transactional Analysis Association）官方网站。

成长和积极的生活定位至关重要。

同时，我们也需要了解：在一个孩子的成长过程中，正面安抚和负面安抚都很重要。无条件的正面安抚会让一个孩子感到自己存在的价值和意义，以及对父母、他人和世界的存在意义。而适度的负面安抚可以让孩子了解父母的关心、期望和要求。

孩子是需要教育的，父母的教育和批评会让孩子更快掌握进入成人世界的游戏规则，知道什么该做，什么不该做，这样他们才能以更适应的方式去面对世界。因此，适度的负面安抚可以给一个孩子安全感。而一个只被表扬的孩子不可能真正掌握这个世界的游戏规则，他常常会有不安全感。

孩子的内在自我知道他们需要适度的负面安抚，只是他们不会表达出来，甚至都没有意识到。但是他们凭直觉知道，父母奖惩并用的教育方式对自己是有益的，他们也因此更听父母的话。而被溺爱的孩子反而不听话，因为他们的内在自我知道，只有正面安抚的父母是不安全，甚至是不负责任的。

因此，和正面安抚一样，适度的负面安抚也是我们成长中不可或缺的资源之一。那种在过度“民主”的家庭中长大的孩子，家庭的放任会使他们缺乏进入社会所必需的规则意识。在其最初步入社会时常常会碰得头破血流，除非他们碰壁之后肯进行自我教育，否则很难拥有满意的生活。

不止一个同学苦笑着对我说：“我不知道这是好还是不好，我的父母从来就没有管过我。”这其实是非常悲哀的。我们中国古话说：“子不教，父之过。”从来不管束孩子的父母，给予孩子的不是自由，而是被忽视和不安全的感觉。

此外，缺乏有条件的负面安抚的人，会失去调节自己不适应行为的最佳时机。做错了事，却没有人告诉我们，小小的我们又怎么可能改正自己的行为，更具适应性呢？

此外，尽管人们通常更喜欢主动的、正面的安抚，但是当自己真的出现问题时，则渴望遇到真正能够指出自己问题的人（负面安抚），渴望在别人的批评下认清问题的根源，从而吸取有益的教训。

在中国文化中，那种在朋友做错事时能够当面指出其缺点，并对其直言规劝的人被称作诤友。诤友在一个人的成长过程中有着非常重要的意义，因为他们能以高度负责的态度“爱人以德”，也就是按照正确的道德标准去爱护朋友。对朋友不偏私偏爱，不姑息迁就，在朋友误入歧途的时候竭尽全力地督促朋友改错，必要的时候，诤友甚至不惜牺牲关系也要把朋友拉回正道。

当然，具体到当代中国现状，还是要更多强调正面安抚，比如，在当代中国的家庭教育中非常流行的“赏识教育观”。这种观念之所以会流行，是因为在中国文化中，以往大多数长辈都习惯给晚辈负面安抚，而很少给予正面安抚。

长辈常常认为孩子把事做好是应该的，做不好才是问题，并且总怕孩子骄傲了就会退步。“满招损，谦受益”的古训已经渗透到我们的血液中。因此，中国的家庭和学校都更喜欢批评而不是表扬孩子，结果造成很多孩子对负面安抚条件反射般敏感。

在这样的现实下，中国的家庭教育的确应该强调更多给予孩子正面安抚，同时也要注意在必要时运用负面安抚，这样孩子长大以后不仅会更有自信，在面对负面安抚时也能坦然、从容许多。总之，不论哪种安抚，关键是度的把握，适时、适度就好，反之，就会产生很多问题。

安抚还分**语言**的和**非语言**的。语言好理解，非语言是指：面部表情、姿势、语音、语调、语速、身体接触、空间距离等。在我们的文化中，把“喜怒不形于色”当作一种优点提倡，这使中国人会轻视甚至忽视非语言表达，并且很少注意自己的非语言表达所造成的影响。可以观察一下，在大街上，迎面而来的人常常是面无表情的；站在电梯里，周围的人也个个都是一副扑克脸。

其实非语言有着非常重要的表达与交流作用。美国学者 R.L. 伯德惠斯戴尔在《身势学与语境：身体动作交流文选》一书中，提出了他的研究观点：在两个人互动的场合中，有 65%的“社会含义”是通过非语言的方式传送的，如身体姿势、面部表情、语音、语速、语调和动作等，另外 35% 是通过言语表达的。[1]

作为中国人，我们应该学习更多地体验自己和他人的非语言表达，同时学习更积极主动的非语言动作，从而在面对世界时能更加放松和从容。

安抚到底有多么重要呢？伯恩学说的三个哲学假设之一就是：

---

1 R.L. Birdwhistell. Kinesics and context：Essays in body motion communication[M]. Philadelphia：University of Pennsylvania Press，1970：16.

人需要得到他人的注意或说安抚才能够生存。人有被社会认可的内在饥渴。人需要获得认可和安抚，这样他才会觉得自己的生命有价值。

实验证明，婴儿有非常强烈的躯体**刺激饥渴**（Stimulus Hunger）——被拥抱和抚摸的需要。人在成长过程中，逐渐脱离了与母亲躯体的密切接触，但仍然具有基本的躯体“刺激饥渴”，便找到了一些替代性满足的方式，比如将他人的微笑、称赞，或者皱眉、批评等，视为获得他人认可和关注的证明。这样，躯体刺激饥渴在很大程度上就被**认同饥渴**（Recognition Hunger）[1]所替代。

如果一个孩子得不到他想要的正面安抚，他就会在无意识中做出一个决定：“我要寻求负面的安抚，以免完全没有安抚。”从行为上看，他有可能通过制造问题去寻求别人的批评、指责甚至惩罚，他会做出很多招人讨厌的事，以获得他想要的注意和认可，即使是被人打骂也在所不惜，因为“任何形式的安抚都比完全没有安抚要好”。所以，被打骂虽然让我们痛苦，但显然比被别人当作空气要强许多，它证明了我们的存在，也证明了别人知道我们的存在。因此，对那些少年犯罪者而言，违法乱纪行为是他们刷存在感的重要方式之一。

因此，一个心理发育不成熟的成年人，在认同饥渴得不到正面安抚的时候，就会重复孩童时的模式，去主动寻求负面安抚，这就是为什么有些人常常会做出在一般人看来明明是自讨苦吃的事情。

---

1 Eric Berne. Games People Play[M]. New York: Penguin Books, 1964: 14.

比如一个人在执行任务时总是丢三落四，即使被领导批评也改不了。从心理治疗的角度看，他是在用一种儿时所采用的方法寻求安抚，以满足其认同饥渴。如果他来做心理咨询，心理咨询师需要帮助他明白的是：由于儿时生存环境的影响，他需要用丢三落四这样的方式引起关注，这在当时是好的，有利于他的生存策略，但是现在他已经是成年人了，不需要再用这样的方法避免漠视，他可以采取积极健康的方式为自己赢得关注和认可。

前几年，在年轻人中流行的“治愈系”说法也是安抚需要的表达。治愈系的英文为“Healing”，是20世纪90年代末日本流行的一种音乐门类，一般把节奏舒缓、放松心情的音乐都归入其中，后来年轻人又把能够温暖人心的动画、漫画、电影、小说、图片等归入有治愈效果的治愈系中。近几年，中国的宠物经济进入快速发展阶段，年轻人成为消费主力。[1]以上现象表明，人们对安抚有着强烈的需要，它在人们的生活质量中占有很重要的地位。

人有个体差异，不同的人需要不同的安抚。换言之，人对客观安抚的主观评价是不一样的。有的人“给点阳光就灿烂”，有的人却显得“贪得无厌”，有的人对批评总显得“无所谓”，而有的人则“极度敏感”。此外，同一种安抚方式，对甲来说是高品质的，对乙来说却可能是低品质的。究其根源，这与每个人的家庭环境，特别是早年经历密切相关。

---

1 详见新华社新媒体报道《中国宠物经济崛起，年轻人成消费主力》，2020年8月19日。

我们给予他人的**安抚风格**与我们的早年经历有着非常密切的关系。如果我们小时候得到过更多的正面无条件安抚，长大后，我们也会更多地给予别人正面无条件安抚；而如果我们早年得到过太多的有条件安抚或负面安抚，在未来，我们也有可能会重复这类安抚模式。

人们接受安抚的方式和类型同样与人们的早年经历相关。早年更多接受无条件积极安抚的人，长大后就能够坦然接受别人的安抚；婴儿时经常被父母拥抱的人，长大后也能与别人从容拥抱。而早年很少得到或过度得到父母安抚的人，在接受安抚时会有截然不同的表现。

由于早年经历，有的人只接受负面安抚，对正面安抚始终持怀疑态度。比如林妹妹，对正面安抚总是不够敏感，而对负面安抚却过度敏感。还有的人对别人的批评很坦然，认为这是自己该得的，而对于表扬却很不安，总觉得别人是在敷衍或欺骗自己。

有的人对安抚过度敏感，比如特别谦恭的人，他们的谨小慎微，他们对待别人的安抚表现出的感激涕零，甚至病态利他的样子，都会让周围的人感到不自在。还有一些人对安抚视而不见，比如那些在溺爱中长大的孩子，在对待父母、老师和熟人所给予的安抚时通常会持冷漠态度。

在当下的社会竞争压力下，认为成绩或者成就可以代替安抚的人也很多，其结果常常是造就了很多学习狂或者工作狂，从持续发展的角度看，这都是不利于人的健康成长的。

了解自己接受安抚时的特点，不仅可以帮助我们更加深入地认识自己，也可以帮助我们学习以更健康的方式感受、接受并回报安抚。

伯恩理论的后续研究者斯坦纳在心理治疗中发现了**有关安抚的“五条禁令”**，由于这些禁令的存在，导致来访者在遇到与安抚有关的情境时会条件反射般地做出怀疑、害怕、逃避甚至拒绝安抚的反应。了解这些禁令，有助于自我觉察。

这五条禁令是以五个“不可以”的形式出现的[1]：

第一条禁令：“即使你能够安抚别人，也不可以这样做。”

这条禁令的要点是：**漠视**别人的安抚需要，不给别人你能够给予的安抚。

这往往是父母在孩子面前做了糟糕的榜样，比如孩子哭时父母不予理睬，或者孩子在外面受了委屈后，父母完全不给予正面反应等，父母的这些行为让孩子学会了漠视别人对安抚的需要。而当一个人漠视他人的安抚需要时，又等于是在教他人也不要给自己安抚。

第二条禁令：“当你需要安抚的时候不可以向别人要安抚。”

中国成语中被当作褒义词的“忍辱负重”“坚忍不拔”等，其实都是在说：当你需要安抚的时候不可以向人要，应该自己承受。如果一个孩子接受了这个禁止信息，那么他表现出的不想要安抚的样子一定会把别人推得更远。

---

1 Claude M. Steiner. Scripts People Live: Transcational Analysis of Life Scripts[M]. New York: Bantam Books, 1974: 137–138.

第三条禁令："即使你想要安抚，你也不可以接受安抚。"

可以想象，一个人明明想要安抚却被父母禁止接受安抚，他内心会多么纠结，久而久之，他就学会了要违心地拒绝安抚，或是掩饰自己接受安抚时的喜悦。而一个对别人给予的安抚表现得很冷漠的人，又怎么可能继续得到别人的安抚？

第四条禁令："虽然不想要安抚，也不可以拒绝。"

可以想见，这种生活是多么艰难，想要安抚的时候不可以接受，不想要安抚的时候又不可以拒绝，总处在矛盾中，一个人的心理怎么保持积极健康？例如一个美丽的女孩子从小接受了父母有关"虽然不想要安抚，也不可以拒绝"的禁止信息，她就很难拒绝别人对她美貌的称赞，只能在心里对自己和别人说：我有的不仅仅是美貌，我还有智慧和力量。

第五条禁令："不可以给自己安抚。"

认同父母这条禁令的孩子对自己会特别严格甚至苛刻。他不懂得爱惜自己，认为自己没有价值，不值得被关爱。不仅如此，他对别人给予的安抚也难以接受，因为那意味着他在借别人安抚自己。

自我安抚会让他产生罪恶感，他对自己所做的一切都不满意，即使用社会标准去衡量，他已经有了很大的成就，但仍然会看轻自己。因为在父母的影响下，他在无意识中会认为，如果他肯定了自己的成就，就是在自我安抚，而这是不对的，因此，他常常会谦虚到自卑的地步。

斯坦纳认为，上述有关安抚的五条基本禁令使每个人都有可能处于**安抚饥渴状态**，从而丧失幸福感，并且有可能演变为抑郁的基础。

对此，伯恩的另外两位后继研究者艾恩·斯图尔特和范恩·琼斯有更为深刻的看法[1]：“长大成人后，我们仍不自觉地遵守这五条原则，结果把生活都耗在缺乏安抚的状态中，也把自己的精力都放在寻求安抚上。”

这样的人生，又怎能不充满痛苦！

在心理治疗中发现了“五条禁令”的斯坦纳后来给出了他的处方——**“五种允许”**。他希望借由他的处方，瓦解“五种禁令”所造成的问题，从而使曾经被禁锢在“五种禁令”中的人能够获得一种健康的安抚观，并对自己和他人采取健康的安抚行为。斯坦纳提出的“五种允许”[2]是：

第一种：允许自己“去要安抚”。

很多人常常有这样的认知误区，认为如果是自己要求来的安抚就不是真心的，就没有价值，因为那是别人在敷衍甚至怜悯自己。因此，即使非常想要获得亲友的某种安抚，也会忍住不说，总是希望别人能够猜出来。但事实是，要求来的安抚和别人主动给予的安抚是同样有价值的。

更为重要的是，你提出安抚的要求，就会增加得到它的机会。与此同时，需要注意的是，我们允许自己去向别人寻求安抚，同时

---

1 艾恩·史都华，范恩·琼斯．人际沟通分析练习法 [M]. 易之新，译．台北：张老师文化事业股份有限公司，2002：129.

2 Claude M. Steiner. Scripts People Live: Transcational Analysis of Life Scripts[M]. New York: Bantam Books, 1974: 324.

也要允许别人拒绝我们的要求。

此外，我们也要接受这样一个现实：这个世界上没有一个人可以全方位满足自己被安抚的要求。换言之，人总有一些时刻是无法被安抚的，这样的时刻，我们只能学着去接受甚至是忍受现实，并学习把所受的痛苦化作增长个人智慧的资源。

在向别人提出安抚要求时，还有两个需要避免的误区，一是认为别人能猜出自己想要什么样的安抚。这是不现实的，不要说别人，我们自己常常都搞不清自己，我们对安抚的要求都处于变化中，又怎么可能指望别人如此懂我们呢？反之亦然。还有一个误区：认为别人都应该是安抚专家。这是不恰当的，就像我们自己也从未成为一个全能的安抚专家，我们同样不能苛求他人。

第二种：允许自己“接受安抚”。

中国改革开放多年以来，绝大多数 40 岁以下的人在允许自己接受安抚方面都有很大的进步，能够不怀内疚、坦然地接受安抚。而他们的父辈在遇到他人给予的安抚时，更多地表现为难以坦然接受，即使接受了，也要急着马上回报，否则就觉得欠了别人，坐立不安。

其实，人不仅有被安抚的需要，也有安抚别人的需要。我们在和别人交换安抚的同时，与他人的关系也更容易进入健康的良性循环。

第三种：允许自己向他人“提供安抚”。

当我们想称赞某人时，不要吝惜自己的语言；当我们想要安慰正处在痛苦中的朋友时，不要迟疑；当我们想要拥抱亲友时，我们就要张开自己的双臂；当我们想要和迎面而来的熟人打招呼时，就要主动绽放我们的笑容。

第四种：允许自己“拒绝不想要的安抚”。

我们要勇于向不想要的安抚说“不”。对于那些我们不想要的负面安抚，比如不负责任的讽刺挖苦、阿谀奉承、批评甚至辱骂等，我们要能够即时做出反应，勇于智慧地捍卫自己。对于那些有附加条件的安抚，比如称赞后面跟着的无理要求，我们也要坦然拒绝。

第五种：允许自己“给自己安抚”。

包括：好好照顾自己的饮食起居，做自己喜欢的事，比如听音乐、唱歌、旅游、看电影等。

要自己鼓励自己，激励自己，要懂得经常肯定自己的长处。

必要时也要懂得自我反思、自我批评，给自己以必要的负面安抚。

现在的“后浪”在这方面做得比他们的父母好很多，这也是社会进步的表现之一。

在我们给自己安抚的时候，也要避免一个误区：虽然自我安抚是安抚的重要来源，但却不能完全取代来自别人的安抚。健康的人际关系是我们可以依赖的最重要的**外在资源**之一。没有他人，我们的世界不可能完整，因此，自我安抚是无法取代**他人的安抚**的。反之亦然。

还要提醒各位在网络上寻求满足安抚饥渴时可能遇到的问题。网络的确可以满足人的部分安抚需要，但它通常只局限于表面的安慰，也容易使人脱离实际，从而产生更大的孤独感，引起更多的安抚饥渴。尤其要警觉的是，虽然网络安抚非常方便，但其中也蕴含着很大的风险。因此，各位要有基本的自我保护意识。

本章涉及术语：安抚（物质安抚、精神安抚）、正面安抚、负面安抚、语言、非语言、身态语、躯体刺激饥渴、认同饥渴、安抚风格、有关安抚的五条禁令、安抚饥渴状态、有关安抚的五种允许、自我安抚、他人安抚、漠视。

> 如果你在人我之间没有谐和，你就试行与物接近，它们不会遗弃你；还有夜，还有风——那吹过树林、掠过田野的风；在物中间和动物那里，一切都充满了你可以分担的事。
>
> ——里尔克

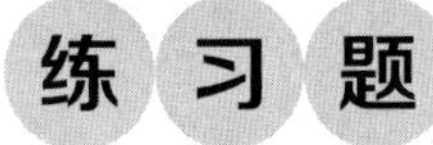

练习一：回顾自己得到的安抚

（一）观念更新：培养对安抚的敏感。

想拥有自己希望获得的安抚，就先要学习对自己得到的安抚敏感。谈到这点，我们可以参考西方心理学家马斯洛的观点：“我越来越相信对自身幸福的熟视无睹是人类罪恶、痛苦以及悲剧的最重要的、非邪恶的起因之一。我们轻视那些在我们看来理所当然的事情，所以我们往往用身边的无价之宝去换取一文不值的东西，从而留下无尽的懊恼、悔恨和自暴自弃。”[1]

马斯洛的这段名言特别值得我们记取。能够时刻体验世界与他人的恩惠（安抚），是我们能够拥有幸福感的重要前提之一，也是我们具备健康的安抚观的前提。

现在，我们来检视自己身边有多少被熟视无睹的幸福：每天早上睁开眼睛都能自如地起床、洗漱、吃早饭；每天都能拥有远离战争的和平餐桌、和平书桌与和平办公桌；每天都能拥有微笑和问候；还有那么多的好书、好电影、好戏剧以及美景和美食等着我们去欣赏、去品尝；有那么多亲人和朋友等着我们去交流和沟通……

这么多的幸福，自然的、人文的，物质的、精神的，这些无处不在的安抚，我们是否都满心欢喜地感觉到了？还是我们把这些都当成了理所当然？套用罗丹的那句名言：这个世界不是缺少安抚，而是缺少感受安抚的能力。

（二）罗列目前为止你所拥有的安抚。

1. 物质的：

2. 精神的：

（三）总结做这个练习时，你的感觉和感想。

---

1 亚伯拉罕·马斯洛 . 动机与人格 [M]. 许金声，译 . 北京：华夏出版社，1987：192.

练习二：学习高质量的自我安抚

“善解人意”这个成语，我们往往把它解释为对别人的理解，或是期待别人的理解，但很少有人想到，我们也要学习善解己意。

高质量的自我安抚包括理解自己，并且慈悲地关照自己。比如保持健康的生活方式，以及多一些对自己精神生活的关注，如读书，欣赏音乐、美术作品，旅游，参加能让自己快乐的兴趣爱好班，给自己买些小礼物，享受美食等。

1. 罗列至少五种我们平时正面安抚自己的方法。

把罗列出的清单放在一个固定的地方，在情绪不好的时候把清单拿出来，用上面的方法安抚自己，直到自己的情绪放松下来。

2. 每天设置一个自我安抚的仪式性时间。

情绪不好的时候，我们需要安抚；情绪平和时，我们同样需要安抚。如果每天都有一个固定的仪式时间做自我安抚，那么我们就可以防患于未然，让自己更有准备地保持愉快的心情和饱满的精神状态。

我曾经在一部报告文学作品中读到一个片段，书中的男主角每天都会在自己的书房听半个小时古典音乐，这样的安抚已经远远超越了基本的安慰，而成为一种高质量的充电行为。其实，除了听音乐之外，我们在家里还有很多可以安抚自己的方式：看小说、做手工、练书法、画画、写随笔，对于爱做家务的人来说，做美食、收拾屋子都可以是安抚甚至充电。

3. 从现在开始，实施自己的每日安抚计划。

三个月之后，总结自己的感觉和感想。

练习三：学习回报自己得到的安抚

对别人给予我们的安抚，要懂得回报。回报是物质的还是精神的不重要，重要的是，要对自己得到的安抚怀有感恩的心，并能用得体的方式表达自己的谢意。

回到现实，别人的微笑、问候、鼓励、称赞、安慰和陪伴等，所有这些我们能得到的安抚，都需要一颗敏感的心去觉知并回应，我们要以同样的微笑、问候、鼓励、称赞、安慰和陪伴去回报别人，如此，我们在安抚问题上才可以进入良性循环，而整个社会也会离和谐更进一步。

（一）罗列自己回报安抚的方式。

1. 物质的：

2. 精神的：

（二）总结自己回报安抚的方式，列出扬长避短的具体计划。

（三）记录自己的发现。

练习四：学习主动给予他人安抚

（一）培养对别人安抚需要的敏感。

由于中国文化强调内敛与含蓄，所以很多时候，人们不会直接表达自己的安抚需要，因此，我们要首先提高自己的觉察力。举个例子，特别熟悉的人有时候会用抱怨、不满、生气甚至愤怒等方式向我们索要安抚，如果我们了解这一点，并以得体的方式及时满足对方的安抚需要，就可以很好地化解很多不必要的冲突。

其次，也可以从语言和身态语入手去观察他人的安抚需要。

（二）用别人需要的方式而不是自己想要的方式去安抚别人。

我们要用别人希望的方式去提供安抚。“甲之蜜糖，乙之砒霜”，我们一定要从对方的角度而不是自己的角度去给予安抚。

1. 罗列亲人的安抚需要。我们对自己亲人的安抚需要是有一些了解的，把它们一一记录下来，实在不知道的可以直接去问对方，再记录下来。

2. 罗列密友的安抚需要。

3. 观察并记录身边熟人的安抚需要。

（三）主动给予安抚。

与人见面时得体地打招呼、微笑，交流时适当地点头、提问和总结。

（四）实践，实践，再实践。

（五）三个月之后，总结自己的感觉和感想。

下编：

自我成长以及与他人共同成长

好习惯收获好命运
术语十三：习惯

我们是自己把握自己进化的第一个物种。

——卡尔·萨根

你在吃饭前会洗手吗？

你在晚上睡觉前会刷牙吗？

你的生活有规律吗？

你用完书桌后会收拾吗？

你喜欢当日事当日了吗？

你与人见面时会问好吗？

你会回应别人的问候吗？

你有表达谢意的习惯吗？

你是信守诺言的人吗？

你能够对自己的生活和工作负责吗？

你能够替他人保密吗？

……

总之，你在生活、学习、工作与关系这人生的四个方面都拥有好习惯吗？

你听过以下这些名言吗？

“小时候你养习惯，长大了习惯养你。”

“一个成功的、生活幸福的人，是因为他的好习惯远多于坏习惯。”

“好习惯创造好人生。”

你相信吗？从某种意义来说，这个世界上无论生活、学习、工作还是关系上的成功，都与好习惯密不可分。

所谓**习惯**（Habit）是一种习得的自动化了的连锁动作或说行为模式。习惯是在过往主动或被动地不断重复的情况下自动产生的。习惯属于**快思考系统**[1]的范畴。

我认为，习惯形成的机制是造化赋予人类极为奇妙的后天补偿功能，是造化为人类安排的保险装置。

造化对人的关照非常细腻，他知道人仅仅仰赖自己所拥有的各种天赋是不够的。人的天赋存在着个体差异，人所生活的环境千差万别，人与人、人与环境相互作用，便有了无穷多样的命运与人生。

有的人因为从小受到无条件的关爱而健康积极，有的人因为从小被娇宠而变得任性妄为，有的人因为从小被忽略而变得软弱无力，

1 参见下文中心理学家丹尼尔·卡尼曼关于快思考和慢思考的见解。——编者注

也有的人因为从小被家暴而变得冲动暴戾、自卑抑郁……

为了帮助那些在后天环境中迷失方向的人重新找回自己，极为神奇的造化又让我们拥有了一种可以在后天通过学习而具备的新的反应机制——习惯。习惯是一种自动化了的**条件反射作用**，具有以下特点：

首先，习惯一旦形成后，就会在客观上减少或增加人心理上的疲劳。好习惯能在客观上减少人思考和决策时的注意和疲劳，降低能耗；而坏习惯则会在客观上增加人思考时的能耗，降低人的决策效率。

说到好习惯在关键时刻的意义，英国电影《冰海沉船》中那些给人留下深刻印象的英国绅士应是典范。正是平时养成的教养习惯，使那些面临沉船的绅士在最危急的时刻仍能保持沉着与镇静，从而减少了在危急情况下常会出现的内心冲突和决策时的犹豫不决，不仅如此，也使他们能在当时表现出优雅的从容与视死如归的坦然。

我们来看反例。那些冲动型犯罪分子，他们中有些人并不是预谋好了要犯罪，但是在一个特定的环境冲突中，由于他们平时缺乏自律等好习惯，关键时刻又容不得他们仔细权衡，从而一时冲动，任性妄为，铸下大错。

其次，习惯能使人的操作动作简单化或复杂化，使动作更准确或更不准确，会减少或增加人生理上的负担。

同样的工作，有良好操作习惯和没有良好操作习惯的人，在体力上的消耗是有相当大的客观差距的。有良好操作习惯者由于动作的精确和迅速，会在提高工作效率的同时降低劳动强度；而缺乏良好操作习惯者则因多余或重复的动作太多，使操作过程复杂化，结果不仅降低了工效，而且增加了劳动强度。

再者，一个人一旦形成了某种习惯，他就会身不由己地受习惯支配。在面对特定的条件刺激时，他内心就会产生一种必须去完成某种动作的需要或倾向，不去完成这种习惯性动作，他就会感觉别扭，就会自责。不仅心理上如此，生理上也会出现不舒服之感。因此，习惯又被称作人的第二天性。

例如，一个在办公室养成了随手关灯习惯的人，通常他一定会在最后离开办公室时随手关灯。如果哪次他因为有急事而忘了关灯，他也一定会回来关，否则他会有很不舒服的感觉。关灯之于他，已经完全成了不需要动脑子的无意识的条件反射。

2002 年诺贝尔经济学奖得主、心理学家丹尼尔·卡尼曼在其著作《思考，快与慢》中谈到，自己受他人启发，想到用系统一和系统二这两个虚拟概念去描述人的思维活动。

他提出：属于快思考的“系统一的运行是无意识且快速的，不怎么费脑力，没有感觉，完全处于自主控制状态”[1]；而属于**慢思考的系统二**则将注意力转移到需要费脑力的大脑活动上来（如复杂的运算），会持续监督并控制系统一的冲动行为并解决问题等。因此，系统二是耗力系统。

1　丹尼尔·卡尼曼．思考，快与慢 [M]. 胡晓姣，李爱民，何梦莹，译．北京：中信出版社（Kindle 版本），2012：298.

我们这章所介绍的习惯就属于系统一的范畴，即**自主系统**。习惯既可以在长时期无意识的重复中形成，例如父母督促孩子从小养成良好的卫生习惯；也可以在有意识的不断重复中形成，例如持续一段时间学习开车。习惯一旦形成，就会极大节省人思考和行动时的精力。

按照卡尼曼的思路，我们养成的好习惯越多，让原来需要系统二启动的行为，转为由系统一自动启动——或说是形成条件反射——我们就越能在提高生活与工作效率的同时降低**自我损耗**。在我看来，这也属于节能成长。

现在，我们来看有关习惯的养成。

好消息是，只要我们坚持一段时间的练习，就可以拥有想拥有的新习惯。不太好的消息是，在一个人能够将某种行为转化成高水平的自动状态前，需要大量的重复。因此，要养成一个新习惯，就需要付出一段时间的高自我控制，然后才能获得无须自控就自主发生的新行为。

那么，养成一个习惯到底需要多少时间呢？我们来看英国2013年《健康心理学评论》中一篇来自英国伦敦大学学院的文章[1]，研究者拉利和加德纳的观点是：1969年，有一些自助项目，例如马尔茨声称，形成一个习惯需要21天。但研究人员普遍认为，

---

1 Phillippa Lally, Benjamin Gardner. Promoting habit formation[J]. Health Psychology Review, 2013(7): 141.

习惯的形成过程比 21 天要长、要慢。拉利等人在 2010 年的一项研究中发现，参与者达到习惯养成渐进线的平均时间为 66 天，范围是 18～254 天。

人存在个体差异，能够在 18 天内形成新习惯的人一定具有超常的意志；而需要 254 天才能形成新习惯的人所经历的痛苦肯定比一般人要多。好在对大多数人而言，两个月左右的时间就可以形成新的自动反应。

拉利在同一篇文章中还指出，为了形成一个新的习惯，必须在一个相同的环境中重复新行为，这个过程需要有计划和**自我监控**（Self-monitoring）。

与此同时，如果我们想要改掉某个不好的习惯，还需要注意有目的地脱离会诱发原有习惯的刺激源，并为自己设置一个适合好习惯养成的环境。例如想减重的人绕着甜品店走，也可以在家中设置一个瑜伽或正念练习区，在想吃甜品的时候就坐到瑜伽垫上，等等。

既然习惯及其形成原理是造化赋予我们极为奇妙的后天补偿功能，不论我们有什么不足，有多少让人遗憾甚至遗恨的过去，只要今天真的想改变，我们都可以通过重新培养自己的习惯加以弥补。这意味着：什么时候做都来得及，只要做就来得及。

习惯是习得的，不是天生的。是造化怜惜我们，让我们拥有了这样一种通过学习便可以具备的行为模式。但是一个人是否想用这套机制去养成好习惯，则完全取决于个人的选择。

人都有怕累、怕麻烦的倾向，在人们的意识中，两个月左右的时间可能不算长，甚至转瞬即逝，但是当一个人在刻意培养自己的新习惯时，这两个月的时间可能就会显得十分漫长。因此，有人做出过这样的选择："尽管坏习惯让我苦恼，但是改变坏习惯养成好习惯的过程让我更苦恼。所以，我决定选择维持原有的习惯。"

人的天性之一是趋利避害，在行为或是思考上的表现就是倾向于遵循**最小努力法则**（the Principle of Least Effort），也就是人们总会选择当时看起来最简单的解决方法。但问题是，人们在做决策时往往会忘记以时间长度为背景，而只从眼前利益出发去衡量得失。如上述个案。

其实这也未尝不可。人未必非改掉坏习惯或养成好习惯不可。但问题是，比起为养成好习惯所付出的代价而言，维持坏习惯需要付出的代价通常更大。因为坏习惯所造成的消极影响往往不是三个月能消除的，甚至三年、三十年都不能消除。

比如，习惯与人为善或习惯与人作对，习惯守时或习惯迟到，习惯守信或习惯食言，习惯自律或习惯放任等，其中的坏习惯对人造成的负面影响通常都远远超过三个月的时间。尤其是放任的习惯，在关键时刻甚至会让人付出终生代价。

有人把"没有计划，走哪儿算哪儿"当作"顺其自然"，这是对古训的误读。其实，自然是有序且有规律的。一年四季更替，日月星辰变换，大自然是最讲究节气与原则的。作为自然之子的人类，如果以为率性而为也能有持续的生活满意度和幸福感，显然是违反自然规律的，也是不现实的。

既然完全不付出而要得到是不现实的，既然无论我们想得到什么，都必须先付出，我们当然要从长计议，选择不仅有利于当下，更有利于未来的方案。比较而言，下决心养成各种好习惯就是付出最少、收益最大的一种选择，是具备高效率的节能成长。

我们现在处于一个市场经济高度发达的时代，前几天，我看到一个很有意思的说法，大意是：好的生活习惯可以保值。如果从经济学角度看，那么所有的好习惯不仅可以让我们的生活保值，而且可以升值。

我遇见过不止一个案例，他们在即将步入老年之际，开始运用行为主义的方法，培养自己具备一些新的生活习惯。如：烧水做饭，关火并简单收拾完厨房后才开始用餐（不关火不用餐，通过简单收拾厨房的动作提醒自己关火），以此避免烧干锅的情况。再如在对衣物和家居用品断舍离的过程中，养成将所有物品分类放置的习惯，这不仅能够提高当前的生活质量，也可以避免未来记忆衰退时找物困难的状况。

如果我们现在有一些会影响身心健康的坏习惯，如果我们现在想要具备一些可以使自己持续发展的好习惯，只要我们选择用两个月左右的时间去坚持新习惯，就可以改写自己今后的历史。

这就是："现在我们养习惯，将来习惯养我们。"

当然，人并不是具备了全部的好习惯才可以持续发展。人各有志，不能强求。但是不论是谁、做什么，都要有一个底线，就好像大自然安排"兔子不吃窝边草"或者"虎毒不食子"一样，这是大自然赋予它们维持自身持续发展的底线。

做人需要维持的底线原则会多一些，而要做一个健康快乐的人，要维持的底线原则又更多一些。我在临床中发现，一个人具备一些基本的好习惯不仅具有预防心理疾病的功能，更有促进心理健康的积极作用。

我把人生分作四个方面：生活、学习、工作和关系。因此，我们可以考虑以此为线索，从这四个方面培养自己的习惯。我试着罗列如下可供大家参考的好习惯：

生活中的好习惯：健康的生活习惯，如生活有规律、饮食有节制、良好的个人卫生习惯、注意锻炼、无不良嗜好等；家庭内务整理习惯，如物品分类放置、用完东西及时归位、每天叠被子、清扫房间等。

学习上的好习惯：上课认真听讲，按时保质保量完成作业，好学上进，开放，具备积极思维，独立思考，拥有审辨思维等。

工作上的好习惯可以参考柯维博士的《高效能人士的七个习惯》[1]，它们是：

一、个人领域的成功：从依赖到独立

习惯一：积极主动——个人愿景的原则

习惯二：以终为始——自我领导的原则

习惯三：要事第一——自我管理的原则

二、公众领域的成功：从独立到互赖

1　史蒂芬 · 柯维 . 高效能人士的七个习惯 [M]. 高新勇，王亦兵，葛雪蕾，译 . 北京：中国青年出版社，2002.

习惯四：双赢思维——人际领导的原则

习惯五：知彼知己——共情沟通的原则[1]

习惯六：统合综效——创造性合作的原则

三、自我提升和完善

习惯七：不断更新——平衡的自我更新的原则

这里补充一下，作者认为高效能人士的七个习惯普遍分布在以上三方面。

说到关系中的好习惯，最主要的就是共情、自律、合作、分享和负责了。这些好习惯都具有发散性，如有共情习惯的人能够设身处地为他人着想，因此具有更高的忠诚度与合作利他精神。善于自律者能管理自己的愿望，不会因为自己的需要而伤害他人利益，同时，也更善于通过礼仪、礼貌表达关心和尊重。而负责的习惯则会让他人有安全感。

根据多年的教学与咨询经验，我发现，在与人生四大方面对应的好习惯中，以下几个习惯是具有共性的，是人生所有方面都不可或缺的。

它们是：**自律**、**好学上进**、**共情**、**积极思维**、**独立思考与审辨思维**、**不二过和问题解决**。这些习惯不仅适用于人生各个方面，而且它们具有核心习惯或说人格特质的特点。也就是说，如果具备以

1　“empathic communication”原来被译为“移情沟通”，这是不对的。心理学上，“共情”和“移情”是两个不同的概念，故我在原版著作中确认后将此处改为“共情沟通”。

上习惯，就可以连带具备其他很多好习惯或人格特质。

例如拥有自律习惯的人，同时会具备**自我约束**、**延迟满足**、**自我管理**、**信守诺言**、有**荣誉感**以及行为得体等特点。顺便说一下，有研究表明："自律对于学业成绩的预测性要比智商高出约两倍。"[1] 再看不二过这个习惯——一个错误不犯两遍——它使人更善于吸取经验教训，能同时发散出好学、上进、自律、行为举止得体的习惯。

自律、好学上进、不二过这些习惯的重要性，大家从小学开始就在听老师说，这里不赘述。共情在"术语十一"一章中专门介绍，问题解决理念和技术在"术语十五：能力"一章中也有介绍。因此，下面只重点谈积极思维、独立思考与审辨思维等习惯的意义和基本养成法。

积极思维（Positive Thinking）指能够尽可能发现情境与事件中的积极面，并用一种更积极、更有成效的方式去处理生活中不愉快的事情，面对生活的挑战。积极思维对人的身心都有很好的影响。有研究表明，积极思维会让人的心血管更健康，而且会降低癌症等疾病的发生率。心理上则会帮助人减少压力，消除抑郁，降低情绪起伏度，让人拥有更多的好心情，激发人的创造力。

与积极思维相反的是**消极思维**（Negative Thinking），指一种对情境、事件和情况总是做最坏预期或说假设的思维方式。有消极思维习惯的人认定自己与好事无缘，认定自己永远不会、也不配拥有真正的好运。消极思维非常耗能，让人无法享受当下的生活。

---

1 马丁·塞利格曼．持续的幸福 [M]. 赵昱鲲，译．杭州：浙江人民出版社，2012：108.

以大家都熟悉的“沙漠中的半杯水”故事为例，那个因为见到半杯水而欣喜若狂，大叫“太好了！这里还有半杯水！”的人，是一个有积极思维习惯的人；而那个因为见到半杯水反而沮丧万分，并且叹息道“太糟了，只有半杯水！”的人，便是一个有消极思维习惯的人。

心理治疗理论中有一个非常著名的学说：**合理情绪疗法**（又叫 ABC 理论），首倡者艾利斯提出：不是**诱发性事件**（Activating Events）导致了人的行为或情绪**结果**（Consequences），而是人的**信念**或者**观念**（Beliefs）导致了人的行为或情绪结果。

艾利斯认为，人们总是通过自我谈话中体现的观点或信念影响自己的情绪和行为，而导致人产生**不合理信念**的最主要原因就是消极思维的习惯，因为总是预期事情会向糟糕的方向发展，所以常常会产生很多不合理信念。

两种思维习惯或说信念，导向了两种人生体验、两种精神状态、两种心理健康水平，有些时候，甚至会导向两种截然不同的人生。

尽管绝大多数时候我们可以把握自己的命运，但是在一些特殊的时期或时刻，有否积极思维的习惯，不仅关乎人的心情，更关乎人的命运。如不可抗拒的自然灾害，如汶川地震；席卷全球的重大传染性疾病，如新冠肺炎；还有各种巨大的社会悲剧。当它们降临时，个人能够左右环境的力量微乎其微。

如果说在心理障碍患者的性格特征中有什么规律可循的话，缺乏积极思维的习惯便是其重要特点之一。这个群体不论遇到什么事都做最坏预期，这种消极思维习惯，使他们的生活充满了烦恼与不幸，也使与他们相处的人充满苦恼。和一个有消极思维的人相处是一件非常容易让人疲惫的事，因为他们那种能在任何信息中找到不利因素的意志实在太强了，除非与其相处的人有坚强的意志，否则想不被他们的消极思维腐蚀情绪是很难的。

有很多人认为，一个人的思维习惯是不可改变的，认为积极或者消极是天生的思维习惯。其实不然。除了极少数人的确有一些先天素质的问题，并且有时候需要药物的辅助治疗之外，绝大多数人的思维习惯都是后天养成的。

如父母的教养方式、老师的态度或者创伤事件等，都有可能对人的思维习惯产生重大影响。对大多数人而言，消极思维习惯是后天习得的。尽管如此，别人的影响最终能否对一个人产生作用，却取决于每个人自己成人后的选择。

我的临床实践证实，如果一个人愿意，并且付出了切实的努力，那么他是完全可以重塑自己的思维习惯的，是完全有可能具备积极心态的。

我曾经见过这样一个个案，那是一个已经参加工作的女孩子，她因为人际关系出了很多问题来做咨询。她不明白，为什么初次与人交往时，大家很喜欢她，但是一段时间后，通常就都陆续离开她。

她说自己的父母总是抱怨，天天听着他们对生活的抱怨，使她也成了一个喜欢抱怨的人。但是现在她意识到，这不仅影响到她的人际关系，也影响到了她个人的发展。她想改变自己，可是真正做起来又感觉非常难，因为她已经养成了抱怨的习惯，总盯着生活中的消极面已经成为她的条件反射（习惯）之一。

很多年了，我一直记得那个女孩子几乎是喊出来的那句话："我和这样一对怨男恨女生活了一辈子，我还怎么可能喜欢这个世界呀！"那句呼喊里充满了绝望和无助。

不喜欢抱怨，可是又欲罢不能地要抱怨，这个女孩子已经陷入了恶性循环中。那么，抱怨会给我们带来什么？抱怨会腐蚀我们自己和他人的心情，他人听多了我们的抱怨，出于自我保护，到一定程度就会开始疏远我们，而我们自己是逃不开自己的，因此，常常就会陷入抱怨他人和自我抱怨的恶性循环中无法自拔。

抱怨是非常浪费能量的。总抱怨的人，既缺乏内在资源，又缺乏外在资源。这个女孩子的故事就非常典型。我见过喜欢抱怨或者总把世界看得消极甚至黑暗的个案。了解后，我发现他们有几个共同点，一是早年家庭创伤，二是幼时家长在餐桌上总是抱怨或议论社会黑暗面，三是个人在小学时有过短期或长期的被霸凌史。

就这位女孩而言，虽说她问题的症结在于有喜欢抱怨的父母，但是现在她已经成年了，如果她真的想改变现状，就需要做一个**再决定**（Redecision）：从现在起，选择不再受父母的影响，选择对自己负责。从操作上看，首先要做的就是：停止抱怨父母，开始做与父母不一样的事，比如：努力学习欣赏、夸奖别人，甚至包括夸奖父母。

这类悲剧有没有可能从根本上避免或者预防呢？至少就此个案而言，是完全可以的，关键就看个体愿不愿、肯不肯做。

我的建议是：大人要学习在餐桌上播撒阳光。我们可以用的方法是：在每天晚餐时，爸爸妈妈先各讲一件他们见到的美好的、快乐的事，然后让孩子也讲一个（这可以叫作“餐桌上的 5 分钟”）。这样的习惯如果养成了，让孩子具备阳光心态，可以说就是父母送给孩子最重要的人生礼物。

很多人担心，只让孩子知道生活的美好面，会不会影响孩子将来的社会适应性？其实不然，这样的孩子往往更能经风雨、见世面。因为他对这个世界有信心，就敢于去闯世界，而世界也会回报他更多的可能性。因为他相信人性的美好，他就能信任并欣赏别人，而被他信任与欣赏的绝大多数人也一定会给他同样的回报。即使未来他遇到了困难甚至灾难，因为具备阳光心态而拥有的积极思维习惯和对世界与人性的信赖，也可以让他很快振作起来接受现实，并把注意力放到解决问题上。其实这样的孩子更容易进入生活的良性循环。

现在我们来看独立思考与审辨思维习惯的养成。

独立思考（Independent Thinking）指对生活与事件做判断和决定时能够超越自我中心，同时摒弃对权威的盲目信任以及他人的影响或控制，通过运用自己所发现的证据独立得出结论的过程。

独立思考的习惯在今天这个万物互联的时代有着比以往任何时代都更重要的意义。因为网络和自媒体的发达，不仅意见领袖的声音可以迅速传播，普通网民也可以迅速发声，我们已经被无数他人的思考所包围。

只要你愿意，任何一个地方、任何一个时刻，网络都不仅会告诉你发生了什么，还会告诉你该怎么看，甚至应该站在哪一边。网络上无时无刻都会有很多事件刺激你，使你热血沸腾、情不自禁地参与其中，去辩论、去咒骂、去人肉别人，甚至毫无怜悯地让别人“社会性死亡”……

记得几年前，我问一位自称“× 丝”的女同学：“你为什么用这句脏话称呼自己？”她回答我：“这个现在很流行啊。”我请她马上在手机上搜索这个词的意思，查完后她大吃一惊，瞠目结舌地看着我，喃喃地说：“原来是这样啊。”

还有一次，在公交车上，我看到一则新闻。一位记者问一个女孩子：“你为什么要闪婚又闪离呢？”女孩子短促地笑了一下，然后说：“现在不是流行这个吗？”

这样的时代，如果没有独立思考的习惯，我们极可能人云亦云，认为大众的决定就是自己的决定，自己的人生总是跟随他人的人生，从而在众声喧哗中迷失自己，做出悔恨终身的事情。所以，唯有具备独立思考与审辨思维的能力，我们才有可能避免聪明人做傻事的情况。

既然独立思考如此重要，我们该如何实现独立思考呢？我的观点是，独立思考必须与审辨思维结合才能产生真正的思想成果。换言之，独立思考是过程，审辨思维是方法。两者合一，人才能以最适合自己的方式发展自己，并坚持自己的选择。

所谓**审辨思维**（Critical Thinking，又译作批判性思维）是一种判断命题是否为真或是部分为真的方式，是一种通过理性思考得到合理结论的过程。在这个过程中，包含着基于证据、实践和常识之上的分析和创造。让学习和思考成为一个探索和发现的过程，而不仅仅是一个记忆和拷贝的过程。[1]

从操作上看，审辨思维强调清晰、理性、开放、有证据的思考，作为一种思维方式，它不是简单地接受我们接触到的论点和结论，而是秉持一种质疑的态度，去判断支持一个论点或结论所涉及的证据的真实性。因此，它是一个独立分析、综合和评估信息的有目的的判断过程。而它的结论是合乎逻辑、经过深思熟虑的理性判断。

如果说独立思考是一个基于观察、证据而不仅仅是依赖他人观点理解世界的过程，那么，审辨思维就是对自己观察到的经验和证据提出分析、质疑、思考，从而得出自己结论的过程。独立思考不是简单地否定他人的经验，而是要在自己的质疑和思考中验证各种经验和证据，并进行取舍的过程。

要实现独立思考与审辨思维，可操作方法包括以下几个要点：

首先，具备健康、明确的价值观。例如：伤害他人是不对的，人与人之间互相支持和帮助是好的；损人利己是错的，合作共赢是好的，等等。同时拥有不轻信、不盲从的思维习惯。

其次，保持理性、开放、富有弹性的思维方式，随时准备根据事实调整自己的结论。不让自己的偏见、习俗或者利益妨碍自己的思考，同时能够听取来自不同视角、习俗和信仰的观点。

第三，要不懈地质疑：是真的吗？有多少真？会有其他可能吗？

---

1 “critical thinking” 被译作批判性思维，很容易给人造成否定性印象，以致引向对立、对抗，造成不必要的矛盾甚至冲突，从而脱离其原意。故决定在此使用“审辨思维”这个译法。此外，有关审辨思维的定义非常多，我在综述过程中主要采用的是北京语言大学谢小庆教授的观点。

有多少其他可能？不论是读书、遇到事情，还是遭遇不同的观点时，都要能够质疑，即使对于经典和权威也一样。当然，向他人质疑时要注意得体地表达自己的思想。

第四，学习多角度看问题，并且要实事求是。懂得具体问题具体分析的重要性，因为每个命题都有其适用范围。换言之，要对一个命题的适用范围有深度的认识和理解。例如，“有志者，事竟成”这样的命题是在一定条件下才成立的。

第五，要不懈地查找相关信息和证据，注重证据，且要合乎逻辑。思考过程中能经常自省，并能包容异议。审慎、理性地分析搜集到的信息，评价时保持公正，直面个人偏见，谨慎判断。决策一定以事实为依据，而不是想当然和拍脑袋做决策。

第六，提出问题的解决方案。包括分析问题、提出和实施解决方案，以及对结果的评估。采取行动，同时要勇于承担行动后果。任何决策都会有后果，因此一定要具备后果意识。

第七，必要时，能做到**智能不服从**（Intellectual Disobedience）。这个概念是心理学家艾拉·夏勒夫提出的[1]，其核心观念是，在突发情境中，人如何对上级命令的恰当性做出正确的判断，以及何时、如何违背上级不恰当的命令，如何有效地表达反对意见，且能即刻提出一个更好的替代方法，从而降低执行命令的风险，并实现合理

---

1 艾拉·夏勒夫. 可怕的盲从——习惯如何左右我们的工作和生活 [M]. 钱志慧，徐晨怡，金晓寒，译. 天津：天津人民出版社，2017：5，66.（这本书的英文原书名为 *Intelligent Disobedience: Doing Right When What You're Told to Do Is Wrong*，根据原文翻译，书名应被译为《智性的不服从——当别人要求你做错误的事情时，你要做正确的事》。）

的目标。

以二战时的德国为例，在整个德国都弥漫着对犹太人的敌意和杀机的时刻，企业家辛德勒却以智能不服从的方式拯救了1200多名犹太人。辛德勒的例子告诉我们，在服从和不服从之间是有第三条甚至更多条道路的，而其中既符合伦理又符合现实的就是：智能不服从。而其核心三要素是：健康的价值观、创造力与幽默感。

所以，在培养审辨思维的过程中，我们不仅能够发展出更高的认知技能，也会发展出健康的人格特质。有人提出，后者不仅是个人持续钻研的动力，更是理性和民主社会的基础。所以，西方企业界更注重招募有审辨思维能力的员工，因为按照他们的说法，这样的人可以使企业避免投资错误的项目，避免企业做出可能损害其稳定性的决策。

造化慈悲，不仅以天赋的形式让我们随身携带了许多潜能来到这个世界，而且还让我们拥有了一种可以在后天通过学习而具备的机制——习惯。因此，不论什么时候，只要我们自己觉得需要调节、完善自己的生活，那么随时都可以启动造化赋予我们的第二天性，与造化合作，通过养成新的习惯，获得更健康的生活，甚至改变自己的人生。

一个人通过改变自己的习惯去改变或者完善自己的人生，从某种意义上看，就是重塑自己，让自己获得新生。这本来是由造化做的事，现在由于我们的参与，使我们得以与造化共同创造并且完成自己，于是，我们就成了自己的造物主。

其实，这正是造化赋予我们习惯机制的更深的含义，那就是：它要让每个人都能体验并且分享它造物时的成就感与幸福感，它要让每个人都成为自己的主人。

感谢造化，感谢它不仅赋予我们生命，还赋予我们主宰自己生命的权力和能力，以及塑造和完善自己生命的自由，它让我们把一些需要花时间和精力完成的任务交由处于自动状态的系统一去完成，从而让我们实现节能成长，并因此具备更多跨越性成长的能量。

本章涉及术语：习惯、条件反射作用、自主系统、快思考系统一、慢思考系统二、自我损耗、自我监控、最小努力法则、自律、好学上进、共情沟通、积极思维、消极思维、不二过、问题解决、独立思考、审辨思维（批判性思维）、自我约束、延迟满足、自我管理、信守诺言、荣誉感、合理情绪疗法（ABC 理论）、诱发性事件、信念（观念）、再决定、自我谈话、内部语言、不合理信念、智能不服从、小步子原则。

我感到，满天星斗在我胸中闪耀，
世界像洪水似的冲进我的生命，
百花在我体内盛开着。

——泰戈尔

练习题

说明：习惯的重要性前文已经说得很多。那句“现在我们养习惯，将来习惯养我们”的说法，最为形象。

同时，任何事物都有它的另一面。虽然好习惯能简化我们的生活，能帮助我们节约时间、提高效率，有助于我们保持好的心情，但是养成好习惯的过程却要花不少时间，且可能带给我们很多不便。因此，如果你打算养成一些好习惯，就要准备好付出一些代价，如时间的、精力的，甚至还有——心情的。

但一般而言，我们只需要两个月左右的时间，就可以养成一个好习惯，并终身受益。这样看来，通过改善自己的习惯而改善自己的命运简直就是一条人生捷径。因此，尽管习惯的养成是需要付出代价的，但是想到好习惯能带给自己的益处，你会愿意放弃这样一条捷径吗？

练习一：现有习惯清单

（一）请罗列你现在已经具备的好习惯。

已经具备的好习惯：

它给你带来的益处：

（二）请罗列你认为有必要调节的习惯。

一个不好的习惯：

它给你带来的问题：

（三）请记录你的感觉和感想。

练习二：新习惯养成法

（一）请罗列你打算养成的习惯。

1.

2.

3.

（二）制定一个习惯养成的计划。

说明：养成习惯的关键在于**小步子原则**（Principle of Small Steps），即遵循生物进化原则，以渐进的方式推进。具体来说：起初的目标既要小，又要少，即要从对你而言不那么难的习惯开始，而且在一段时间内只养成一种新习惯。比如养成家中物品用完后归位的习惯，一开始，你可以只要求自己做到每周整理家中物品的次数不少于 2 次，一周后再增加次数。因为初始目标很小，做起来不算太难，因此就不会引起情绪的过度反应，通过做出小承诺和专注于小成功，建立一个不太可能失败的习惯养成过程。同时允许自己偶尔的疏忽甚至遗忘，日积月累之下，这些看似简单、微小的行为，就会促成一个新习惯的养成。这样的新习惯积累多了，以后还有可能以突变方式帮助你形成更多的好习惯。

1. 习惯养成计划中要包括如下要素：

（1）确立具体的小目标。

说明：请从小的、容易做的习惯开始养成。至于什么是“小”和“容易”，见仁见智。对有的人而言，从生活习惯入手比较容易；

对有的人而言，从工作习惯入手更合适。我的观点是，为了不让自己太累，也为了积累成就感，通常一段时间只需要集中培养一个新习惯就可以。

（2）严格的时间表。

一个新习惯的养成需要一定时间的坚持，直到自己形成新的条件反射。所以，习惯养成计划中一定要包括一个非常具体的时间表。

例如：以三个月时间为基准，每周算一个单元。每个单元尽可能保证有 6 天能够完成制定的计划。

（3）想一句自我激励的话，写下来贴在家中每个房间的醒目处。

大家不要小看自我激励语的作用。人和动物的区别之一，就是人可以对抽象的信号，如语言和文字发生反应，这是教育和自我教育能够产生作用的基础之一。而好的励志语可以对我们新行为习惯的形成产生重要的激励作用。

参考句式：

“好习惯创造好人生。”

“现在我养习惯，将来习惯养我。”

……

（4）实施计划。

①行动，实施计划。

注意，实施计划时要尽可能严格要求自己，尤其计划实施的最初阶段要尽可能坚持不破例。

②定期自我评估。

起初可以以三天为一个单元，一段时间后以周为单位，定期做自我评估。

③及时的奖励或惩罚。

如果自己做得不错，就要及时自我奖励，可以去看场电影，和朋友聊天，也可以出去玩，等等。

如果自己做得不好，就要把该做的做好，然后还要对自己实施一定的惩罚，如：取消自己喜欢的一件事，或者要求自己做一件不喜欢的事等。

2. 记录自己的收获和感想。

练习三：培养自己的积极思维习惯

说明：有些人由于多重原因，如早年的创伤经历、总被苛求，或是有习惯抱怨生活的父母等，导致自己养成了消极的思维习惯，遇事总是习惯性地往坏处去想，身心常处于高度紧张状态，因此很有必要换一种解释风格，学会从资源取向的角度去解释并应对生活。此外，由于消极思维通常都是通过内部的**自我谈话**（Self-talk）或称**内部语言**（Internal Language）进行的，所以我们要做的，就是觉察自己的自我谈话，同时采取有效的干预措施。

（一）察觉并叫停消极思维。

1. 在本子上罗列几件让你心情不好的事，并写下相应的消极看法。

事件	消极思维
1. 被上级批评	我完了，我再也没有发展机会了。
2. 被朋友误会	我们的友情完了，他再也不会理我了。
3. 失恋	我完了，我这辈子再也不会被人喜欢了。

2. 接着上面的练习，当出现消极思维时，在心里对自己喊一声：“停！”

事件	消极思维	喊停
1. 被上级批评	我完了，我再也没有发展机会了。	停！
2. 被朋友误会	我们的友情完了，他再也不会理我了。	停！
3. 失恋	我完了，我这辈子再也不会被人喜欢了。	停！

（二）学习用积极思维取代相应的消极思维。

1.

事件	消极思维	喊停	积极思维
1. 被上级批评	我完了，我再也没有发展机会了。	停！	领导批评我是希望我改进工作，这是一个很重要的成长机会。
2. 被朋友误会	我们的友情完了，他再也不会理我了。	停！	有误会表明我们现在需要增进沟通和了解。我们的友情会因为误会的消除而更加牢固。
3. 失恋	我完了，我这辈子再也不会被人喜欢了。	停！	我没有完，我只是结束了和 TA 的关系。我要从中总结经验教训，在以后的恋爱中学习与对方共同成长。

2. 与朋友分享上述练习后的感受和发现。

3. 记录你的收获。

4. 在日常生活中用上述方法养成积极思维习惯。

练习四：让快乐成为一种习惯

人性是趋利避害的。一个人如果总是郁郁寡欢，时间长了，别人就会想办法躲着他。我们都喜欢快乐的人，因为他让我们的生活愉悦和放松，更重要的是，快乐的人能带给人希望和信心。中国心理治疗理论家许又新医生甚至说："人有义务快乐，因为快乐是一种道德。"考虑到不快乐的人给他人带去的烦恼甚至负担，这样的说法真是很有道理。

虽然一个人是不是快乐由很多因素决定，像是身体状况、早年经历、挫折、磨难等，都可能导致人不快乐，但是只要我们愿意，我们就可以通过自身努力使自己养成快乐的习惯。

（一）练习：让快乐成为一种习惯。

1. 与乐天达观的人交往。

我们周围一定有这样的人，他特别乐天与达观，和这样的人交往，是我们养成快乐习惯的捷径。中国人在学习方法上强调"偷艺"，我们和一个快乐达观的人交往，可以偷学到很多快乐的态度与方法。更重要的是，由于耳濡目染，我们会不知不觉地受到对方的积极影响。

2. 记录感恩日记。

每天都把自己当天遇到的值得感恩的事情记录下来。自然的、人文的，每天都一定有值得我们感恩的细节。蓝天白云、别人的微笑和问候等，都值得我们去感恩。坚持做这个练习，起初可能会不容易，因为你已经习惯了去看事物的消极面，但不要紧，只要肯用心，就能学会发现生活中很多值得感念的事情。在这个过程中，你会慢慢变得更能欣赏生活中的美好面，心情自然也就会越来越舒畅。

3. 为自己留出制造快乐的时间。

每天至少做一件能让自己快乐的事，比如听音乐、看电视、看小说、运动、吃零食、看卡通和幽默漫画（这点真的很重要，不论你现在有多大），每天都花一些时间与那些可以让自己开怀大笑的人和事在一起。

4. 角色扮演练习。

连续三个月，每天都把自己当成一个快乐的人，微笑着出门，微笑着与人打招呼，努力去扮演一个快乐的人，努力像一个快乐的人一样去思考并行动。

西方有一项研究表明：在完成一项有压力的任务时保持微笑（甚至是假笑）的人，完成任务后会比那些面无表情的人感觉更积极。

5. 学习分享快乐。

大家应该都听过那句话："一份快乐两个人分享，就会变成两份快乐。"

分享快乐能够让我们的快乐升级，不仅有助于我们养成快乐的习惯，也有助于增强人际关系。

现在有个时髦的词，叫"魅力指数"，要知道，快乐是最能够增加我们魅力指数的。

6. 刺激回避。

这里所说的刺激，是指那种会让我们感到不愉快的事件，比如让人忧伤的电影、电视，或是让人心情不好的人与事等，在我们习惯养成的这段时间内都需要先回避一下，否则它们会腐蚀我们的心情，使我们重新回到原点，使我们的努力前功尽弃。

……

很多人以为，我们只有拥有自己想要的东西（如名与利），并且没有自己不想要的东西（如疾病）时，才能够快乐。其实不然，大家只要环顾四周就可以发现，有名利无疾病的人并不都快乐，而无名利有疾病的人也并不都不快乐。

所以，快乐是一种可以由我们自己选择的心态，而非由外界环境决定的状态。

与朋友分享做这些练习后的感受和发现。

（二）记录你的感觉和感想。

人分析事物的视角决定其心情和发展
——术语十四：归因方式

爱人不亲，反其仁。治人不治，反其智。礼人不答，反其敬。行有不得者，皆反求诸己，其身正而天下归之。诗云："永言配命，自求多福。"[1]

——孟子

为什么同样的高考失误，有的人从此一蹶不振，有的人却依然斗志昂扬？

为什么同样的生活艰难，有的人心灰意冷，有的人却奋发图强？

为什么同样的工作困境，有的人不堪一击，有的人却屡败屡战？

---

1 杨伯峻先生白话译文："我爱别人，但是别人不亲近我，那得反省自己仁爱是不是深厚。我管理别人，可是没有管好，那得反省自己智慧和知识够不够。我有礼貌地对待别人，可是得不到相应的回答，那得反省自己恭敬得够不够。任何行为如果没有得到预期的效果，都是反躬自省，自己的确端正了，天下的人自然会归向他。《诗经·大雅·文王》上说过：'常顺天意不相违，幸福都得自己求。"（此段话，见岳麓书社《白话四书之孟子之离娄章句上》P204，1989。）

为什么同样是失恋，一个痛不欲生，从此一蹶不振，另一个人却在一段时间的痛苦后，涅槃重生？

为什么都拥有问题重重的原生家庭，一个孩子成了家庭问题的承继者，另外一个却成了家庭问题的终结者？

……

所有这一切，都可以用心理学中的两个重要术语加以解释甚至解决：归因理论和控制点。

归因理论（Attribution Theory）是有关解释他人和自己行为发生原因的一种理论，指人对他人或自己的行为进行原因归结和说明解释的过程。归因的目的在于实现对环境的预测和控制。不同的**归因风格**导致不同的心情、身体、生活质量和成就。归因是**社会认知**的内容之一。

日常生活中，我们都在试图解释各种行为和事件的原因，大到英国为什么要脱欧，小到老师这次的出题思路为什么会这么诡异，为什么做了一辈子饭的我今天居然会把饭烧煳了？不同的人会对同一件事做出不同的归因，而不同的归因又导致不同的情绪状态和行为。

很多事情因为与自己关系不大，只是脑中一掠而过的意识流，所以我们并不会真的费神去找原因。但是对与我们关系密切的事，不论大小，我们都会去找原因以预测并尽可能降低不利事件在未来发生的可能性。当然，一个问题与自己的关系密切与否取决于每个人的特点。比如做外交工作的，英国脱欧就是其必须思考的问题。

而家庭主妇就会思考自己为什么烧煳了饭。

在归因问题上做出贡献的心理学家有好几位，因此归因理论很丰富。其中做出重要贡献的是罗特，他最先提出思想，而后海德提出了集大成的归因理论，但应用最多的是韦纳的成败归因说。这里只介绍与我们日常生活联系最密切的内外控制点说、归因中的自我服务偏差，以及基本归因错误这几个重要概念。

所谓**控制点理论**（Locus of Control）是有关人在日常生活中对自己与世界关系的看法的研究。有的人相信“我命由我不由天”，凡事由自己决定，成功是因为自己努力，失败是因为自己不够努力。心理学把这类人归为“**内控型**”。也有一些人认为凡事由别人决定，成功是因为运气好，失败则是因为运气差，这类人属于“**外控型**”。

当人们对一种行为或一个事件做归因时，通常遵循三大线索：一是**外部归因**，即把发生的事归结为外在情境因素；二是**内部归因**，即把事物发生的原因归结为个人内在的因素，如性格、努力程度以及情绪等；三是综合归因，即把事物发生的原因归结为内外因素相互作用的结果。

工作没做好，怪领导出难题，这是外部归因（**情境归因**）；工作没做好，反省自己的工作方法，这是内部归因（**个人归因**）；工作没做好，既分析此次任务的客观条件，又反省自己的工作方法，这是综合归因。

总做内归因的人被称作**内控者**（Internal Control），这类人勇于承担自己的责任，他们相信事在人为，把成功归于个人努力，把失败归于个人疏忽，他们相信人的命运掌握在自己手中。总做外归因的人被称作**外控者**（External Control），他们把成功归于运气，把失败归于命定，他们相信人受环境、有势力的他人以及命运和机遇的摆布。而成熟的人在解释他人或自己的行为时常常会做综合归因。

不同的内外归因风格会对人的成就产生不同的影响。一个人把成功归结为内在原因，即努力与否、勤奋与否、上进与否、顽强与否和方法正确与否时，在日常工作中，他就会不遗余力地去做事，而成功之于他，只是时间问题而已。

当一个人总把个人的成功归结为外在原因，即运气是否好、家庭是否有资源、是否认识大人物、工作是否困难等时，他在日常工作中就很难做到努力与勤奋。他的成就也可想而知。所以，很多时候并不是苦难或者事件本身影响了我们，而是我们看待苦难和总结失败的方式，决定了我们究竟能够走多远。

当一个人把领导的批评看作对他的关心和负责时，他会对领导心存感激，并更加努力。但如果他将领导的批评看作领导在给他穿小鞋，他就会对领导心生不满甚至抱有敌意，行为上则会消极怠工。

当我们对甲在人际关系上的成功做归因时，如果我们认为他的成功是因为他为人真诚、随和，善于合作，那么我们便可以放心地与他交往，并向他学习。但是如果我们认为甲的成功只是由于他善于虚与委蛇，我们就会对他敬而远之，以后在不得不与他交往时，也会保持警惕和距离。

当父母把孩子的好成绩归因于孩子的勤奋与学习方法正确时，

他们会放心地期待孩子下一次的好成绩。当孩子某一次考砸时，他们会鼓励孩子把错误当作学习经验，把失败当作勇于尝试的证明，同时叮嘱孩子及时分析问题，并总结经验教训。他们对孩子的鼓励和支持，不仅可以激励孩子积极解决当下具体的学习问题，也能在培养孩子的自信心上发挥重要作用。

而当父母把孩子的好成绩看作孩子要小聪明和自己运气好时，他们就会忐忑不安地对待孩子的每一次大考。当孩子考试失误时，他们在责怪孩子的同时，也会抱怨自己的运气不好，没能拥有一个别人家那种会考试的孩子。

当我们把成功归因于个人努力时，我们的自我效能感会得到增强，我们会加倍努力工作，会表现出更顽强的坚持，也会获得更多机会。

自我效能感与控制点的概念密不可分。自我效能感强的人具备一种坚定不移的信念，相信自己具备取得成功的要素，相信坚持不懈的努力将促使他们取得成功，而这样的人通常也都能获得成功。因此，近几十年来，教育界一直在探讨可以提高学生自我效能感的方法。

研究表明，如果从归因风格的角度看，当一个人把成功归结为内在或可控的原因，如努力或能力时，其自我效能感就能增强；但如果把成功归结为运气等不可控因素，其自我效能感就无法增强。而在成功完成一项任务后，具有内控点的人会比具有外控点的人体验到更强的自我效能感，也更有可能增加其完成未来任务时的信心。反之亦然。

内归因或外归因的习惯还会影响人对机会的把握。当我们总把失败归结于运气不好时，就会丧失斗志和自信。当我们把成功归结于运气好时，在面临下一次机会时，就有可能不经意间与成功失之交臂。而当我们把失败归因于我们个人的努力不够时，我们就会屡败屡战。

心理学家还发现，人们在对成败做归因的时候，通常有这样一些特点：别人的成功是因为运气好（做外归因）,别人的失败是因为努力不够（做内归因）。但是当人们对自己的成败做归因时，就会有一种**自我服务偏差**（Self-serving Bias），会把自己的成功归结于自己的行为或习惯等内在原因，如努力、顽强、方法正确等，而把自己的失败归结为外部因素，如运气不好、任务太难，或有人妨碍了自己等。

例如，有的学生考了好成绩时，会把他的高分归结于他的学习动机、智力水平和学习方法。但是当他考砸时，就会归咎于老师出偏题、怪题，或是老师判卷太严厉等。

心理学家通常这样解释人们的自我服务偏差现象：一是因为人们对自己的了解多，对他人的了解少，并且人难以站在他人角度看问题；二是因为当人们观察他人时，注意力大多集中在对方身上，但是当自己做事时，注意力大多集中在环境上。

其实，自我服务偏差如果适度也有它的好处。我在咨询中发现，很多时候，人的自我服务偏差的归因是造化赋予人热爱生命、保护自尊的本能反应之一。别人的成功或自己的失败，都会对人的自尊产生影响。尤其是自己的失败，会对自尊造成威胁。出于自我保护，人会做出自我服务偏差的归因，以保护自尊和自信，这是正常的。只要不让其过度发展，以至于影响到自己后续的行为，它不仅不会妨碍人的成长，反而有助于人保持对生命的热爱。

与自我服务偏差相对应的是**基本归因错误**（Fundamental Attribution Error），即当人们在解释他人的行为时，往往会低估环境的影响（外在归因），高估个人的特质和态度（内在归因）。例如 2020 年 11 月美国大选期间，人们在观看拜登和特朗普辩论的直播时，很多人把拜登的口误仅当作其年事已高甚至是老糊涂的表现（个人归因），却忽略了特朗普不按常理出牌的说话风格给拜登造成的困扰（环境因素）。

造成基本归因错误的原因很多，文化因素、个人成长经历、偏见以及受教育程度等，都有可能导致人们解释上的偏差。例如各国存在的这样一些偏见：有的文化坚信贫穷是因为懒惰，被骚扰是不自重的结果，以及 HIV 感染者生活都不检点等。

了解人所具有的自我服务偏差和基本归因错误是为了使我们能对自己的认知局限性有所警觉，知道情境在人们的行为中扮演着重要的角色，从而学会尽可能客观地加工社会信息，这样不仅可以降低社会认知中的错误和偏见，避免在解释他人行为时妄加评论和妄下结论，也能让我们变得更尊重生命，更加谦卑。

有意思的是，当我们最大限度地提升自己的客观性和理解力时，我们也会收获更多的共情和包容。当然，尽可能理解别人与关键时刻的自我保护是不矛盾的，这点也需谨记。

归因风格会影响人的心理状态和行为方式。不同的归因风格导向不同的情绪体验与心理感受。例如，你把失恋归结为两个人不合适（内在归因），或是对方三心二意（外在归因）；再如，你把创意失败归结为自己准备得不够（内在归因），或是别人有意刁难（外在归因）等，两种归因风格对人的心情的影响肯定大不一样。

常做内归因的人当前的生活可能会显得有些辛苦，但却会免去日后的许多烦恼。常做外归因的人当前会生活得比较随意、轻松，日后却有可能为个人的发展甚至生存而烦恼。

在临床上，不同的归因风格可以作为我们推断并预测一个人心理卫生水平和其预后的重要线索。

归因风格还会影响人际关系。如果一个人把别人的微笑归因为友好，他就会回报以友好；但若他把别人的微笑归因为有所求，就会有所提防。如果一个人把与别人的冲突归因为自己缺乏交往技巧，就会反省自己；但如果他把与别人的冲突归因为别人的攻击，就会怨恨甚至报复别人。

不同的归因风格在**疾病管理**和**事故控制**上也存在很大差异。习惯于做内归因的人通常比较自律，很少有不良嗜好，平时会注意养成健康的生活方式，生病以后会非常积极主动地投入对疾病的治疗与管理上。他们确信自己的努力能够有效控制疾病的发展。这样的个案在那些抗癌明星中比比皆是。

近几年，中国人表现出对自己健康的极大关注，有关家庭养生的书籍也非常畅销，这是中国人开始对自身健康承担责任的表现。

这也应该感谢洪昭光医生。从 1990 年起，洪医生就开始倡导，每个人都应该“做自己的医生”，并具备“健康的生活方式”，同时还特别提出**健康老龄化**的重要理念。在洪医生及其他医生的大力倡导下，先是老年人，再是中年人，现在更有很多青年人都加入对自己健康负责的行列。在这样的大趋势下，对自己健康做内归因的人会越来越多，我们中国人的身体也一定会越来越健康。

但是习惯于外归因的人在对待疾病的问题上却没有那么积极主动。他们认为，疾病是由很多不可控的外在因素导致的，是个人无法把握的。因此，他们平时常常率性而为，生活也缺乏规律，很多生活方式病也因此大量涌现。比如我们身边那些因饮酒过度而导致脑出血的人，那些因暴饮暴食而得痛风症、糖尿病的人。不仅如此，因为外归因的缘故，这类人在生病后也不愿意承担自助康复的责任，他们疾病的预后可想而知。

在对交通事故或其他意外事故的控制上也一样，内控者比外控者有更多的自觉性和主动性，会注意遵守交通法规，同时也会注意其他安全问题。由于对意外事件有种种预防措施，相比较而言，内控者比外控者遭遇意外事故的概率也要小很多。

现在，我们已经知道了人为什么要归因：对他人的归因使我们得以预测他人今后的行为。预测不仅可以使我们有安全感，还可以让我们实现对未来的某种把握与控制。对自己所遇事件及行为的归因，则有助于我们判断今后的对策与改进方向。

人为什么会有如此多归因风格上的差异？这与人的生活环境，

尤其是早年经历有密切的关系。一个人若从小在饥寒交迫中挣扎，从小遭遇种种不幸的生活事件，那么他往往会对环境心存畏惧，他天赋的自我服务倾向的归因风格会被抑制，并会因种种不幸而产生**习得性无助感**（Learned Helplessness）——一种在生活中学习到的无能为力感——以至于以后在对事件做归因时，很难做到客观。

一个曾经被偶发事件改变人生轨迹的人，如果他缺乏自信，同样会认为外因的作用远远大于内因，因而产生宿命论的倾向。

一个自小就受他人批评、指责，甚至训斥、打骂的人，很难再信任自己的力量，早年被苛责甚至虐待的经历使他们产生习得性无助感，使他们很难相信个人努力的意义，长大后，往往也习惯于对事件做外部归因，即成功是因为这次运气好，而失败则是这次不走运。

一个有过重大创伤经历的人也常常会形成错误的归因风格。创伤事件给他们造成的最大伤害往往不是创伤本身，而是事件的发生和影响剥夺了他们的安全感和对生活的控制感，表现之一便是使他们暂时甚至长久地失去了弹性归因的能力，从而为他们日后的发展设下种种障碍。

从宏观上看，一个国家的社会环境对全体国民的归因风格具有很重要的影响。如果人们生活在一个腐败盛行的社会环境中，努力而诚实的劳动与他们的所得完全不成比例，而那些贪官污吏却天天挥霍着不劳而获的财富，如此，一个人还怎么可能相信个人努力的意义？

如果人们生活在一个缺乏诚信的社会中，人与人之间毫无诚信可言，成败不取决于个人诚实的劳动，而取决于不健康的人际关系网，或取决于欺骗，在这样的社会风气中，绝大多数人也会形成外部归因倾向的归因风格。所以就宏观而言，个人能否形成健康的归因风格与一个国家的政治是否清明、法制是否健全、社会是否稳定也有着极为密切的联系。

而从微观上看，早年生活状况基本稳定，没有遇到太多重大生活事件，尤其是个人努力总能有相匹配的回报，那么，一个人通常较容易形成以内归因为主的弹性归因风格。

有必要指出，父母对孩子的态度对一个人归因风格的形成有着极为重要的影响。如果父母真正关爱孩子，不以成绩而以孩子的努力程度去评价、鼓励孩子，那么孩子就很容易形成以内归因为主的特点。如果父母眼里只有成绩没有孩子，那么对那些尚未掌握学习方法因而成绩不够好的孩子来说，就会产生很大的负面影响。在当时，孩子的学习有可能进入恶性循环状态中，日后，孩子则有可能变成一个听凭“命运”摆布的人。

因此，从归因风格上，我们不仅可以判断一个人当前的心理卫生水平，预测他未来的发展状况，还可以推断出他曾经生活过的环境。

但是，尽管我们的归因风格是在环境影响下形成的，它却可以通过我们今天的选择和努力加以改变，也就是说，决定权仍然在我们手里。因此，从某种意义上说，要想把握自己的人生，可以从选择归因风格入手。

要知道，我们越选择依赖环境，就越容易被环境影响甚至控制；

而我们越选择依赖自己，就越可能控制发生在自己身上的事。所以，换一种归因方式，换一种视角看世界，好起来的不仅是你的心情，还有你的生活。

那我们该如何调整自己的归因风格呢？它并不是一经形成就永远固定的，只要我们愿意，归因风格是可以重新学习并调整的。但是，我们首先得判断自己的归因风格是否健康。

如果我们总是感到不快乐甚至不幸，如果我们总是希望但却无法超越自己的现状，如果我们总觉得周围的人运气比自己好，如果我们总觉得周围的人与自己作对，如果我们总有怀才不遇之感，如果我们总觉得自己无力改变现状，如果我们总觉得自己比别人笨，如果我们总对自己和环境不满，如果……

如果中了以上列举的两条，甚至更多，或许我们就该考虑检视并调整自己的归因风格了，否则我们的成长和生活质量都会受影响。因为归因风格有问题而整天被坏情绪腐蚀心情，长期处于这样的状态下哪还有能量去成长？而这样的生活还有什么质量可言？

对大多数人而言，如果具有自觉调整归因风格的意识，并且能在日常生活中加以注意和锻炼，一段时间后，就有可能形成新的归因倾向。

比如，当我们做成某件事时，不是简单地归结为“我行”“我有能力”，而是具体罗列出导致成功的内在因素，并全面总结。以“草船借箭”为例，诸葛亮成功的内在因素有沉着、机智、知己知彼等，此外，还有他平时培养和积累的部下对他的高度信任。

当我们失败时，为缓解心理压力，开始时我们可以顺应自己本能冒出的外归因（如都是别人不好，都是运气不好等）。等做几天阿Q后，再尝试从自己身上找原因，找出导致失败的内在原因，并一一想出改进或调节的对策。例如，在“风声鹤唳”这个典故中，使秦王苻坚及其部下张皇失措的真正原因不是风与鹤，而是他们战败逃生时的惊恐心理。

当看到别人的成功时，我们要学着去总结他们成功的内在原因，这样不仅有利于我们“偷艺”，而且在我们公平地评价别人的成功时，也会向其发出尊重、友善的信息，别人通常都能感受到，并给予积极回应。总之，对别人的成功做内归因，我们不仅能收获个人成长，而且能收获良好的人际关系。

别人的失败是我们的前车之鉴，当我们吸取别人教训的同时，对别人要心存感激，同时也要尽可能设身处地替对方当时的难处着想。很多时候、很多事情，人能做的只有“尽人事，听天命”。但是若对别人的失败加以苛责，不仅不能给我们带来益处，也会妨碍我们个人的成长，且易腐蚀我们的人际关系。

世界上的丧亲者、失业者、失恋者、病残者、贫困者那么多，为什么他们中有的人仍能乐观地生活，有的人却总是痛苦不堪？答案之一便是：他们的归因风格或说认知方式不同。

内归因、外归因、自我服务倾向的归因……究竟哪种归因风格更有利于心理健康？一般来说，内归因者能独立于环境，也善于把握环境，所以更能掌控自身的成长与发展。而外归因者更容易受环境影响，因而常常显得被动和消极。

但是从心理健康的角度看，综合归因或许是更好的选择。

总做内部归因，虽说这让自己更律己、更有进取心，但却缺乏弹性，而且也难免会苛求他人。世事难测，有时候，人生的确存在一些个人无法左右的事，如大的社会动荡或自然灾害，这时如果一味把问题做个人归因，只会影响心情，动摇斗志。

总做外部归因，平时会显得被动、消极、缺乏效率，但在面对一些重大的、不可逆的事件时，外归因则有助于人的减压甚至生存。像我们熟悉的阿 Q，是一个典型的会给自己找理由的人，其实这也有好处，比如面对不可逆事件时，学习阿 Q 把责任推给环境或者不可测的命运，会有一种非常好的减压作用。但是这里有一个问题：我们不能够永远阿 Q 下去。把过去的责任推卸后，还要知道回来承担现在和将来的责任。

总做自我服务倾向的归因，尽管对人的自信会有即时性的帮助，但时间长了，却有可能削弱人的责任感，还有可能对我们的人际关系产生消极影响。

所以，**富有弹性的综合归因**方式更有利于人的心理健康。再具体些说，在战略上，我们要多做内归因；但在战术上，我们不妨偶尔做些外归因和自我服务倾向的归因。

如果我们原有的个人归因风格不但会腐蚀我们的心情、妨碍我们的成长、影响我们的生活质量，而且也不能带给我们什么，那我们为什么不选择换一种归因风格？如此，我们一定会为自己开辟一方新的天地。

所以，要想成长，我们需要对可逆的事情尽可能做内在归因，而对不可逆的事情，要允许自己出于自我保护的目的而条件反射似的做外在归因，然后，待情绪缓解后立刻投入尽可能止损和问题解决环节，并从事件中吸取尽可能多的经验教训。

本章涉及术语：归因理论、社会认知、控制点理论、归因中的自我服务偏差、基本归因错误、内控型、外控型、外部归因、内部归因、情境归因、个人归因、归因风格、自我效能感、疾病管理、事故控制、健康老龄化、习得性无助感、富有弹性的综合归因。

时时刻刻抓住
命运和事件的线索，
去生活、思考、感受、热爱，
并揭开其中的因果。

——帕斯捷尔纳克

练 习 题

练习一：成功树上的内归因训练

（一）请在本子上画一棵大树。

把你能够想到的所有自认为成功的事——小到学会做一道菜、与同事有一次成功的沟通，大到取得了一个好业绩——以苹果的方式画在树上，有多少成功就画多少苹果，小成功用小苹果，大成功用大苹果。

现在，与朋友共同欣赏自己的和别人的苹果树，体验内在感受，是否快乐、喜悦、满足、幸福、自豪？是不是还有惊喜？

（二）请在每颗苹果下连一条线到树根，在树根处写上你认为的结出这颗成功果的原因。

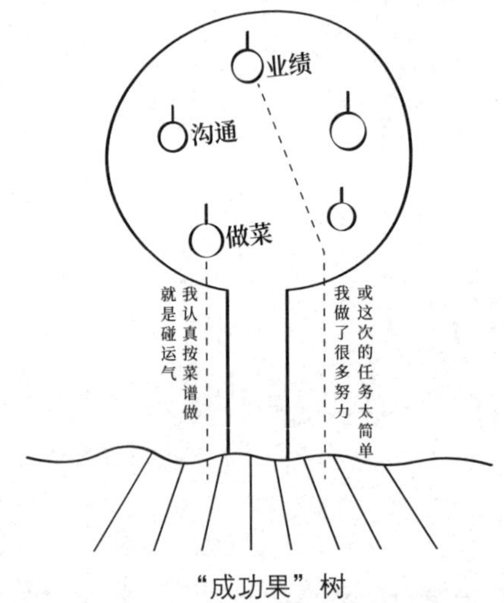

“成功果”树

例如：你学会了做一道菜，是哪几个具体的步骤使你学会做这道菜的？或者你认为只是碰巧的缘故？

再如：你取得了一个好业绩，你认为是你个人的哪些具体的努力在起作用？或者你认为不过是运气好而已？

（三）结束以上练习后，将你罗列的原因从内外归因的角度进行分类。

和朋友分享彼此的归因，看自己的归因风格属于哪一种。

如果你把自己的成功更多地归因为努力、勤奋和个人性格，那么，你就是一个内归因的人。这样很好，因为以后你会更积极、主动地继续为各种成功创造条件，并最终获得更多的成功。

但是如果你把自己的这几项成功都归结为运气、环境、条件，那么，你显然更倾向于做外归因。这样的归因风格有可能使你成为一个被动的人，会使你与许多机会失之交臂。

如果你是前者，练习做到这里基本就可以了，你只需要在本子上记录自己的感受和发现。

但是，如果你是后者，即外归因者，那么，就请你接着往下做。

（四）请重新从努力、勤奋和性格这些内在因素对自己的成功做内归因。

（五）与朋友分享并讨论。

（六）做一个内归因宣言：

“从此以后，我要学习对我的成功做内归因。”

“从此以后，我要对我的成功做内归因。”

（七）记录自己的感受和发现。

练习二：责任感训练

说明：责任感是指对自己义务的知觉和自觉履行人生义务（即各种社会角色必须遵守和履行的行为规范）的一种态度或意愿，是遇事“反求诸己”的具体体现。

归因风格与责任感有很密切的关系。人的归因风格从本质上看，就是指一个人认为应由他自己还是由外在原因对他的行为结果负责任。所以，责任感训练是一种有助于提高人内归因水平的练习。

很多时候，我们习惯于把自己的坏心情或者做错了的事归咎于过去的事件或是他人，我们常常以为自己的情绪不好或事情没有处理好，都是环境造成的。比如我们不敢拒绝别人的无理要求，心情变坏，常常会冒出这样不负责任的想法：“都是他没教养，让我这么心烦。”或是我们的功课没学好，却一味责怪老师教得不好或者判卷太严等。

与逃避现实一样，推卸责任虽然能在短期内缓解我们内心的不安和焦虑，却会影响我们的持续发展。

以下练习不是立马可以完成的，需要在实际生活中坚持一段时间。

（一）确立认真履行各种义务的责任感。

这是培养责任感和内归因风格的基本前提。

一个人身兼多个角色，每个角色都有无法逃避的权利和义务，不同的角色要承担的责任也不尽相同。以学生为例，他们应履行的主要义务包括学好功课，完成学业，确立自身的同一性，学习与他人友好相处与合作，积极储备（身心）健康资源。

（二）提高自身的内归因意识。

有助于提高我们自身内归因意识的参考句式有：

“这事做得这么好，是因为我的努力和当时采用的方法正确……”

“那件事没做好，是因为我自己的努力不够，或者那个方法不对……”

“我是否决定让曾经的挫折继续影响我当前和今后的生活？”

“那个总惹我生气的人真的有那么大的能量吗？是不是我自己选择了让他的坏脾气腐蚀我的生活？”

“不论过去还是现在发生了什么，我都要学习对自己的情绪和行为负责。”

（三）培养诚信理念。

在培养自己的诚信理念之前，请记得，我们每个人都有权利对他人说“不”，因为我们没有义务满足所有人的要求。但是如果我们承诺了别人，我们就要尽一切努力去兑现自己的诺言。

原则上，我们要做的是：

1. 牢记“轻诺寡信”的古训。轻易不承诺，一旦承诺就竭尽全力。

2. 承诺时要在时间上留有余地，以防突发事件的干扰。

3. 实事求是，不要勉为其难地应承和包揽自己做不到的事。

（四）培养自己具备诚信的习惯。

1. 弥补过往的食言行为。反思自己到目前为止有多少未曾兑现的诺言？尽可能在短期内将其一一兑现，以实际行动证实以前的食言只是偶然现象。

2. 对那些确实无力兑现的诺言，向别人诚恳说明。把原来的“抱歉，因为……原因，我没能……”这样不负责任的句式，换作“对不起，我当初承诺时没有慎重考虑，我发现自己没有能力兑现这个诺言”此类负责任的话。

3. 以后再向别人做出承诺前，请先想清楚：

（1）我有没有足够的时间按时完成这个承诺？

（2）我有没有足够的能力兑现这个诺言？

（3）观察周围一位被公认为有信用的人（家长、朋友、老师等），看他是怎样赢得有信用的声誉的。

（五）养成“不二过”的习惯。

一个错误不犯两遍的人是对己、对人负责任的人，而不二过的前提是不为自己的过失找借口和推卸责任。

借口可以暂时缓解我们内心的压力，但它却会长久地腐蚀我们的责任感，并使我们失去成长的机会。所以，面对过失，我们一定要学习从自身寻找原因，而非推卸给环境。

（六）总结感觉和感想。

实践上述练习一个月后，写下自己的感想和发现。

练习三：假如我能再多 5% 的努力？

说明：这仍然是有关“反求诸己”的训练，目的也仍然是提高我们的内控点。在前两个训练的基础上做这个练习，会让我们的责任感和内控点有非常具体的提升。

（一）写出过去一年内你认为自己做得不够成功的三件事。

（二）从第一件事开始，每一件都以填空的方式至少完成下列全部句子：

1. 如果我当时能够对此事多负 5% 的责任，那么我会______。

2. 如果我当时的成就动机能够增加 5%，那么我会______。

3. 如果我当时能够增加 5% 的效率，那么我会______。

4. 如果我当时与人合作的意识能够增加 5%，那么我会______。

5. 如果我当时锻炼自己能力的意识能增加 5%，那么我会___。

……（你可以自由想象，继续往下做。）

与朋友分享并讨论你们的发现和感受，然后在本子上记录你们的感受。

（三）写出过去一年中你认为自己做得成功的三件事。

（四）从第一件事开始，每一件都以填空的方式至少完成下列全部句子：

1. 我当时做得成功，是因为具备以下动机：________________。

2. 我当时做得成功，是因为准备时做了如下工作：________。

3. 我当时做得成功，是我在遇到困难时做了这样几点：______。

4. 我当时做得成功，是我与同事沟通时注意了这几点：______。

与朋友分享并讨论你们的发现和感受，然后在本子上记录下来。

（五）写出未来你决定做的三件事。

（六）完成下面与自己的对话：

1. 为了对此事多负 5% 的责任，我该做以下几点：_________。

2. 为了增加 5% 的成就动机，我该做以下几点：___________。

3. 为了增加 5% 的效率，我需要做以下几点：______。

4. 为了增加 5% 的与人合作的意识，我要做的事包括：______。

5. 为了增加 5% 的锻炼自己能力的意识，我需要做：______。

……

逐一执行，直到全部完成。

（七）与朋友分享并讨论你们的发现和感悟。

（八）在本子上记录你的发现和感悟。

凭能力和性格赢取干干净净的成功
——术语十五、十六：能力和性格

大自然对无能的人是轻视的，

它对有能力的、真实的、纯粹的人才屈服，

才泄露它的秘密。

——歌德

在咨询与治疗中我发现，很多时候，人们的心理健康水平与人的内在资源之一——能力，有着十分密切的关系。对此，我们既可以从最常见的生活现象中罗列大量的实例，也可以在大量的咨询个案中见到实证。

所谓**能力**（Ability）是对天生或后天获得的某种能够做成某件事的身体或精神方面的素质、方法和技能的总称。

面临失业时，有能力再找工作的人，其**心理保护因素**就会比只靠救济金度日者要好。面对家庭经济窘迫的现状时，一个能干的家庭主妇要比一个缺乏家政能力的主妇更能给家人创造平和与安全的气氛。面对挫折，能力强的人不仅更有可能迅速摆脱困境，也常常可以转败为胜，再铸辉煌。机会降临，也只有能力强者有可能立刻抓住机遇，更上一层楼。

对一个能力弱的人来说，一次机会可能成为一个难以被正视的挑战；一次挫折有可能成为一个难以避免的灭顶之灾；而一个微小的生活事件，却有可能成为一个难以应付的重大应激源。

在一个运转基本正常的社会中，能力强的人的机会一定比能力弱的人要多；而在其他条件相同的情况下，能力强的人所面临的会引发心理问题的应激源要少。这可以说是由能力导致的心理健康水平上的马太效应。

抽象地看，人都具有无限发展的**潜能**；但具体地看，人与人之间却有很大的差异。那些能使潜能变成**显能**的人，就被称为有能力的人；而总是让绝大部分潜能处于沉睡状态的人，则被称作无能力的人。所谓有能力与无能力，区别只在于人是否愿意和能否使潜能变成显能。

人的能力分很多种，对能力的分类方法也有很多种。在谈潜能时，我们介绍过“多元智能”的框架。下面从另一个角度做分类：

就个人发展而言，最主要的能力包括：成长能力、学习能力、负责任的能力和问题解决能力。就与人的关系而言，最主要的能力则是**与人交流沟通与合作的能力**。

成长能力是指一个人在自身与社会的局限性中进行自由选择从而让自己的潜能持续发展的一种能力。

成长不完全等同于成就。持续地成长一定会有成就。但是有些成就却并非成长的证明。成长意味着实现自身美好的潜能，而有些成就却可能是压制自身美好的结果，如依靠不择手段所赢得的某种成功。

成长能力强的人，其持续发展的可能性就大，反之亦然。而且成长能力并非哪个阶层人的特点。

同是目不识丁的保姆，一位在雇主帮助下如饥似渴地学习读书识字，一位却总以“我笨”为理由坚拒雇主要教她识字的提议。两人中，前者是努力成长并具有成长能力的范例之一，而后者则是拒绝成长并缺乏成长能力的实例之一。

同是农民，有的总是村里生活最殷实的人家之一，有的却永远是村里境遇最差的人之一。同是工人，有的人总是在工厂里最先掌握新工艺与新技术；有的人却永远都只满足于他最初学的那点东西。

同样是学生，有的人能从错误中吸取最深刻的教训，并将其作为日后发展的重要借鉴；有的人却一错再错，在一块石头上摔倒很多次。前者能立刻引以为戒，后者却浑然不觉。

同样面对迅猛发展的网络世界，我们可以看到耄耋老人兴致满满地学习使用电脑和智能手机，也能看到才刚开始步入老年的65岁的人面对网络一筹莫展、束手就擒的样子。所有这些生活实例，全都反映着人的成长能力。

成长能力与个人的知识水平不一定成正比。我见过这样的个案：他们已经掌握了丰富的有关成长的知识，也还在继续努力地掌握着更多的知识。但是，你从他们总在同一类问题上出错的现状中可以发现，那些有关成长的知识在他们身上并没有变为成长的能力。

与此同时，我在很多受教育程度不高的人身上看到过生命的成长与发展。农民、工人、鞋匠、保姆、清洁工、服务员、木工、瓦匠、售货员……我曾非常仔细地观察过他们中的许多人，他们的好学、上进、善于观察与学习的能力，以及他们极为顽强的自我成长的努力，使他们成为各自行业中口碑极好的人。

当许多人抱怨生活的不公平并放弃任何努力时，这些不断追求成长的人，这些各行各业的佼佼者却不断脱颖而出，不断收获着他们努力追求成长的副产品——较高的生活水平、幸福感，以及阶层、地位的持续提升。就是这种极强的成长愿望和成长能力，不仅使他们自身获得了成长，也为他们后代的发展奠定了稳固的基础。

咨询中，我见过许多令人感动的成长案例。来访者 A，两次自杀未遂后想到做心理咨询。初见 A 时，蜡黄的脸色、迟缓沉重的步伐与其 20 岁的年龄非常不匹配。咨询中我们讨论最多的是有关生命意义的话题。A 因为个人生活中的诸多挫折而对生命的意义产生了怀疑，并坚持认为，只有寻找到生命的意义，自己才有继续活下去的必要。

我们的讨论进行了许多次，我看到 A 在寻找生命意义的道路上左冲右突、十分顽强，直到有一天，在我们的讨论中 A 顿悟：“如果我在自己和他人的生活经验中找不到生命的意义，为什么我不去创造属于自己的生命意义？”从那以后，A 的面貌焕然一新，不仅非常积极地投入到生活中，而且不断产生有关生命意义的新的感悟和发现。

来访者 B，由于幼年家庭生活中经历过的创伤性事件，使其成了一个极为自卑而又自我封闭的人，在经过许多年的独自挣扎后，终于不堪重负，前来咨询。我们的讨论持续了将近两年。我看着 B 一步步从自卑中走出来，走出自我封闭的小圈子，走近他人，走进人群，直到成为一个有影响力的人。

来访者 C，曾是精神分裂症患者，在药物治疗与一段时间的心理治疗后，成为自己的心理医生。后来，他不仅重返工作岗位，出色地完成了繁重的工作任务，而且在生活中一改以往不关心别人的常态，学会了关心和照顾亲友。

来访者 D，曾为丈夫付出一切，包括个人的成长，后因丈夫的婚外情而痛不欲生，几度想要放弃生命。后来，她终于知道，要改变现状需从自身做起。如今，她不仅学会了享受工作的快乐，而且正与丈夫共同重建婚姻。

来访者 E，因一时冲动误入歧途，成为瘾君子，尽管目前仍处于欲罢不能的境地，但他苦苦挣扎，不断左突右冲，想要摆脱成瘾状态的顽强努力，让我看到他内在向上与成长的潜能。

来访者 F，曾因退休而沮丧、抑郁，使全家人都痛苦万分。如今，他学摄影、学持家，为整个家庭生活质量的提高做出了很大的贡献。

来访者 G，曾是一位抑郁症患者，为了康复，她努力自学了有关心理卫生的大量书籍，并以一种积极主动的态度参与到对自己的治疗当中。病情好转重新复学后，除了学习专业知识之外，她还以极大的热情帮助周围有心理困扰的同学。

来访者 H，曾是一位心理障碍患者。生病的时候不仅需要忍受疾病本身的折磨，还要忍受周围很多人包括其上级的指责。那种处境，足以摧毁一个人。可是，她不仅奇迹般地康复了，而且在工作中成了帮助大家最多的人。以至于很多年后，同事们再见她时，都向她表达了深切的谢意。

H 的个案非常典型，她就是那种无论际遇如何，无论多么艰难，也一定要左突右冲，不仅要战胜疾病，更要从疾病中学习的人。她不仅要让自己痊愈，更要让自己成长。后来，H 告诉我，在她的整个康复过程中，她有一个非常坚定的信念："我一定要让自己好起来！"

就是她，让我看到了对自己**负责任的能力**在个人成长中所具有的意义。人们通常把"对自己负责"视作一种态度，其实它也是一种能力，因为它不仅仅止于态度，还包括了行动。此外，对自己负责是一个很宽泛的概念，不仅仅指对自己的日常生活、学习、工作和关系负责，也包括在疾病，甚至是心理疾病状态下，对自己身心状况的一种责任担当。

H 的个案给予我的最大启发是：如果一个人在有严重心理障碍的时候都能够承担起让自己康复的责任，那这个世界上还有什么责任是我们不能够承担的呢？

我在工作与生活中常常听到人们抱怨缺少机会，的确，这个世界有很多不公平的现象，机会不均等就是一个。可是，H 的个案也许可以给大家启发，让我们意识到：总抱怨世界不给自己机会是没有意义的，只要我们肯承担对自己的责任，我们就可以给自己创造无数个机会。

当年的 H 在那样混乱的时候做出的那个重大决定，不仅让我看到 H 本人坚定的意志与毅力，让我看到一个人的康复潜能和成长潜能有多么大，更让我看到对自己负责任的能力可以这样激发一个人的成长潜力。

如果一个人说他做不到对自己负责，很多时候其实不是“不能”，只是“不为”而已。这个小秘密，我们做心理医生的都知道。所以，我们从来都只为那些主动走进咨询室的人提供帮助，因为他准备好了对自己负责，所以我们才有可能帮助其对自己负责。这在术语上叫**助人自助**，即帮助人学会帮助自己。

上述个案中的人，都以对自身的超越、提升和完善，实现着他们的持续成长，也使我们在一个个平凡的生命里看见人生的丰富与完满。

既然讲成长能力，就不能不讲**学习能力**与问题解决能力。成长能力是这两种能力，甚至更多能力的综合体现。

一谈到学习，人们马上会联想到课堂、老师、书本，好像只有对课本知识的学习才叫学习。但事实上，学习是一个十分宽泛的概念，它指个体经由练习或经验获得知识与行为的过程。因此，学习是一个终身的行为。

其实我们的老祖先早就提出过**终身学习**的概念：“活到老，学到老，还有三分没学到。”

为什么要“活到老，学到老”？

因为唯有学习，你才能适应周围的环境，并让环境适应你。

为什么学到老了，“还有三分没学到”？

因为人的生命有限，最多也就活到100岁左右，所以你的潜能相对于你的生命而言具有无限发展的可能。当然也因为生活中充满了需要我们不断学习的新东西。

幼儿走路需要学习，小孩交友需要学习，课堂读书需要学习，恋爱交往需要学习，婚姻调适需要学习，生儿育女需要学习，工作和离退休也需要学习。

一个过失不犯两遍，这是学习能力强；一块石头上绊倒几次，这是学习能力差。很多人只有在老师的督促下才会学习。而会学习的人，在游戏中、在生活中、在随意的交谈中，甚至在不经意的一瞥中，都能学到很多东西。

有些人有很强的成长愿望，但由于缺乏学习的能力，愿望就总是难以实现。也有些人愿意成长，但不愿意学习，不愿意为成长付出时间、精力，因而也难以发挥自身的潜能。

不同年龄段，学习的内容会有所不同。一般来说，18岁以前更多偏重课本学习和基础知识与方法的积累，但学校和家长如果因此忽略对孩子其他能力的培养，则可能错过最优发展期。

比如对孩子的情感教育。我们的学校和父母往往忽略了对孩子进行情感和性格教育。中国父母对孩子的要求通常都是：只要你好好读书，其他的都不用考虑。与此同时，追求升学率的老师也很难顾及学生的其他方面。

至于孩子，在父母和老师的要求下，迫于高考升学的压力，全身心地扑在学习上，几乎没有时间去思考课本学习以外的事情。等到孩子上了大学，隔着屏幕的父母想要从孩子那里得到一些情感抚慰时，却发现孩子根本不懂、也不会表达对他们的关心和体贴。

尽管这可以通过大学教育进行一些弥补，但是为了学业而忽视情感与性格教育，或者说孩子只知道课本学习而不知道其他学习，可以说是当前不少中国家庭与学校教育的重大失误。它所造成的问题绝不仅仅是单纯的情感表达能力的缺乏。

不少人有一个认知误区，认为受教育程度不高，学习能力就不强。因此，很多事不敢去学，不敢去尝试，结果错失了很多机会。事实上，课本学习的能力只是学习能力中的一部分，这种能力也受诸多因素的影响，比如那些参加工作后顺利完成函大、业大、自考的人，他们的课本学习能力是在有一定社会经验之后才表现出来的。

人的学习能力与受教育程度并不总成正比。有的人学历低，但生活与工作能力却很强，这便是得益于他不同凡响的学习能力。有的人学历高，但生活与工作能力却很差，这是因为他缺乏宽泛的学习能力。

学习能力的强弱与人的生活质量有很大的关联。学习能力强的人富有灵活性和弹性，学习能力弱的人则容易机械而僵化地生活。日常生活中，前者会很好地安排生活，即使遇到问题时，他们会迅速调节自己，并有效处理问题，从而把对生活的消极影响降到最低。

造化很周到，它让我们每个人都具备了极为多样的天赋能力，尽管这些能力的分配不均衡——可能对甲来说，他的艺术学习能力较强；而对乙来说，则是操作学习能力更强——而这，正是造化要人文环境也百花齐放的用心所在。

造化懂得尊重、体贴与分享，它让我们每一个人都是最优质的原材料之一。与此同时，它把做人的权利交给了我们每一个人，把塑造自我的任务交到了我们手上。

造化要让我们每一个人都体验发现自己、塑造自己的快乐。造化要让我们每一个人都分享创造人类的喜悦。

所以，任何正常人，只要他肯学习，肯尝试，肯去发现自己、提升自己，大自然都会回报他以巨大的惊喜——发现自己、创造自己、实现自己，甚至是超越自己的惊喜。

从心理健康的角度看，一个人是否肯学习，是否善于学习，是否能通过学习不断提升自己，是一个人心理健康与否的标志之一。

现在我们来看问题解决能力。

所谓**问题解决能力**，是指一个人面对问题情境时发现、分析、处理和解决问题的能力。问题解决能力和一个人的心理健康水平有很密切的关系。

学习意识与学习能力可以帮助一个人有效适应新的环境、学习新的知识，但在面临问题或挫折时，却只有问题解决能力才能帮人转危为安、化险为夷。因此，认知行为治疗学派的**心理疾病观**之一，是认为有些人之所以会产生心理问题，主要原因就是缺乏问题解决能力。

事实也的确如此，不会解决问题，小事就是大事，情绪自然容易受困扰。而对会解决问题者，很多“问题”根本就不是问题，心理上的困扰自然也就会少很多。

不仅如此，对具有问题解决能力的人而言，解决问题的过程是一个智力活动的过程，同时也是自我发现和提升的过程。因此，这类人通常都很享受问题解决的过程。对他们而言，好问题是好思想和好方法之母。

我想起朋友章铮在其经济学专著的后记中写的一句话："我很感激我的小学老师，他们教会了我思考……每次课后，他们都要奖励好学生三道难题。"

一个把难题当作奖励的人，其问题解决能力不言而喻。他在四十年后还能对老师抱有感激之情，其享受问题解决过程的能力也可见一斑。这样的人，是不会因为某个具体问题的困扰而产生心理问题的。

俄国诗人莱蒙托夫在《帆》这首诗中写道：

而它，不安地，在祈求着风暴，
仿佛是在风暴中，才有——安详。

这正是问题解决能力强者需要问题、享受问题解决过程的形象写照。

咨询中，我见过许多因为缺乏问题解决能力而使自己饱受心理困扰之苦，并严重损害自己生活质量的人。

个案甲，初入大学时只是因为难以适应北方的天气，不仅饱受情绪困扰，学业也受到严重影响。

个案乙，由于缺乏解决工作问题的能力，在几度被辞之后，最终完全失业。其心情可想而知。

一些父母，由于缺乏问题解决能力，与正处在青春反叛期的孩子关系极为紧张，冲突几乎是一触即发。这样的状态下，亲子生活还有什么质量可言？

新生某某，入学已半年，由于缺乏问题解决能力，至今尚未适应大学的学习方式，以至于期末考试竟有三门未过。

这样的个案太多了，全都是不大的问题，但却对当事人造成了极大的困扰。

如果善于解决问题呢？

那么这些“问题”往往就会成为机会，带给人许多成长与成功的喜悦。

问题解决能力可以通过学习来获得。为此，心理治疗家专门发展出一系列问题解决技术，以帮助因为缺乏问题解决能力而产生心理困扰的人。

他们把问题解决技术当作亡羊补牢的措施。如果我们了解了这方面的知识，并在日常生活中加以应用，这些措施就可以帮助我们防患（问题与疾病）于未然。

天无绝人之路，办法一定会比问题多。关键只在于，你是否能够及时找到那条最佳的路。如果你养成了解决问题的习惯，你就能找到它！

其实，生活就是解决问题的过程。如果有一天，我们修炼到能够把人生中的工作、学习、情感等问题都当作智力题来解，那么每一次问题的解决，都可以让我们收获智慧与成长的成就感。那样的生活，该多么富有吸引力。

从操作上看，问题解决能力的要点有三：一是一题多解的能力，二是懂得权衡利弊得失的能力，三是及时取舍的能力。

面对一个问题，我们要尽可能从各种角度去思考解决之道。要知道，任何解决方法都是利弊共存的，区别只在于利大还是弊大。我们要懂得“两利相权取其重，两害相权取其轻”的道理，懂得在权衡利弊得失后立刻做决断，并能够承担与“得”同在的“失”。

这些便是问题解决技术的要点所在。一个人，只要他在平时注意从这几个方面锻炼自己，就有可能发掘出自己的潜能。关键是，有些人只想得不想失，因此，在做取舍的决策时会优柔寡断、迟疑不决，从而错失解决问题的良机。

西方认知行为治疗理论中发展出很多问题解决模式，这里择要介绍。

（一）要具备问题解决的能力，需要先解决几个理念问题。

理念一：人活在世界上，总会碰到不顺心的事，会遇到各种各样的问题。所以，生活的过程其实就是问题解决的过程，区别只在于所面临问题的大小而已。因此，认知行为治疗学派的基本病因说认为，心理障碍患者的重要病因之一是当事人缺乏处理问题的能力。因此，要想帮助这样的患者摆脱心理问题，就需要培养他们的问题解决能力。

理念二：一题往往有多解，因此，面临问题时，要尽可能多地想象各种可能的解决办法，要尽可能一题多解。心理学上将之称为“头脑风暴”，又称“脑力激荡”。所谓**头脑风暴**（Brainstorming）[1]，起初是指团体决策中的一种决策风格和程序。后来人们又将这种不受任何约束，尽可能对同一个问题进行发散性思维的方式用于个人的决策中。头脑风暴的要点是：面对一个问题，你要找出至少五种解决方案。

理念三：任何事都有得有失，不可能只得不失，因此，问题解决的过程就是权衡与取舍的过程，亦即选择的过程。选择一旦做出，就要同时准备承受双重结果：好的与不那么好的。很多人遇事时之所以优柔寡断，就是因为他只想得，不想失。可是，世界上不存在只得不失的事。[2]了解这一点，再做权衡时，就不会患得患失了。反正都要付代价，那么我们权衡时的原则就是：在遵循底线伦理的前提下，尽可能选择利多弊少的解决办法。

（二）要有具体的问题解决方法，我以练习方式呈现这部分内容。

用图表方式列出待解决的问题、对策和利弊评估，越多越好。

---

1 “头脑风暴”最初是指在团体会议上，一群人围绕一个特定的问题自由思考，当有人想出新点子时，就大声说出来，然后由专人完整记录下来。在大家思考和贡献自己点子期间，有这样几个需要遵守的规则：①在讨论过程中，所有人都遵循不评判原则，直到会议结束为止；②鼓励任何奇特、大胆、古怪甚至是疯狂的自由想象；③强调多多益善；④把观点和观点结合起来，进行组合或者改进。

2 我曾与学生做过一次思想实验：“世界上是否存在只得不失的东西？”学生认为：“母爱是只得不失的。”我的观点是，如果你能够体会到母亲的爱，你就一定是一个有爱的人。为了回报母爱，你一定会主动放弃自己的部分自由，以满足母亲的要求，有时候甚至是不合理的要求。这部分被放弃的自由和时间难道不是一种“失”吗？

请让自己的头脑像处于暴风雨中的大自然一样，电闪雷鸣，狂风大作，让各种奇思妙想不受拘束地自由表达和展现出来。对自己冒出的任何念头都不加评判，全盘罗列出来。如果你是和朋友共同做这个练习，效果会更好。

问题解决参考表

	可选择的方法	利	弊
待解决的问题（例如人际冲突）	方法1：去和对方当面沟通	能把事情说开。	有可能当场谈崩。
	方法2：找人斡旋	问题顺利解决。	斡旋者会告诉别人，从而让此事被更多人知道。
	方法3：写信去沟通	解决问题，安抚对方情绪。	对方有可能把自己的信拿给别人看。
	方法4：不理他	眼下暂时不会再发生冲突。	问题仍然存在，而且有可能越变越糟。

（三）仔细评估各种对策的利弊。

把自己最不愿承担的那个弊端，或说你无法承受其结果的对策递次划掉，然后在剩余的对策中以“两利相权取其重，两害相权取其轻”的方式做出选择。

注意，这世界上不存在只得不失的选择，所以，请相信自己，那个利大弊小的选择就是你当前可以做出的最好选择。

（四）制定时间表，然后开始实施对策。

这一步需要有行动力，否则会面临知道很多道理，却仍然解决不了任何问题的处境。

（五）评估效果。

（六）记录收获与感受。

以上是基本的问题解决方法，需要大家在实践中不断尝试，直到养成习惯。此外，生活永远是变化着的，因此，掌握了问题解决的技巧并不意味着我们从此就可以驾驭生活中的一切，而只是增加了一些适应生活的能力。另外，我们也要随时提醒自己，生活中，有些问题很难甚至无法解决。

当问题可逆时，我们就千方百计地解决问题；但当我们面临不可逆的问题时，则要百计千方地改变自己的思维方式，这就是心理治疗家找到的对策。

这世界上有些问题是不可逆的，比如亲人去世，比如突遇伤残，比如……这些问题无法解决，但你的生活仍要继续。面对无数这样的个案，心理治疗家最终找到一个行之有效的方法，即通过**认知重构**（Cognitive Restructuring）帮助来访者改变思维方式，从而接受并忍受现实，让生活可以继续下去。

改变思维方式的具体方法有两种，一是通过对消极思维的辨析而停止消极思维。这一方法我们在“术语十三：习惯”一章中的“培养自己的积极思维习惯”练习里介绍过了，这里不赘述。二是通过对事件做**资源取向**的解释（积极思维）缓解内心的冲突。例如，失业时，我们可以对自己说：“这次失业虽然是件很糟的事，但是它给了我一个重新认识自己的机会。我要从中学习可以帮我寻找新工作并让工作稳定下来的经验和教训。”

有些事件发生后就无法改变，因此，与其让消极思维腐蚀我们的情绪，不如寻找一个能使自己尽快恢复心理平衡的积极解释。因为很多时候，是我们的观念而非事实本身使我们产生困扰。如果我们在一个不可逆事件中受到打击，无法做资源取向的解释，那么就要去寻求专业帮助。

生活中还有这样一类事件，它带给当事人的痛苦是永久性的，如丧失最爱的人等。面对这类事件，我们能为自己做的最具建设性的事就是：学习正视现实，并学会忍受痛苦，把痛苦转化为激励自己继续生活的资源。如此，我们的痛苦就没有白受，而亲人也会因为我们的存在而在我们的记忆中永生。

人生中有些不幸是要借助忍耐才能够渡过并且超越的，这是对不可解问题的唯一解决办法。这种时刻，你唯有对生命和时间心存信仰。要知道，时间是可以疗伤的，生命是可以自愈的。

什么叫接受并且忍受现实？就如普希金在《致西伯利亚的囚徒》这首诗中所写的：在西伯利亚矿坑的深处，保持你高贵的忍耐。

什么叫“高贵的忍耐”？就是指对自己和时间心存信仰。不抱怨，不沮丧，耐心地与痛苦同行，做好自己该做的一切，让生命与时间自行发生作用。保持耐心，你就能见到心灵自愈、康复并且获得新生的奇迹。

写到此，很自然地就想到了法国诗人兰波的诗句：

只要你怀着火热的耐心，

　　黎明时分，

　　就一定能进入那壮丽的城池！

面对不可逆的生活事件，不仅要有耐心，而且你的耐心还要是“火热的”，那就是要对生命怀有执着而又热烈的信仰，相信生命拥有强大的自愈力，懂得尊重生命自身的节奏，在最无助乃至绝望的时候，都能够守住自己对生命的信仰，然后以火热的坚持去等待进入那壮丽城池的时刻！

说到能力，就不能不谈性格。如果抽象地去看人的内在资源，各种因素都是相互影响、相互作用的。但是就能力而言，再也没有哪种内在资源会比性格对人的影响更直接、更致命的了。

性格（Character）是指人对现实的较稳固的态度（如对某事或某物所持的一种好恶与否的情感倾向）和与之相适应的习惯性行为方式。

例如，一个善良（态度）的人，通常表现得利他、谦让、宽容（行为）。再如，一个顽强的人，通常表现得有信念（态度）、执着、坚定而有毅力（行为）。

谈到性格，我们需要了解积极心理学家的优势性格研究成果。1998年，塞利格曼出任美国心理学会主席，他下定决心要改变主流临床心理学家只关注心理障碍病理模式的一贯作风，将培养人的优势性格和美德作为预防精神障碍的重要方法[1]。为此，他开始大力提倡积极心理学，在心理学领域领导了一场革命性的变革。

---

1 马丁·塞利格曼．真实的幸福[M]．洪兰，译．沈阳：万卷出版公司，2010：31.

塞利格曼明确宣布，积极心理学三大基石[1]中的第二条是研究积极（人格）特质，而其中“最主要的就是（性格）优势和美德”[2]。为此，塞利格曼和同事彼得森组织了一个研究团队，他们用三年时间大量阅读世界经典和当代文化研究作品，剔除了只在个别文化中出现但不具有普遍性的美德词汇，从中挑选出具有跨文化一致性和跨时代一致性、普遍存在的200多个美德词汇——这些词汇是各文化用于描述美德的高频词。

研究团队将其归纳为6个核心美德维度：智慧与知识、勇气、爱与仁慈、正义、节制、精神卓越。这6个美德维度中又包括24个体现美德的具体条目，即**优势性格**（Strength Character），它们是实现美德的具体途径。例如“爱与仁慈”这一美德，可以通过“仁慈”与“爱”这两个优势性格而实现。

我整理了积极心理学家有关美德与优势性格的发现[3]，为方便阅读，将其制作成了表格：

优势性格量表

6项美德	24种优势性格
智慧与知识	好奇心、热爱学习、判断力、创造力、社会智慧、洞察力
勇气	勇敢、毅力、正直

1 第一是研究积极情绪，第二是研究积极人格特质（其中最主要的是优势和美德），第三是研究积极组织系统。

2 马丁·塞利格曼．真实的幸福[M].洪兰，译．沈阳：万卷出版公司，2010：7.

3 马丁·塞利格曼．真实的幸福[M].洪兰，译．沈阳：万卷出版公司，2010：147–167.

（续表）

6 项美德	24 种优势性格
爱与仁慈	仁慈、爱
公正	公民精神、公平、领导力
节制	自我控制、谦虚、谨慎
自我超越	美感、感激、希望、灵性、宽恕、幽默、热忱

在谈到具有普适性的 6 项美德产生的原因时，塞利格曼与彼得森推测："这些美德之所以在世界范围内广泛存在，是因为从生物学角度看，人类在进化过程中为了物种的生存，需要把这些美德当作解决重要生存任务的工具。"[1]

他们坚信："如果在生物学意义上不存在可以帮助我们的祖先产生、识别并且赞赏美德的机制，他们的社会团体就会很快消亡。我们相信，正是普遍存在的美德让人类种群与自己心中最黑暗的部分进行斗争并取得了胜利。"[2]

从演化心理学（Evolutionary Psychology，又译作进化心理学）角度来看：优势性格为人类种群在这个资源有限的世界中的生存提供了解决问题的前提条件。所以，我们对优势性格的需要超过了它们对我们的需要。

有必要补充的是，除了上面罗列的 24 种优势性格之外，我个

1　Christopher Peterson,Martin E. P. Seligman. Character Strengths and Virtues: A Handbook and Classification[M]. Oxford University Press, 2004: 13.

2　Christopher Peterson,Martin E. P. Seligman. Character Strengths and Virtues: A Handbook and Classification[M]. Oxford University Press, 2004: 52.

人认为还应该加入利他、共情、合作、向上与诚信等优势性格要素，虽然利他与共情可以归在爱与仁慈类中，但是利他与共情更有操作性，而合作、向上与诚信等概念也都更加具象。

有能力的人，如果再具备一些优势性格，人生几乎就是完美的。能力不太强，但是有优势性格的人，人生也不失为完满。有能力，但性格很糟的人，往往会成为自己和他人的劫数。无能力，又无优势性格的人，对人对己，都可能是负担。

我们可以在司马迁、居里夫人、史怀哲、特蕾莎修女等人的传记中，看到既有能力又有优势性格的近乎完美的典范。我们也可以在自己生活的世界中见到这样的榜样，只要我们肯去发现。

我观察过那些能力强但性格不好的人，他们常常会产生极大的破坏性，有时甚至会给周围人带来灾难。而很多能力不太强但性格很好的人，他们在亲友的友爱与尊重中，过着充满幸福感的生活。

我也观察过能力不强、性格也不好的人，他们常常会陷在各种麻烦之中，无法自拔。此外，这类人往往对人怀有怨恨甚至敌意。他们在不断践踏自己生命尊严的同时，也腐蚀着周围人的心情，成为一些敏感而又脆弱的人的重大刺激源。

中国有个成语“勤能补拙”，这里的“勤”正是优势性格中的“毅力”。其实，不仅仅是勤能补拙，性格中的“仁慈”“共情”“合作”“自律”“热爱学习”“好奇心”等同样能补拙。这就是为什么能力不足但性格很好的人通常都能生活得好的原因。

俗话说，“天无绝人之路”，我的感受是，岂止“天无绝人之路”，简直是处处都有路！关键在于我们能否发现并走上造化给我们预设的条条大路。

你看，如果我某方面能力不够，我就可以利用“毅力”去补拙，用“共情”“谦虚”“感激”“合作”“诚信”与“正直”等品质去影响别人，让别人因为我的存在而快乐，并因此向我提供适合我能力的机会。

“天无绝人之路”，天还有无数助人之路。

我们再来看性格与成功的关系。很多人有个认知误区，认为聪明的人才能成功,因此,如果自己不够聪明,就总是抱怨老天不公平。

其实，造化造人很公平。虽然这个世界的确存在既聪明又勤奋的得天独厚的人，但那是可以忽略的小概率事件。造化对大多数人的设计是：让聪明人的毅力弱一点，让不聪明的人毅力强一点。他让笨鸟知道要先飞，结果就是，聪明但是意志不够者和不聪明但是意志超常者相比，后者往往更容易成功。

谈到好性格对人心理健康的重要性，只需环顾我们的生活，就可以一目了然。

想一想：在我们沮丧时，别人给我们的安慰（仁慈）；在我们向人倾诉时，别人的用心倾听（善解人意）；在我们做错事时，别人对我们的谅解（宽容）；在我们遇到困难时，别人对我们伸出的援手（关爱）……这些都是他人的好性格带给我们的。

再想想随和者带给我们的友爱，阳光者带给我们的温暖，乐天者带给我们的快乐，幽默者带给我们的轻松……所有这一切，都让我们可以平静、愉悦地享受世界的美好，这也都是他人的优势性格带给我们的。

很多时候，好性格带给我们的，要比诸如强壮、聪明、漂亮等外在资源带给我们的更多。

性格与能力一样，也是可以通过学习去培养和完善的。

性格培养通常从家庭开始。如果一个人有幸遇到注重教养的父母，那么他的性格就会有很好的发展基础。但如果他不幸生在一个缺乏家教的家庭，等他长大后想要具备好的性格时，就需要付出超常的努力，并以极顽强的意志力去进行自我教育。

这里不单独讨论性格，是因为它已被太多人谈论，大家也已对性格的重要性达成了共识。那句几乎人人皆知的“性格即命运”的俗语即是证明。

不同能力与不同性格的组合，不仅构成了我们丰富的内心，也构成了五光十色的外部世界。

让自己有能力，让自己有好性格，那么我们就会有好心情与好生活。

本章涉及术语：能力、显能、潜能、心理保护因素、成长能力、学习能力、负责任的能力、问题解决能力、与人交流沟通与合作的能力、助人自助、终身学习、病因说、心理疾病观、头脑风暴、性格、优势性格、6 项美德、24 种优势性格、演化心理学（进化心理学）、认知重构、资源取向。

播种行为，收获习惯；

播种习惯，收获性格；

播种性格，收获命运。

——萨克雷

练习一：问题解决能力训练

说明：前文中提到，一个人活在世界上，总会碰到不顺心的事情，会遇到各种各样的问题。认知行为治疗学派的病因说认为：心理障碍患者的重要病因之一是当事人缺乏处理问题的能力。因此，借助心理治疗的资源，我们普通人也可以锻炼自己的问题解决能力，并形成习惯。此外，前文中已经介绍了培养问题解决能力时的基本理念和方法，也已经做了练习，在这里，大家可以直接进入自我训练。

（一）检视自己是否具备有关问题解决的新理念。

如果具备了，那很好，我们就可以继续往下看；如果没有具备，我们就去复习并且记住那些新理念。

（二）列出问题、对策和对对策的评估。

请让自己的头脑像处于暴风雨中的大自然一样，电闪雷鸣，狂风大作，让各种奇思妙想不受拘束地自由表达和展现出来。对自己冒出的任何念头都不加评判，全盘罗列出来。如果你是和朋友共同做这个练习，效果会更好。

问题解决参考表

	可选择的方法	利	弊
待解决的问题	方法 1：……	……	……
	方法 2：……	……	……
	方法 3：……	……	……

（三）仔细评估各种对策的利弊。

把自己最不愿承担的那个弊端，或说你无法承受其结果的对策递次划掉，然后在剩余的对策中以“两利相权取其重，两害相权取其轻”的方式做出选择。

注意，这世界上不存在只得不失的选择。所以，请相信你自己，那个利大弊小的选择就是你目前可以做出的最好的选择。

（四）制定时间表并实施对策。

这一步需要有行动力，否则会面临知道很多道理，却仍然解决不了任何问题的处境。

（五）评估效果。

（六）记录收获与感受。

练习二：对不可逆事件做认知重构

掌握问题解决的技巧并不意味着从此我们就可以驾驭生活中的一切问题，而仅仅意味着增加了一些适应生活的能力。此外，生活中有些问题是很难甚至无法解决的，例如残疾、失业、失恋等，对于这样的问题，心理学提供的“解决方法”是认知重构，通俗地说，就是通过改变认知而改变情绪（心情）。

特别提醒：若是中等程度以上的问题，如陷入失去亲人的痛苦等，请去寻求专业人员的帮助。

（一）罗列三个中等程度以下的问题：

1. ……

2. ……

3. ……

（二）逐一辨析其中的消极思维（请参考“术语十三：习惯”一章中的“培养自己的积极思维习惯”）。

1. ……

2. ……

3. ……

（三）用积极思维逐一取代消极思维。

1. ……

2. ……

3. ……

（四）记录你的感觉和感想。

练习三：感恩冥想——我们手中的千人本

说明：有关性格养成的资料已经很多了，本书在介绍“习惯”这一术语（术语十三）时也有涉及，这里不再赘述。大家可以参考本章的“优势性格量表”和我提供的补充资料，对自己的性格做一个大致评估，把已经具备的和非常需要但仍未具备的性格特质罗列出来。下面只做一个有关感恩的练习，具有感恩这种性格特点的人，会收获更多的幸福感。

注：此练习要和朋友一起做，轮流为彼此发出指导语。

（一）用五感去体验我们手中的本子。

拿出一个笔记本，请大家用自己的五种感官（视觉、触觉、嗅觉、听觉、味觉）去细细体验我们手中的这个本子。

我们先从视觉开始。请问：你的本子看起来怎么样？它是什么颜色？它的大小如何？它的封面上有没有图案？那个图案讲述的是一个怎样的故事？

再细细体验我们的触觉：你的本子摸起来怎么样？它光滑吗？它是厚的还是薄的？摸它时你的手感觉舒服吗？

体验嗅觉：你的本子闻起来怎么样？是一种什么样的味道？这个味道让你想起了什么？

体验听觉：翻一翻本子，你听见了什么？这个声音让你想到了谁？如果你现在在上面写字，那种笔在纸上摩擦的声音会让你产生什么感觉？你喜欢笔尖在本子上滑动时的那种感觉吗？”

体验味觉：当然，我们的本子是不可以吃的，因此，我们很难知道它会产生什么样的味觉。但是如果你的本子上记载了菜谱，你是不是会回忆起曾经做过的某道菜的味道？

（二）请整理自己的感觉和感想。

（三）请闭上眼睛继续想象：

现在这个让我们产生如此丰富体验的本子是从哪里来的？它经过了怎样的历程才来到了我们的手中？

它的诞生也许可以追溯到46亿年前，追溯到古老恒星在寿命终止时的大爆炸。那些爆炸产生的尘埃形成我们的地球。又过了几十亿年，不知道什么时候，有的地方长出了一片森林，有的地方又倒下无数森林……就这样，沧海桑田，周而复始，直到有一天，经过伐木工人、伐木工具制造者、铁路修建者、火车制造者、工厂厂房的建筑者、工厂机器的制造者这一系列的人，把那些树制造成了纸张，然后，又经过无数流程，如装订、运输、采购、经销等，这个本子才终于被摆上卖场的柜台。

然而，那时候它还不是我们的。

我们要拥有手中的这个特定的本子，还需要很多很多的努力。

比如，我们需要有对我们怀有殷切期望并且努力培养我们的父母，使我们今天能够用得上这个本子。这还不够，我们还需要有读书学习的渴望、成长的决心和切切实实的努力，这样，我们才会拥有这样一个笔记本。

其实，能够让这样一个本子被我们拥有，还需要很多因素，比如需要生活在一个和平且物质丰富的国家、需要生活在资源丰富的地球，需要……

好，现在再来看我们手中的这个本子，你又发现了什么？

（四）请记录自己的感觉和感想。

（五）也许，你还需要记录你想要感恩的人和事。

（六）实践：把你感恩的想法写下来，发出去，送给那些你需要感激的人们。

（七）记录你表达感恩后的感觉和感想。

最好的医生是自己
——术语十七、十八：自我调节力与自愈力

所有高度一体化的有机系统都有一个共同的结构特征，即可以通过自我调节系统或是体内平衡来进行调节。

——康拉德·洛伦茨

饮水思源，先要说明，这个标题的观点是洪昭光医生首先提出的。

为什么说“最好的医生是自己”？这是因为，伟大的大自然在孕育我们的时候，为我们设计了近乎完美的“自我调节”与“自愈”功能。

所谓**自我调节**（Self-regulation），是指一种由自己监控和调节自身能量、情绪、思想和行为的自我管理能力。而**自愈**（Self-healing）是身体自调节后的结果。大自然在人的身体里设置了自我修复的程序，使我们的身体有能力从病痛或伤害中康复。

“自我调节”与“自愈”是密不可分的，自我调节是过程，自愈是结果。尽管并非所有的自我调节都一定会导向自愈，但是所有

的自愈都是自我调节的结果。

人体是一个自组织系统，具有有机性和动态性特征，即机体在系统自主规律的作用下，具有自组织、自调节功能。当这些功能发生作用时，会产生动态平衡，即机体的自愈。

以上发现在我多年的心理教育和咨询中得到了验证。最初给学生做心理咨询时，我看到的全是问题，或说（心理）疾病。以至于那些青春期最常见的人际苦恼、亲子冲突、自卑、社交紧张等问题，都被我看得十分严重。

那时，我处理每个问题都有如履薄冰般的高度警觉，生怕稍有闪失，来访者就会走上不归路。那时，我眼中的来访者，个个都如玻璃般易碎；而我自己，则随时准备救其于水火之中。

1984 年，我第一次向学生提供“心理咨询”服务（用现在心理咨询的标准看，那算不上真正的心理咨询，只是陪伴而已。只是中国高校的心理咨询基本都是这样起步的，后来才有了专业化的培训与要求），到 2022 年，我做心理咨询与治疗的经历已经整整 38 年了（把督导的时间也算在内）。现在，学生的人际苦恼、亲子冲突、自卑、社交紧张、考试紧张，以及种种成长的烦恼，在我眼中都是**一过性**的青春病而已。

成年来访者虽然被当前的问题所困扰，但是他们的内在和外在资源通常也比青年学生要多，至少，他们能带着问题去向专业人员求助，就这一点，也说明成年人有更多的自我调节力，以支撑自己的生活。即使那些声称自己不想活下去的来访者，我也能从他来求询的行为中看到其努力要冲破现状束缚的决心和勇气。

因此，现在做咨询或督导时的我，不再急于提建议，不再热衷于指导他人。我只是认真地提问、倾听，必要时稍加提醒，然后，便是耐心等待他的自我调节力发生作用。

从事心理咨询和教学这么多年后，我更多看到的不再是问题和疾病，而是人体内极为奇妙的自我调节力与自愈力。

这种感觉真是美好。

接触的个案越多，我对造化为人类赋予的自我调节力与自愈力也就越钦佩，对人、对自身也越充满信心。

从事咨询工作至今，我最大的发现就是：人完全有能力自我引导，即使在身心状态不佳的时候也一样。这是因为在人的进化过程中，造化赋予了人类完备的自我调节力与自愈力。

我们需要做的就是听从内心的呼唤，它常常通过躯体反应表现出来。我们的身体会以多种方式与我们沟通，有时是身体不适，有时是某种预感或是无声的冲动。你要听从身体发出的信号，尊重躯体的智慧，及时给你的躯体以积极的反馈（感觉累了就休息，感觉不舒服就停止做某件事等）。当我们重视并及时反馈身体发出的信号，我们就促进了机体的自然愈合。

有一次，在我表达了以上观点后，一个朋友问我："既然如此，那要你们心理治疗者还有什么用？！"

我想，心理咨询和治疗的用处在于：凭借专业知识与技能，一个心理治疗师可以（极大地）缩短一个来访者倾听内心呼声的时间。

不仅如此，我们还可以帮助来访者减少在黑暗中摸索的时间，更早地发现其自我调节力与自愈力。

当然，这离不了来访者的配合。如果在帮助来访者进行自调节与自愈治疗的过程中，对方不配合我的工作，那么我将一筹莫展。

所以，每当某位来访者或其家属十分感激地向我致谢时，我认为更应该说“谢谢”的是我，因为是他们的配合与帮助，才成全了我作为一个心理治疗者的职业理想。

所以，心理咨询与治疗是最强调来访者的求治欲的职业。一个主动来见心理治疗者的来访者是一个已经准备好帮助自己，并已经开启其自调节系统的人。而一个被父母、老师、同事或领导强迫着来到心理咨询室的人，则是一个尚未准备好帮助自己的人。在这样的来访者面前，再高明的治疗者都会碰壁。

所以，一个人能够康复，是因为他选择了康复。而心理治疗师能够“治好”一个人，也是因为他主动选择了被治好。

其实，生活中随处可见自调节与自愈的表现。

你看那个被父母惯坏了的孩子，为了能加入小朋友的游戏，那么快就学会了约束自己的欲望，节制自己的任性，这就是自调节。你看那些曾经让大人担忧不已的独生子，他们在与小伙伴的交往中，多么自然地就学会了合作、自律和交流，他们中绝大多数人都知道如何在一个集体中做一名合格的成员，这也是自调节。再看那个四处求医问药的心理障碍患者，那正是他借助外力寻求自愈的表现。

说到自愈的榜样，司马迁受辱之后向全世界奉献出他的巨著《史记》，这是自愈。保尔在绝望到试图自杀之后的振作与奋发，也是自愈。还有生活中那么多在绝境中奋起并为社会做出贡献的人，同样是自愈的典范。

再看我们自己：我们因为看见他人的过失而检点自己的行为，这是自调节。我们在被他人误解后不断地安抚自己，并努力理解他人，这是自调节。我们在困境中左冲右突，直至柳暗花明，这也是自调节。

在度过了失去至爱痛不欲生的那些日子后，又重新恢复了对生命的信仰，这是自愈。在因为重创而万念俱灰之后，又重新恢复了对生活和自己的信心，这也是自愈。

回想在 2008 年汶川地震的废墟中创造生命奇迹的人：被困 266 小时后获救的 80 岁老人、被困 384 小时后获救的八名绵竹工人、在地震中诞生的新生命，还有如今的汶川新貌，等等这些都显示出生命具有的自我调节力和自愈力。

2020 年全球新冠疫情期间，居家隔离的中国人民自发创造出各种化解焦虑和抑郁情绪的段子、短视频，以及让人目眩的花式厨艺，这些充满创意的集体心理自调节表现，都充分体现了生命自我照顾的能力。

一切生灵，正如生物学家纳塔莉·安吉尔所说的：“皆有为生命而战的本能，直到筋疲力尽，流尽最后一滴血。”

那么，生命究竟是从哪里承继了如此神奇而又强大的自我调节力与自愈力的呢？

首先要感谢造化——大自然的创造者。造化极其伟大，它以近乎完美的方式创造了生命，赋予其健康和活力，与此同时，它还赋予生命以天然的抗病和康复能力，同时为人的心理赋予同样的康复系统。

说到“**康复**”，这是一个很有意思的词，我们可以把它看成“健康恢复”的缩写，它意味着：造化不仅让生命天生健康，而且让生命拥有可以恢复健康的天赋能力。

也许有人会想到疾病与死亡。其实，疾病与死亡是生命存在的另一种形式。每一次疾病的发生都是天生健康的个体对特定环境的排异反应，是生命面临转折点的标志，心理疾病尤其如此。

精神分析学上有两个十分值得思考的概念：原发性获益和继发性获益。**原发性获益**（Primary Gain）指的是沸腾的**心理能量**因为找不到合适的宣泄口，于是转移到疾病中去消耗自己，从而让一个人的性力有了体面的出处。换言之，原发性获益是指，可以让患者降低或者缓解焦虑的一些精神症状，比如强迫性洗手，可以让患者降低或缓解对细菌（这里的细菌是象征性的）的恐惧。

这个世界会有人不理解心理能量，但是不会有人不理解疾病。于是，病人从心理疾病中获得了第一个好处：让造成自己内心冲突的能量有了一个既可以宣泄自身，又能被人理解的去处。

以强迫性洗手为例，人们无法理解一个人为什么会对细菌有那么严重的恐惧。但是当人们看到一个人总是不断地洗手，就可以推断出其“有心理疾病”。有了这个解释，我们会感到释然，因为有了可以向周围人交代的“疾病”，患者的部分焦虑也因此被转移和释放出去了。

不仅如此，因为生病，人们还会得到周围人格外的关心和照顾，周围人会降低对我们的要求，变得迁就、宽容和忍耐。于是，躲在病中的人再一次从病中获益，这就是——**继发性获益**（Secondary Gain）。

所以，从精神分析学的角度看，那些总好不了的心理疾病患者，是因为还没有准备好放弃得病后的“继发性获益”。

疾病可以使人受益。

从这个角度看，持续生病也是人自调节的产物，只是这个自调节是**破坏性**的，而非**建设性**的。

其实，人完全可以用建设性方式从疾病中获益，而不必总躲在疾病中。因为所有的疾病都是信号，是要我们有所改变的信号。因此，只要我们正确地理解造化的暗示，我们就能建设性地从疾病中获益。

比如：

社交紧张是造化让我们改善人际交往的信号。

自卑是造化让我们学会信赖自己的信号。

人际冲突是造化让我们学会与人相处的信号。

日常生活中的种种烦恼则是造化要我们体验自我成长过程的信号。

其实，种种心理障碍亦然：

焦虑症是造化让我们学会解决问题的信号。

强迫症是造化让我们学会接纳自己并重新设计自己的信号。

抑郁症是造化让我们热爱生活、接受自己的信号。

疑病症是造化让我们学会正确地关心自己的信号。

恐惧症则是造化敦促我们尽快调节自己的信号。

即使是精神病患者，按照心理治疗学派中系统家庭治疗理论的观点，也可被视作一个**家庭自调节**的标志。

每一个精神病患者或心理障碍患者的背后，都有一个“病得不轻”的家庭。是这个家庭先出了问题，然后才孕育了精神病患者。由于精神病患者的出现，这个家庭的矛盾、冲突和争战都暂时终止了，出于种种原因（为了爱，为了降低内疚，为了名誉等），家庭中的所有成员此时都会约束自己，并全力投入到救治病人上。

从系统家庭心理治疗观的角度看，家庭中的精神病患者是那个为了解决自己家中难以调和的冲突而牺牲自己的人。因此，一个家庭出现精神病患者，是这个家庭在进行自调节并将出现重大转折的标志。

从**临床**上看，每一个治疗后**痊愈**的精神病患者，其家庭都会呈现出前所未有的健康与活力。这不仅印证了精神病患者的出现是一个家庭要进行自调节的标志，也表明只要方法得当，这个家庭就会出现重大的建设性转折。

其实，早在20世纪初，弗洛伊德就发现：**健康与不健康是一个连续谱**。在他之后，许多以研究精神病患为起点的心理治疗家也都证实了这一点。

世界上不存在绝对的心理健康或心理不健康，因为心理健康和心理疾病是分不开的，心理的健康状态是一个动态发展的连续谱。我的观点是，人生命中80%的时间内，能具有一种基本良好的生活适应状态，那就是基本正常且健康的。如果我们要求自己在100%的时间里都保持良好的生活适应状态，这不现实，也不可能。

我们在生活中总会遇到各种挫折或者突发事件，届时出现短期的反应性情绪波动，如悲痛欲绝、抑郁消沉甚至愤怒狂暴等，都很自然，因为这是人心理的自调节机制在发挥功能。所以，在面对挫折和突发事件时，只要负性情绪没有延续太久，都可以算作正常范围。

对心理疾病的诊断，有三个标准：一是症状，二是程度，三是时间，三者缺一不可。在《儒林外史》中，范进中举时表现出的“躁狂症”倾向，虽然程度不轻，但是他岳父一个耳光就把他打回来了。因为症状出现的时间比较短暂，就只是一过性的心理问题。

一个症状在较严重的程度上持续一定时间后，才要考虑做疾病诊断。当然，这只能是心理治疗师或者精神科医生的工作了。

尽管我们绝大多数人都基本健康地来到了这个世界上，但是每个人遇到的环境不同，对环境的适应水平也不同，就有了不同形式和不同程度的心理疾病。所以，疾病其实是生命存在的正常形式。疾病并不可怕，它与健康是一枚硬币的两面。

不仅如此，疾病还是我们获得康复的转折点——造化会驱使我们发现并学会运用自身的自调节机制，解决人生中的重大问题，激励自我成长。

我们的自调节系统还得益于进化。

所谓进化，是指事物由简单到复杂、由低级到高级的逐渐演化的过程。

造化赋予了我们与生俱来的自我调节力，在人类的发展与进化中，这种能力又得到了更为精心的打磨，并最终积淀为人类的集体无意识——一种从来不需要想起，却总在需要的时候自动发生作用的心理机制。

我在上文中介绍过，荣格认为，集体无意识由各种原型组成，生活中有多少典型环境，就有多少个原型（如母亲原型、英雄原型、医生原型、知识分子原型等），无穷无尽的重复已经把这些人类经验以神话和童话的方式刻进我们最深层的精神构造中，当符合某种特定原型的情景出现时，那个原型就会复活，并产生一种强制性，最终它会像一种本能驱力一样，与一切理性和意志对抗，严重时，还会使人产生心理疾患。

说到**和身心有关的原型**，有“健康原型”“疾病原型”“瘟疫原型”“康复原型”“西医原型”“中医原型”“养生保健原型”等。在每一个特定的场合或说典型环境中，这些原型都会自动出现，左右我们对事物的看法和评价，影响我们的思考和决策。

以 2003 年 SARS 在北京的肆虐为例，当有关病毒危险性的传闻被证实后，人们心中有关传染病的原型——传染病等于死亡的古老经验——立刻被激活。当时，北京的情形正如荣格所说的那样，被激活的传染病原型一度产生了一种强制性，像一种本能驱力一样，与一切理性和意志对抗。大家可能还记得当时有些人的过度恐惧反应，以及对家中宠物的抛弃和伤害，那正是有关传染病的原型被激活后的表现之一。

此后，经过专业人士的大力科普宣传，到2020年新冠疫情暴发，人们才基本不再把宠物当作替罪羊了，尽管此次新冠疫情的传播范围要比 SARS 大很多倍。

在人与环境的相互作用中，人的躯体自调节系统日益完善，而在人与人的相互作用中，人的心理自调节能力也在日益完善。感谢我们的祖先，他们在造化基础上做的每一次富有成效的微调，都成为我们今日自调节的资源。

人们所熟知的那些有助于完善人际关系的词，如“让步”“妥协”“达观”“弹性”“灵活”“宽让”，以及“理解”“合作”“沟通”“助人”“利他”等，都体现了人与人通过相互作用的自调节功能由低到高逐渐发展、演化的过程。

我们的祖先在人际冲突中先是用这些观念来说服自己，然后渐渐发现，这些观念不仅有助于调节自己的心情，也有助于建立可持续发展的人际关系。于是，这类凝结着祖先生存智慧的心理自调节机制就这样遗传下来，成了我们今日所继承的精神遗产。

现在，来看我们得之于祖先的、与身心自我调节力有关的其他原型。除了那些已经根深蒂固地植根于我们头脑中的“自然疗法原型”“食疗原型”“养生保健原型”之外，我们还拥有许许多多“从来不需要想起，永远也不会忘记”的身心自调节原型。

当我们为错过一次重要的机会而沮丧时，“塞翁失马，焉知非福”的典故会让我们低沉的情绪高昂起来，从而重新投入到“再坚持一下”的努力之中。

当我们与人发生矛盾并陷入僵局时，“退一步海阔天空”的古训就会在我们耳边响起，让我们平静下来，坦然面对冲突，最终成为让对方心存感激的冲突终结者。

当我们被日益浮躁的社会风气裹挟而感觉定力不足时，“宠辱不惊，闲看庭前花开花落；去留无意，漫随天外云卷云舒”的优美诗句就会在我们头脑中闪现，让我们的心恢复恬静与平和。

还有那许许多多充满智慧的、在中国人心中扎下根的成语典故。如自我告诫时常用的“一失足成千古恨，再回头已百年身”，又如换了新环境偶感不适时安慰自己的“既来之，则安之”，与人相处时提醒自己的“己所不欲，勿施于人”，再如困境中激励我们前行的“天将降大任于斯人也”，等等这些都是中国人进行自我心理调节时的重要资源……

感谢我们的祖先，他们成千上万年的摸索和积累，才让我们这些后人拥有了一个十分丰富的心理保健和成长资源库。

当然，我们每个个体的努力也不容忽视。不论祖先遗传给我们多么合理而又完善的自调节机制，我们仍将不可避免地要复演同样的自我探索过程。

造化和进化虽然赋予我们许多资源，但是，就如同大自然的宝藏只对那些坚持发掘它的人显露一样，人得之于天赋和祖先的自调节能力也只在那些不懈探索的人面前才会显现。

所以，每一代人都无法绕开一个永恒的人生命题：认识自我并实现自我。因此也就有了在自我保健和自我调节问题上的个体差异。

造化天赋、祖先遗传，加之个体努力，使得每个人都拥有自我调节的无限潜能。只要一个人愿意，他就可以凭借自身的内在资源，过上一种高质量的、节能成长的生活。

但是另一方面，现代科技的迅猛发展却正在使人放弃对自身的信赖，并越来越背离躯体与心灵的智慧，而更多地依赖于网络、机器、补药和健身器材。因此才有了心理病已经成为二十一世纪主要问题之一的现象。

其实，有病的不是人本身，而是违反自然甚至是与自然为敌的世界。

当然，就某些人而言，的确也存在一时无法调动自我调节力并最终产生心理问题的情况。那么，为什么会出现"当局者迷"的问题？是什么束缚了一个当事者，以至于使他无法调动自我调节力？是什么影响了一个当事者，使他确信自己帮不了自己？是什么扰乱了一个当事者，使他决定把自己的康复责任全盘转交给别人？

其实，阻止一个当事者有效解决自身问题的原因很简单，那就是：被情所惑。

人的心理主要包括认识、情感和行为这三大部分，当一个人遇到问题时，他固有的思维模式会在瞬间激发起他的情绪。所以就有了情绪先行的表现。

因为情绪先行，就有了种种非理性行为。

担心、不安、紧张、恐惧、忧伤、痛苦等，这些情绪像一张大网紧紧地束缚着当事者，使他们无法客观地看清问题和评价问题，很难从整体上去把握一个事件的发展走向，更无法信赖或者依靠自身机体，因此便产生了种种心理困扰。

在很多人的心里，都有这样一个认知误区：我们的身心健康应该由医生负责。可是，这世界上，有哪个医生会比病人自己更渴望让自身摆脱病痛、恢复健康呢？有哪个医生会比病人更接近他自己的自调节与自愈系统，以便于调动它们呢？

我们的康复有时候需要医学的帮助，但我们康复的希望却不在别人，而在自己身上——在于我们是否调动了自身的自我调节力，是否肯调动自己的自调节系统。外因通过内因起作用。要知道，再高明的医生也帮不了一个未曾启动或不愿启动自调节系统的人。身体保健如此，心理保健更是如此。

所以，从这个意义上看，一个人只要肯了解、认识、发现并且借助自己与生俱来的自调节系统，就可以成为自己最好的身心保健医生。

更何况我们每个人的自调节功能都极为奇妙，只要我们有心去寻找、去体验，它们就一定会对我们鼎力相助。

现在，我们来看死亡。

新冠疫情的肆虐让很多人意识到自己对死亡的恐惧。

在此之前，很多人都有一种错觉：自己是例外的，尽管所有人都是向死而生的，但是我却是可以例外的。即使最终总有一死，我的死亡也一定比别人的要来得迟（心理学上将这种总认为自己会远离不幸事件的错觉称为“自我中心性”）。

但是新冠疫情却猛然把“死亡”推到了人们的眼前，使人们在猝不及防中近距离遭遇死亡事件，疫情使人们的“自我中心性”又走向了另一面，即认为自己必然会成为事件的中心。于是，便有了无法克制的、四处蔓延的对死亡的恐慌。

新冠疫情再一次让人们惊觉：原来死亡是可以随时降临的，原来人的生命是如此脆弱，原来我们没有无限的生命可以挥霍，原来我们从降生之日起，就不可避免地会走向衰老和死亡。可是，人为什么还是如此惧怕看到死亡？

换一个角度，也许因为生命太美好，以至于人们拒绝被死亡带走。当然，这也可能是代代相传的一个有关禁忌的习惯。还有可能是集体无意识的缘故，使人们对死亡总是持一种否认或回避的态度。

不论是什么原因，日常生活中我们常常以隔离机制对待死亡，如用“走了”“去了”这样的说法取代死亡这个词。

也因此，从古至今，就有无数有关长生不老、长生不死和延年益寿的偏方与“发明”。但是不论人类有多少伟大的发明与创造，不论世界上有多少先进科技，死亡仍会不可避免地降临到每一个人身上。

这是生命存在的规律之一，而规律，是无法抗拒的。

也就是说，不论我们多么害怕死亡，我们都必须正视这样的现实：死亡是必然的，死亡面前人人平等。

其实，仔细想一下就会发现，造化安排死亡，是为了让我们的一生活得更有意义。试想，如果我们有无限的生命可以存活，有无限的时间可以挥霍，有无限的明天可以依赖，那么，我们还会抓紧时间体验生活中的种种美好吗？我们还会有不同年龄段的不同感受与感动吗？我们还会为自己每日的收获与成长而感到欣慰吗？所以，如果生命没有由盛到衰直至死亡的过程，生命的意义与乐趣也许就会少很多。

如果造化没有让死亡提醒我们，生命有限，人生苦短，我们要懂得珍惜生命，懂得抓住有限的人生去过有意义的生活，那么，这世界上的人大多都会受惰性的影响，在“明日复明日，明日何其多”的自我安慰中蹉跎岁月、虚掷甚至辜负生命。

所以，造化安排死亡，是为了警醒人类：人生短暂而又不可逆，生命匆匆又匆匆。

但是造化还是为人安排了不朽。造化对人有特别的眷顾，它让人成为大千世界中“会思考的芦苇”。因为被赋予了思考的能力，造化就为人安排了一条可以永生的道路：你为世界做贡献，世界回报你好口碑。于是，你便在人们的口口相传或者与世长存的纪念碑中获得永生。

造化让那些在有生之年为他人造福的人以“口传”“文字”等多种方式永生，这便是造化在人的生命上所做的变通。因此，只要一个人过着有意义的人生，衰老与死亡就不再可怕。

既然肉体的死亡是造化的既定安排，那么，医学与医生的目的就不是为了消灭疾病和死亡，而是能够让人们即使与疾病和死亡相伴，也仍然可以过上有质量的生活。而要做到这一点，医学与医生就一定要和病人的自调节与自愈机制相配合。

心理治疗尤其需要如此。

心理治疗中的一个新疗法——眼动疗法——的崛起，最能说明心理治疗师对人心理自我调节力的新发现与信心。

眼动疗法（Eye Movement Desensitization and Reprocessing，简称 EMDR）的基本理念是：人存在心理自调节机制，而创伤性经历让人大脑的左右两半球出现了堵塞，结果便使人的自调节能力受到暂时性的破坏。通过给患者实施眼动疗法，就可以打通大脑被堵塞的部分，从而使患者的自调节功能恢复作用。

总之，不论是医学上的发现，还是我们日常生活中所见证的种种心理自调节的范例，都说明我们人类具有极其成熟的自调节机制，只要我们懂得信赖它、珍重它、善于利用它的帮助，就可以提升我们的生活质量，让生活充满幸福。

本章涉及术语：自我调节、自愈、康复、原发性获益、继发性获益、心理能量、破坏性方法、建设性方法、焦虑症、强迫症、抑郁症、疑病症、恐惧症、家庭自调节、临床痊愈、健康与不健康是一个连续谱、一过性、集体无意识、与身体有关的原型（健康原型、疾病原型、瘟疫原型、康复原型、西医原型、中医原型、养生保健原型、自然疗法原型、食疗原型等）、眼动疗法。

我宁愿给我所有的自动功能很多自治权，它们想要多少我就给多少，然后什么都别管，抱最好的希望就是了……

禅宗的射艺就是这么回事。跟一个高明的大师学好几个月之后，你放箭的时候就不再是自己去放，而是让手指头去放，让它们自己说了算，轻轻地，就像花的开放。学会了这个以后，不管箭射何处，你是准中无疑。你可以跳到一边看景去。

——刘易斯·托马斯

练习一：认识自己的自我调节力

（一）罗列 3 种你最近独自成功应对的负性情绪：

1. 焦虑

2. 伤心

3. 生气

……

从中找出规律。体会一下，是什么使你最终从焦虑、伤心或生气中走了出来？是你自己的一个信念、一个想法，还是一种行为？

不论是什么原因，你一定对自己的自我调节力与自愈力又有了更深刻的印象。

（二）请记录你的发现和感受。

练习二：学会觉察自身自我调节力的信号

说明：我们由于缺乏对自己的了解，因而对自己的自我调节力常常视而不见，以至于失去了很多自调节和自助的机会。因此，这个练习就是要帮助大家学习觉察自身自我调节力发出的信号。

（一）填空：

1. 如果我这段时间感到疲倦，那是自我调节力在提醒我____。

2. 如果我这段时间感到易怒，那是自我调节力在提醒我____。

3. 如果我这段时间感到有人对我有敌意，那是自我调节力在提醒我__________________________________。

4. 如果我这段时间感到痛苦，那是自我调节力在提醒我____。

5. 如果我这段时间感到郁闷，那是自我调节力在提醒我____。

……

（二）对照参考答案。

1. 如果我这段时间感到疲倦，那是自我调节力在提醒我：该让自己好好休息一阵了，同时也该充电、学习了。

2. 如果我这段时间感到易怒，那是自我调节力在提醒我：你的负担太重了，已经超过了自己能够承受的程度，你该做做减法，减轻一下自己的负担，停止做那些不是非做不可的事，去做一些能让自己放松的事。

3. 如果我这段时间感到有人对我有敌意，那是自我调节力在提醒我：你感受到了威胁，你该检视或者维护你的安全感了。

4. 如果我这段时间感到痛苦，那是自我调节力在提醒我：你的心受伤了，你该出来呵护并且修复这颗受伤的心了。

5. 如果我这段时间感到郁闷，那是自我调节力在提醒我：你该重新审视自己的人生目标了。

……

（三）听从内心的呼唤，主动进行自调节。

前面介绍过，我们的内心呼唤常常以躯体形式表现。你要及时察觉身体发出的信号，然后主动为改善自己的身心状态做些建设性的事。

例如做一些平时会让你感到快乐的事（看电影、听音乐、读书、与朋友聊天、运动等），也可以去做专业咨询，认真解决你正面临的问题。

记录实践后的感觉和感想。

让我们做家庭问题的终结者
——术语十九、二十：原生家庭与再决定

有一个夏天

多少次一再返回

有一朵花张开

现出许多种形态

——露易丝·格丽克

所谓**原生家庭**(Family of Origin),是指一个人从小生长的家庭，家庭成员包括父母、兄弟姐妹，还可能有祖父母或其他亲人。在原生家庭的早期经历会影响我们对自己、他人和世界的看法以及与外界的互动方式。如果原生家庭温暖美好，我们对世界的看法就同样温暖美好，也会愿意与别人合作，以获得双赢；如果原生家庭冷漠无情，我们就会对世界心怀不安甚至恐惧，就会以逃避、挑衅的态度面对世界。现实中，绝大部分原生家庭是处于以上两极之间的。

谈原生家庭，就不可能不谈网上对原生家庭的热议。比如

2020 年 7 月 28 日的一篇文章中，谈到知乎的一条热搜："父母对你伤害最大的一件事是什么？"这一话题下有 19 200 人回答，关注者 66 074 人，被浏览 38 666 506 次。文章的作者说："看完后会发现，父母随口而出的一句话，真会变成压在孩子心头的一座山。"

在网上发声，暴露自己原生家庭中的问题，这对于千年来奉行"家丑不外扬"的中国人来说，是一种巨大的变化。通过这种方式宣泄积压多年的情绪，寻求认同和支持，从而知道自己并非特例，这不仅有助于缓解压力，也是一种自救和自我梳理的方式。某种程度上有助于与原生家庭和解，从而开创健康的家庭生活。

可是，对大多数人而言，仅凭网络讨论，不足以真正解开心结，而且还有可能会被群体情绪引入歧途。

在社会心理学中有一个术语：**群体极化**（Group Polarization），即群体会形成比个体成员的平均观点更为夸大和极端的观点。群体极化通常会发生在冒险和保守这两个极端上。例如个人最初的想法是冒险的，那么群体的决定会是更加冒险；如果个人最初的想法是保守的，那么群体决策后会更加谨慎。

所以，在群体极化的影响下，一个人很有可能会变得越来越偏激，极端时甚至会站到父母的对立面，那就违背了我们当初暴露家庭问题的初衷——解决自己遗留的问题，与父母和解，做家庭问题的终结者。

本书的下编是谈"自我成长以及与他人共同成长"这个话题。要谈成长，原生家庭是怎么也绕不开的主题。原生家庭是指我们自小出生并在其中成长的家庭，与之对应的是我们长大自立门户的新生家庭。

原生家庭在我们人格的形成中有很重要的作用。除非成长中遭遇重大事件，我们的价值观、人生观和世界观通常都与原生家庭密切相关。如果我们有幸生活在一个温暖、有爱的家庭中，我们就能发展出对世界和自我的信任，具备积极的自我意识、自信自尊的人格，从而与他人发展积极的人际关系。但如果我们生活在一个充满冷热暴力的家庭中，我们就有可能发展出强烈的不安全感，并对世界充满怀疑和防御。

原生家庭对我们的影响会随着年龄的增长而日益显著。它既会在我们与他人交往时的情绪、信念、态度上表现出来，也有可能在金钱、职业、关系等重大选择时左右我们。一个在原生家庭总被父母指责挑剔的人，长大后往往可能比一般人有更强的防御和攻击性；长期被父母漠视的孩子，则往往会自卑退缩；一个总被父亲打骂、歧视的女孩子，长大后容易对异性产生偏见甚至敌视。

原生家庭对个体的影响是全方位的、潜在的、深远的，因此原生家庭几乎是所有心理治疗师为咨询者做诊断时考虑的首要因素；正因如此，才会有弗洛伊德的**早年创伤说**，阿德勒的**早年排行说**，艾里克森的**早年社会关系说**，行为治疗的**早年环境说**，罗杰斯的**早年无条件积极关注与否说**，新精神分析学派的**客体关系**、**依恋关系说**等。

1950 年左右，西方陆续诞生了一批家庭治疗流派，其中最有影响力的是“系统家庭治疗”和“萨提亚家庭治疗”。发展到今天，各心理学流派也大都在团体咨询与治疗过程中发展出了自己的家庭治疗项目。

网络使人们拥有了新的倾诉工具，有助于宣泄负面情绪和获取情感支持。某种意义上，这也是一种集体疗伤的方式。有原生家庭创伤的人走到一起，在**集体自我疗伤**的同时，也迈出了集体反思家庭教育的第一步；等到他们为人父母，会更有动机为下一代提供健康的家庭环境，做家庭问题的结束者。

所以，当前的宣泄是解决问题的方式之一。但是如果一个人总是宣泄，那么有一天他会非常震惊地发现，他正在做自己以往甚至是一向最深恶痛绝的事。这件事看起来很诡异，一个人会不可思议地、无法控制地在某一天开始做他一生都在反对的事！

比如一个从小因为家庭暴力而备受伤害的人。起初，他因为憎恨家庭暴力，努力要求自己变得绅士，并且也做到了这一点，但是因为他在自己早年的生活环境中只见过两种行为——暴力或者忍受，他憎恨暴力，于是选择了忍受。

他努力忍受的结果是：他成了一个绅士。但是有一天，因为忍无可忍，他突然对家人动了手，那之后他对自己说：完了，我这是遗传的，我没救了。在外人看来，他前后的行为有一个 180 度的大转变——从一个绅士，变成了让家人害怕的施暴者。

他以为这是遗传，其实不然，这叫**强迫性重复**（Repetition Compulsion）。事实上，他的行为是学来的，而学来的东西，也可以丢掉，但是他不知道这个秘密，而是被“自己也会动手打人”这一点吓住了。他以为自己不可救药，于是从此放弃做绅士的努力。

他不知道的第二个秘密是：在暴力和忍受这两极之间，还有无数种方法，他完全可以选择学习那无数种方法中最好的一种。

所以，宣泄过后，我们该做什么？是选择继续做受害者，还是选择不再做受害者？这是一个问题。

因为工作关系，我见过各式各样的原生家庭，也见过各种各样对原生家庭的反抗。有15岁离家出走的；有被父母逼得“说谎成性”的；有终于敢与父亲对打或与母亲对骂，然后在震惊中开始痛恨自己的；有父母说东自己就一定向西，即使西边有万丈深渊也义无反顾的；有一度整天躲在网吧不回家，差点晕死过去的；有痛不欲生时就不断划伤自己，以至于身体伤痕累累，在夏天都裹得严严实实的；有因为对父母婚姻的严重失望而丧失对所有男性的信心，从而选择同性恋的；有为了惩罚父亲去做第三者的；甚至还有为了逃避父母的管束不惜毅然终结生命的……

虽然这类个案在我38年的咨询与治疗工作中只占极小比例，但每一个孩子都让人痛心不已，还好他们中的绝大多数最后都决定寻求专业帮助，都选择停止做受害者，选择用建设性方式帮助自己摆脱过去的阴影，并重新开始自己的生活。

所以，还是那个问题，宣泄过后，我们该怎么办？如果我们选择继续做原生家庭的受害者，那么有可能让自己一生都身处受害者的地位。

需要特别提醒的是，在原生家庭受伤的人，往往最有可能成为自己家庭问题的继承者。所以，如果我们不换一个视角看过往的问题，父母曾经对我们做出的伤害举动，还有可能经由我们而实现**代际传递**（Intergenerational Transmission）——让你成为你曾经最恨的样子，而你的孩子则有可能继续重蹈覆辙。

当前，由于网络的便利，很多心理学概念都被普及了，这对于公众的科学自助有很重要的意义。但是我发现，在科普创伤和童年经历这两个概念的过程中，有一种极端化倾向，就是把创伤和童年经历看得过重了。童年经历的确非常重要，父母对我们的影响也的确非常大，但原生家庭和**早年创伤经历**是否会影响人的一生，最终还是取决于我们每一个成年人自己的选择。

下面我将介绍一些在原生家庭问题上的自我调节方法。我先做一个区分，如果原生家庭对自己的伤害属于上述极端情况，比如原生家庭中有冷热暴力，父母对我们的身心都造成了可见的伤害（身体被摧残，出现了一些精神症状，丧失了部分社会功能等），那么我们能为自己做的，就是尽快去寻求系统的心理咨询或治疗，在专业人员的帮助下让自己尽早开始新的生活，必要时，还要寻求法律帮助。

再次声明，下面我要介绍的用于自助的理念和方法只适合那些在原生家庭遭遇了父母的无心之过的人。因为现实有两种：**客观现实**（Objective Reality）和**心理现实**（Psychological Reality），而导致人们心理出问题的常是心理现实，而非客观现实。

以父母逼着孩子学钢琴为例（极端情形者不在讨论之列，例如真是万分痛恨弹钢琴而不惜划伤自己的手）。我见过有的孩子学钢琴时百般不情愿，长大后却万分感谢父母当年的坚持，让自己能有一个优雅的业余爱好。我还见过父母当年尊重孩子的选择，同意孩子放弃钢琴，结果孩子长大后抱怨父母："我是孩子，你们是大人，你们当年为什么不强迫我坚持学钢琴？"

客观现实如此，可是孩子的心理现实却不一样。随着年龄的增长，人看问题的方式会与儿时大不一样。当年被逼着弹钢琴算是创伤，可是长大后却成为感谢父母的原因之一。当年被同意停练钢琴看起来是及时止损，可是长大后却成为一大遗憾。大部分的所谓原生家庭问题亦然。小时候被禁止单独去游泳、玩心心念念的游戏，激起的是痛苦万分的哭闹，这些所谓的创伤，长大后却可能是自己都不好意思提及的故事。

童年经历对孩子的影响确实很大。一个小婴儿，你让他举一个一公斤的哑铃，他根本无法做到。但是当他10岁、20岁、30岁时呢，那一定是"不费吹灰之力"就能办到的事了。面对父母的无心之过，小时候的我们完全没有招架之力，但我们现在是成年人了，我们有能力保护自己，也能够对过去的心结一笑了之。

我们不再是无法保护自己的孩子了。我们是成年人，是能够养活自己和实现自己的理想的成年人，面对父母以往的过失，如果还像一个小孩子一样翻旧账、不依不饶，是不是就有点幼稚了？

所以，如果选择继续声讨原生家庭，把父母置于永远的**迫害者**地位，那我们自己就会是永远的**受害者**。而停止声讨，同时开始进入思考问题和解决问题的阶段，我们就有可能成为新生活的**建设者**，并且有可能"生活得更好"。

首先，我们可以尝试换一种思路：其实父母也是他们自身问题的受害者。

如果父母是因为他们自己早年经历的不幸而给我们造成了伤害，那么首先他们就是自身早年经历的受害者；如果父母是因为无知而给我们造成了伤害，那么他们就是自身无知的受害者；如果父母是因为不会爱而给我们造成了伤害，那么，他们首先就是缺乏爱的能力的受害者。

如果从这些角度去重新思考父母当年对我们的伤害行为，我们会不会有一些新的发现？他们的父母教育他们时用拳头和辱骂，所以他们对下一代也用了相同的方式；他们的父母当年当他们是空气，所以他们也把自己的孩子视作空气；他们的父母从来没有用安抚和鼓励表达过自己的爱，所以他们也不懂如何表达对孩子的爱。

其次，我们也要考虑，小时候父母伤害我们，是因为他们没有边界感，把我们当作了他们生命的延伸。而现在，我们毫无节制、得理不饶人地抱怨和声讨父母，同样是越界的行为。大家都是成年人了，要用成年人的方式处事，否则我们就会遇到最不可思议也最诡异的一种现象：有一天，我们会变成自己所厌恶甚至痛恨的那种人。

再者，把宣泄作为自我疗伤的第一步，宣泄过后，我们还需要做出新的选择——做一个建设者。选择做建设者而不是继续做受害者，在原生家庭中受过伤害的人才有可能彻底摆脱过去的伤痛，拥有不一样的美丽人生。

为了帮助大家更好地走出原生家庭带来的伤痛，这里需要引进一个新的心理学概念：**再决定**。这个术语最初出自心理治疗家艾瑞克·伯恩的**交互作用分析学**（Transactional Analysis，又译作人际沟通分析学），之后，其追随者罗伯特·古尔丁和玛丽·古尔丁发展出系统的“**再决定疗法**”（Redecision Therapy），这种疗法的初始目标就是帮人们解决与原生家庭的冲突。

限于篇幅，这里只介绍有利于读者自助的部分。

要说清“再决定”，就先得解释清楚伯恩所说的“决定”是什么。伯恩秉持存在－人本主义哲学观，也就是相信“人之初，性本善”，相信人有无限向上、向善的潜能，相信人有选择的权利和能力，并能为自己的选择负责。

伯恩假设：“每一个正常的人类婴儿来到这个世界上，都拥有一种可以让自己往有利于自身和社会最好方向发展的潜能，他拥有心灵的自由，不仅能够让自己快乐，而且能够创造性地为社会做贡献。”[1]

因此，如果一个婴儿有幸降生到一个慈爱的家庭，他就会保持他与生俱来的善良，对世界充满信心和关爱。但这个世界上的大多数孩子缺乏这种幸运。若他不幸成长在一个有严重家庭问题的环境中，渐渐地，他就有可能对自己的生活定位做出新的决定，而新的决定分为健康与不健康两种。

健康的决定（Healthy Decision）是指一种具有适应性并且灵活

1　Eric Berne. Principles of Group Treatment[M]. New York: Oxford University Press, 1966: 269.

的决定。[1]比如一个在原生家庭中受到伤害的孩子决定："我将来要通过自己的努力改变我的命运。"或是："我将来要做一个好爸爸或好妈妈。"伯恩认为，这些健康的**早期决定**可以帮助个体很好地适应原生家庭的状况，使个体可以平安渡过当前的逆境。

而**不健康的决定**，或说是**病理性决定**（Pathological Decision）是指"一种绝对化的决定，一种因为绝对化而完全没有适应空间的决定，它的表现形式往往是'绝不'或'总是'"。[2]例如一个女孩子总被父亲殴打，她无意识中会得出"男人都会使用暴力，男人都是野蛮的"的结论，并做出"要提防男人"的决定。这个决定在当时会帮到她，使她可以毫无内疚地逃避、远离甚至顶撞父亲，从而免于被父亲的喜怒无常所困扰。

由于不健康的早期决定，或说是**生存策略**缺乏建设性，这个人在成长过程中常常会经历很多负面事件和情绪，积压到一定程度，就会产生累积效应，导致各种心理甚至精神症状的爆发。

当他们来到治疗室的时候，伯恩及其追随者的治疗策略之一，就是帮他们做出新的、有利于成长的、健康的再决定。

所谓**再决定**（Re-decision），是指我们在成年后的所作所为常常受儿童时期无意识的决定所影响。治疗师要帮来访者把这种影响从无意识层面提升到意识层面，然后帮助其"重新决定"或"再决定"如何对待自己当下的生活。

1 Eric Berne. Principles of Group Treatment[M]. New York: Oxford University Press, 1966: 269.

2 同上。

比如前述那个被家暴的女孩子，她儿时的决定（男人会使用暴力，男人不好，男人不可信赖）作为一种生存策略，在一定程度上帮她适应了当时的生活状态。但在日后成长的过程中，她戴上的这个有色眼镜会使她出现选择性注意：她会对男性的各种问题行为有超常的敏感，而这种敏感又会进一步强化她儿时的决定。

即使这个女孩子成年之后与异性交往甚至结婚，她也会不断重复自己当年与父亲的交往模式：逃避、拒绝（如冷战）或反抗（热战）。不仅在生活中，在工作上，如果遇到强势的男性领导，她也会在无意识中用当年对抗父亲的方式对抗现在的领导。

如果她到治疗室来，治疗师就会帮她意识到她儿时的决定是如何影响她今天的生活的，让她了解人的观念对人心理状态的影响，从而帮助她摒弃早年的立场和生存策略，从而做出新的、具有适应性的、健康的再决定。

再决定理论最初是为解决原生家庭问题而提出的，但是现在我们可以用在一切需要做再决定的情境中。普通人了解这个小理论，也可以用以指导自己的生活。比如，一个人早年所做出的决定影响到了其成年后的生活，那么他可以通过主动思考、探索早年决定中的问题，而后做出新的决定（再决定），来改变自己当下和未来的人生。

总之，再决定理论相信人具有自由意志，相信人有能力为自己的感觉、行为和思想负责，有能力为自己做出更好的选择。它以合约和决定为导向，在当时当地的治疗中，治疗师与来访者在明确目标的牵引下，把焦点放在来访者儿时所做的早期决定上，并鼓励来访者在当下做出新的、更具适应性的决定。

那么，从操作上看，究竟该如何做再决定？伯恩的观点是：治疗师可以通过合约（Contract）的方式帮助来访者实现其再决定。伯恩提出的治疗合约如同商业合约一样，分别规定了双方的责任、义务和要达成的目标。听起来很简单，但是真要具体实施，则需要专业人员的具体指导。

我介绍“再决定”这个理念给大家，是因为有的人只要有理念指导，就可以创造出属于自己的方法。作为普通人，如果我们能在此理念的启发下，重新思考我们过往对待原生家庭的态度，并创造性地做出建设性改变，那这个术语就帮到了我们。如果我们仍然无法摆脱原生家庭的问题，那就要去寻求专业帮助。

以下，对有理念指导就可以付诸行动的读者，我再做一些补充。

首先，我们随时都可以开始自己的再决定。再决定理论的精华是：坚信人有能力超越旧有的习惯模式，并选择新的目标与行为；坚信人有自主性，有能力做自己命运的主人。有不少人对再决定持怀疑态度，认为自己已经被原生家庭所决定，因此根本不具备再决定的可能。

其实不然，事实是，不论我们是否意识得到，我们每时每刻都在做决定——有时是往有利于自己成长的方向做决定，有时则是往不利于自己成长的方向做决定。此外，不做决定本身也是一种决定。所以，不论我们意识到与否，决定总是在发生，再决定亦然。因此，无论何时，我们都可以选择是否往有利于自己成长的方向做出新的再决定。

有不少人虽然已经看到自己的早期决定所引发的严重问题，但是由于诸多原因，他们宁愿在问题中继续煎熬，也不愿意为自己做出新的再决定。

导致人们难以做出再决定的原因很多，比如：有的人是因为不确定新的决定是否真的有效；有的人是因为不知道该做出什么样的再决定；有的人是因为担心自己的问题已经积重难返；有的人认为在原生家庭中一切都已经发生了，再决定还有什么用？还有的人认为，是他们（父母）制造的问题，凭什么要我去做再决定？

确实，再决定不一定能够让我们更适应生活（比如我们做出的再决定不一定更具有适应性等），但是，已经过时了的早期决定肯定会影响我们对当下生活的适应。

佛家有句话："放下屠刀，立地成佛。"这句话可以作为对再决定的最好诠释，冷酷如屠夫者都可以立地成佛，更何况一般人。这句话的另外一层含义则是：人的行为可以在任何一个节点终止，并重新开始。因此，只要想改变，随时都可以实现。一切皆有可能。

此外，原生家庭中发生的一切虽然不可逆，但是我们的观点可逆。就如同一个人不幸失恋了，虽然这个事件无法逆转，但是，我们对失恋的看法却是可以改变的（可逆）。

为了解决因可逆事件而造成的心理问题，心理治疗师发展出了"**问题解决技术**"。而为了解决因不可逆事件而造成的心理问题，心理治疗师则发展出了具体的"**认知重构法**"。所以，不论我们的原生家庭曾发生过什么，我们都可以尝试通过改变自己的观点做出新的决定，来终止家庭问题的代际传递。

总之，我们虽然面临很多局限，但是只要我们愿意，仍然可以有很多其他选择。历史早已证明，所有那些盛大绽放的生命，所有那些超越环境而发生的奇迹，都源于人的再决定。生活中新的可能性通常只对愿意尝试多做选择的人敞开。所以，选择再决定还是选择拒绝，这是我们每一个人都可以为自己做出的决定。

其次，我们可以将再决定治疗的理念和方法运用到自我保健和个人成长中。虽然再决定治疗只发生在治疗室中，但是再决定的理念却适用于所有希望自助成长的普通人。任何希望对自己的生活做出新决定的人，都可以借用再决定治疗的理念，有针对性地对自己的某个或某些早期决定做出新的、更具有适应性的再决定。所以，再决定可以发生在任何时间和地点。

以下，我将具体讨论普通人在原生家庭问题上可以做的再决定。

再决定一：我们要做家庭问题的终结者。

在网络上讨论父母问题的人，为了摆脱过去的阴影而聚到一起，彼此分担和支持，等到自己为人父母，就可以有意识地做家庭问题的终结者，为孩子创造一个健康成长的环境。

已经为人父母的你，做成你想要的那种父母了吗？你正在做吗？还是你正在延续你父母的行为问题，而成为孩子的问题父母了？

极少数一直在抱怨父母的人，除了抱怨之外，有没有采取建设性行动，矫正从原生家庭带出来的性格与行为问题？还是决定永远躺在所谓的童年创伤经历中度过青年、中年和老年？你要做永远的受害者吗？

创伤真的没有宣传和想象得那么有影响力。人类发展到今天，有记录的历史约50到60个世纪[1]，世界范围内战乱频仍，灾祸连连，集体创伤层出不穷。可是，人类不仅活下来了，而且正朝着有利于自身生存与发展的方向进化。换言之，虽然存在个体差异，但人类总体上都具有天然的**复原力**。

微观上看也一样，由于经验、经历、人格特点等多重因素，世界上再爱孩子的父母，也会犯错。更何况孩子也有敏感与否的区别，同一件事，在一个敏感或一个钝感的孩子眼里，可能会引起完全不同的反应。可绝大多数孩子仍然会活下来，并且会继续活下去。所以，原生家庭的创伤真的没有想象中那么可怕。

网络让心理学概念的普及得更为广泛，这有利于公众的自助。同时也需要警觉，公众有时会像医学生开始学理论那样，容易得"**医学生综合征**"——今天学肝炎，他觉得自己得了肝炎；明天学肿瘤，他又觉得自己得了肿瘤。当公众了解"创伤""早年经历"以及"原生家庭"这样的概念后，往往也会不由自主地对号入座。

但事实是，除了"创伤"之外，"早年经历"和"原生家庭"原本是中性词——我们或许有糟糕的早年经历和原生家庭，也可能有幸福的早年经历和原生家庭——但在传播中，这三个词似乎都成了具有贬义的近义词。这是不合适的。

"创伤说"在心理治疗理论中自然是一个重要的概念，但别忘

---

1 海斯，穆恩，韦兰．全球通史（上）[M]. 吴文藻，等译．天津：天津人民出版社，2018：4.

了，它是在治疗小概率的心理障碍患者中产生的理论，并不适用于所有人。更重要的是，虽然创伤不可逆，可我们对创伤的看法可逆。我们应从积极心理学的视角看待自己在原生家庭的经历，并尽可能将自己的早年经历化作成长资源。

这里再次澄清，如果我们确实属于被原生家庭有意伤害过的人，请一定去寻求专业帮助。

下面介绍的方法只适合被父母的无心之过伤害过的人。

再决定二：选择用新的、更有建设性的方式解决父母给自己造成的问题。

首先，我们可以对原生家庭的“问题”做资源取向的解释。

比如，因为父母的“问题”，我们会比一般人有更强烈的要做好父母的动机，我们也会比一般人更知道怎样避免伤害孩子。从这个意义上看，我们甚至要感谢“问题”父母。

其次，我们要努力尝试从父母的问题行为中找到他们的善意。这样做，不仅是为了父母，更多是为了我们自己。比如由于当年父母“残酷地”逼我们学习，我们今天才拥有了较好的发展平台。此外，不论父母当年做过多少“伤害”我们的事，有一点可以肯定，那些行为中绝大多数是无心之过。那种一定要以伤害孩子为目标的父母无论如何也是极少数。绝大多数父母都是因为自身的问题，或是缺乏爱的能力而不自主地“伤害”了孩子。所以，只要我们愿意，仍然可以从父母身上发掘出他们对我们做的有意义甚至有价值的事。

再决定三：发自内心地感谢自己。

我们要感谢自己能够健康地活下来，并有能力运用网络资源参与集体宣泄；感谢自己依然对父母怀有割舍不断的爱与期待，所以才会如此热切地探讨亲子关系问题；感谢自己能在还年轻时反思家庭教育问题；感谢自己参与集体疗伤，现在或者将来有可能做成让我们的孩子发自内心热爱的父母。

再决定四：从资源取向的角度去解释原生家庭对我们的“伤害”。

这是对父母过往行为的重构。我们要以成年人的视角，从资源取向的角度去解释父母曾经的问题行为。一件一件地看我们能够从中学习到什么有助于自己成长和组建家庭的知识与教训。

如此，我们不仅可以缓解对父母的不满甚至敌意，可以从过往的情绪中走出来，也有助于与父母和解，进而与自己和解。否则，只要我们多一天坚持认定他们是迫害者，我们自己就会多做一天受害者。

……

人类在不幸或灾难面前面临的最大挑战，是选择去自我超越还是自我毁灭，是去爱还是去恨，是去建设还是去破坏……因为它不仅最直接地关系到一个人能否摆脱危机，而且关系到他能否在人生最关键的时刻发现并调动自己的神性，持续发展，直到成为最好的自己。

认定自己被原生家庭伤害的人，已经做了太长时间的受害者。现在，请为自己做一个再决定：从现在起，不再做受害者；从现在起，做家庭问题的终结者，做新生活、新家庭的重启者。

也有些成年人与原生家庭有很严重的分歧，但由于父母年事已高、观念固化等多重因素，很难再与父母实现沟通与和解。这样的成年人就需要接受自己原生家庭的问题，了解父母是他们自身问题的第一受害者，同时把内心那份长久的纠结——由于与父母的冲突而导致的自我怀疑与否认——放下，坚定地站在自己这一边，学习信赖自己，关爱自己。不再像儿时一样，把自己的安全感、意义感和价值感寄托在父母的赞许上。所以，这类成年人目前最重要的课题是要学会爱自己，学会毫无内疚地满足自己，学会享受生活。

把自己的身心安顿好之后，以一个成熟的成年人姿态与暮年的父母相处，安排好他们的日常起居，保障他们晚年的生活，这就足以。而在这个过程中，你不仅可以向自己的孩子做出孝敬父母、尽职守责的示范，同时也避免了晚年回忆起父母时的不安与悔恨。

成年子女在对父母尽责的同时，可以借鉴家庭治疗理论中的**家庭规则说**（Family Rules Theory），和家人一同建设自己的小家庭，使其具备基本健全的功能，即：不仅能够满足家人的物质与精神需要，而且可以为家庭成员提供发现并发挥潜能的机会与平台。

好的家庭规则可以满足家庭成员的生存与发展需要，是人性化、富有弹性、合时宜并且适度的，而且还能随着孩子的成长不断完善。

家庭规则涉及的主要问题包括：父母子女各自的责任、家庭日常共享与沟通的方式、家庭固定的仪式时间，以及出现分歧时的问题解决。

西方各派家庭治疗理论中有关家庭规则的理念包括：

一是规则要明确，同时要有弹性。例如，父母与子女之间的责任要随着孩子年龄的增长不断变化、调整并完善。孩子小的时候，父母在温暖陪伴的同时还要为孩子设置一些基本的规矩和限制，必要时给予奖励或者惩罚。而随着孩子慢慢长大，父母要更多地学习建议和商量，学习与子女平等交流、相互支持，使亲子关系保持在亲密有间的状态中，互相尊重彼此的独立性和自主性，让每个人都可以有自由成长的空间和时间。

二是要有一些资源取向的设置。比如家庭成员之间要学习更多地去欣赏家人的优点，从而增进彼此的认同感和价值感。再比如，当面对家庭出现的问题时，要学习把问题看作家庭成长和产生新的平衡的资源。要知道，家庭问题本身不一定是问题，处理问题的方式更有可能成为问题。

三要设置**家庭仪式时间**（Family Rituals）。比如，每天进行一次餐桌前的交流，交流时要遵循轮流说话的规则。再如在家人的生日、纪念日，以及其他节日里，都要有仪式化的纪念或庆祝行为，如口头祝贺，或是互赠小礼物等。

仪式时间（Rituals）是指在固定的时间以一种固定的、有规律的方式所做的一系列行为。仪式最早源于我们的远祖共同面对大自然的挑战时的求生本能，后来在宗教中得以发展。再后来，心理治疗师发掘其中的疗愈作用，将其用于心理治疗和预防心理疾病当中。

以普通人的日常生活为例，如果我们尽可能固定时间和地点去学习与工作，在开始之前有一些固定的准备动作，如准备好要喝的水、看几分钟报纸或者一篇散文、打开背景音乐等，这种让每天的例行学习或工作仪式化的方式可以帮助我们养成自律的习惯，从而优化我们的学习和工作。

家庭仪式可以帮助我们维护和发展与家人的关系，提升家人之间的关心与忠诚度。当人们举行家庭仪式时，比如每天一谈、周年纪念、家人生日、忌日、特殊纪念日等，人们会将自己从日常的社会角色中分离出来，在与家人同在的这个特定的时间和空间中，大家为着一个共同目标所从事的行为（回忆、交流、美食、徒步、电影、音乐等）会产生新的含义和意义，比如忌日对先人的追思激励着一家人更好地生活下去，周六的家庭美食大餐让家人之间拥有更浓厚的亲情连接等。

四是要有健康、积极的**家庭交流规则**。比如平时要多沟通，出现分歧时要用建设性的方法面对问题，如学习用好奇代替生气，要去解决问题，而不是单纯地抵制问题。这样，你才会有兴趣和愿望与家人主动沟通，去理解他们。

此外，还要遵循就事论事的原则。沟通前要先认真倾听，彼此先把矛盾摆出来，倾听时不要做评价，等对方叙述完之后，要能够把对方说的要点概括出来，待对方确认你理解正确之后，再展开自己的观点。这个倾听和概括的过程在促进双方有效沟通上有很重要的意义。而在双方意见没有达成基本一致而你又不愿放弃自己的观点时，要特别注意说话时的语气和态度，要懂得尽可能做到温柔地坚持。

最后，也是最重要的家庭规则，是要设置一些底线。

第一重要的底线是，产生家庭矛盾时绝不能动手。家庭暴力不仅突破了家庭的底线，也触犯了社会的底线，到时候付出代价的不仅仅是动手的人，配偶和孩子也会深受伤害，尤其对孩子而言，这样的创伤有可能需要一生的时间去疗愈。

其次，遇到冲突时要就事论事，绝不翻旧账。因为这样做的最糟糕之处在于，翻旧账会成为一个扳机点，使曾经的家庭创伤被瞬间激活，使对方即刻进入防御、攻击、逃跑或僵化状态，结果只会激化矛盾。

要把发生争执时绝不碰对方的底线当作家庭的基本原则。底线因人而异，名誉、面子，以及忌讳的事，都属于一个人的底线。出现分歧时，有些人只顾逞一时口舌之快而触到对方的底线，给关系造成毁灭性后果。中国人最在乎面子，被触到底线的人会有被剥夺尊严与价值的感受，伴随而来的还有强烈的不安全感。

家庭是一个系统，来自外部的打击不用说，家庭内部对这个系统中任何一个人的超越底线的打击，都会产生强大的涟漪效应，直到最后导致系统崩溃，家庭决裂。它所带来的严重后果，不仅仅在家庭内部，同时也会影响家庭成员的社会功能，使其在社会适应上出现严重问题。

有效的家庭规则在帮助建立功能健全的家庭上有很重大的意义。每个家庭有意无意地都有自己的家庭规则，它们中具有适应性的部分促成了一个家庭的成长，而那些不具有适应性的部分则成为一个家庭健康成长的阻碍。

我们需要做的就是保持我们自己原有的具有适应功能的规则，同时与家人共同商量补充规则，然后把它们打印出来，贴在餐桌边的墙上，这样每天都可以看到，方便我们养成习惯。

说了这么多有关原生家庭的问题和解决方法，其实家庭还有其另外一面。且不说那些幸福的家庭对其孩子的意义和资源价值，那些不那么幸福的家庭对其孩子而言，也仍然有很多值得感谢的资源。

可是人们似乎有一个认知误区：家庭幸福是应该的，家庭提供资源也都是应该的，以至于人们都想不起来感恩父母。如果有一天，网络上出一个"父母是资源"小组该多好，大家都来说说从自己的原生家庭中获得的养分和资源，让我们辛苦一生的父母能够体验到欣慰甚至自豪。如果是这样，那该多么美好。

这里给大家提供一个值得学习的个案，是我在北京师范大学所教的 2018 级学生苗琛宇于 2020 年完成的"健康人格心理学"期中作业。征得她的同意后，我节选了她作业中的一段话："我与父母的关系一向很好，他们很爱我，对我很好，一家人相处也很融洽。但我那时总是盯着父母的不足之处，想要改变却不知所措。但现在，我和爸妈设定了每周视频电话的'仪式时间'，确定了打电话时要分享的话题：每人说一件自己这周最开心的事；每人讲一个生活感悟；爸妈每周要发现对方的一个优点，并举出例子；爸妈要和我分享一件他们两个人一起做的事情，并描述各自的感受。不知为何，之前的视频聊天总是不大愉快（但现实中的聊天是很愉快的），但现在我们都期盼着仪式时间的到来，我觉得爸妈的关系正变得更好。我现在明白，我可以成为一家三口中那个以更好的沟通方式推动家人一起向更好的方向发展的人。”

这学期，我的班上不止一位同学告诉我，他们与父母的关系在改善，他们中有女同学，也有男同学。他们的共同特点是：不仅有很强的学习动机，也有很强的行动力。他们主动与父母改善关系的一举一动，让我看到的不仅仅是他们一家人目前的美好生活，还有他们作为准爸爸、准妈妈[1]非常值得信任和期待的未来。

本章涉及术语：原生家庭、家庭问题、机能自主、群体极化、早年创伤说、早年排行说、早年社会关系说、早年环境说、早年无条件积极关注与否说、集体自我疗伤、强迫性重复、代际传递、童年经历、早年创伤经历、客观现实、心理现实、迫害者、受害者、建设者、再决定、交互作用分析法（人际沟通分析法）、再决定疗法、健康的决定、不健康的决定（病理性决定）、早期决定、合约、生存策略、问题解决技术、认知重构法、复原力、医学生综合征、家庭规则说、家庭仪式时间、仪式时间、家庭交流规则、家庭系统。

1　我对学生的定位是：渴望成长的年轻公民、今日中国的形象大使、准爸爸、准妈妈。

你可以继续像个孩子似的幼稚和无助，等待父母给你发放成人许可证。但实际上，决定权在你自己手里，而不是由他们来掌握。当你真正地放弃斗争时，会发现自己的生活也会顺利起来。

——苏珊·福沃德，克雷格·巴克

练习题

练习一：为父母的问题行为做一次辩护人

注：通常人的行为都是多重原因决定的，父母当年对我们的无心之过也一样。当年作为孩子和当事人，我们的判断角度有限。今天作为一个成年人，我们来尝试全方位分析父母当年的行为，看有什么不一样的发现，同时看能否找出替换方法。

（一）示例：父母当年总拿别人家的孩子压自己。

1. 原因分析：

（1）父母认为只有这样才能够激发我的学习动机。

（2）父母希望我有更好的人生和未来。

（3）父母相信我是见贤思齐的人。

（4）……

2. 替换方法：如果我做父母，为了激发孩子的学习动机，我可以做的是：

（1）首先自己给孩子树立热爱求知和学习的榜样，让 TA 能够享受学习。

（2）培养孩子良好的学习习惯（及时复习、放学后先完成作业、善用错题本记录错误等）。

（3）观察孩子的学习兴趣，从 TA 感兴趣的科目入手去培养 TA。

（4）……

（二）罗列几个中等程度的曾经困扰过你父母的问题行为，然后一一去做认知重构和替换。

1.

2.

3.

练习二：原生家庭为我提供了哪些资源？

注：原生家庭原本是一个中性词，有幸福的原生家庭，也有不幸的原生家庭。幸福的家庭不用说，至少其精神资源无比丰富。而不幸的原生家庭，也仍然有促使我们成长的资源。所以，拿出两个小时，回顾总结原生家庭给予自己的资源，这对当下和今后的个人成长有很重要的意义。

（一）例题：大学生的文盲父母向这个世界提供了什么样的创造物？

这是我曾经在班里发起的讨论，因为当时见到有同学看不起自己的文盲父母。大家的讨论结果是：他们把孩子培养成才，他们为孩子树立了赡养老人的榜样。

我有几个补充观点，这对父母的贡献至少还包括：

1. 他们让自己的孩子不再是一个文盲，他们为这个世界培养了一个大学生，他们是周围文盲父母的榜样。

2. 他们为我们树立了“不仅养活自己，而且养活自己的理想”的榜样。

3. 他们表现出超人的意志、决心、勇气、智慧和能力。

4. 他们为终结家庭贫困的代际传递迈出了具有历史意义的一步。

……

（二）你的原生家庭给予你的物质与精神资源：

1.

2.

3.

练习三：我从原生家庭继承了哪些特点？

（一）在此表中列出家人在你眼中的性格特点，至少各列出3项。

性格特点 做事风格	优点	缺点
爷爷	性格特点 1. 2. 3. 做事风格 1. 2. 3	性格特点 1. 2. 3. 做事风格 1. 2. 3.
奶奶	性格特点 1. 2. 3. 做事风格 1. 2. 3	性格特点 1. 2. 3. 做事风格 1. 2. 3
外公	性格特点 1. 2. 3. 做事风格 1. 2. 3	性格特点 1. 2. 3. 做事风格 1. 2. 3
外婆	性格特点 1. 2. 3. 做事风格 1. 2. 3	性格特点 1. 2. 3. 做事风格 1. 2. 3

（续表）

性格特点 做事风格	优点	缺点
爸爸	性格特点 1. 2. 3. 做事风格 1. 2. 3	性格特点 1. 2. 3. 做事风格 1. 2. 3
妈妈	性格特点 1. 2. 3. 做事风格 1. 2. 3	性格特点 1. 2. 3. 做事风格 1. 2. 3
自己	性格特点 1. 2. 3. 做事风格 1. 2. 3	性格特点 1. 2. 3. 做事风格 1. 2. 3

（二）拿自己的性格特点与家人尤其是父母的特点做比较，你也许会发现许多有关自己“从哪里来”的信息，可以问自己这样几个问题：

1. 我继承了父母、亲人的哪些优点和弱点？

2. 我有哪些与父母不同的特点？

3. 我现在的哪个优点是因为我做出改变后才具备的？

4. 这个练习让我从自己的原生家庭里发现了哪些新资源？

（三）记录你的感觉和感想。

（四）说明：很多人在做完这个练习后常有的反应是：

对自己与家人的某些惊人相似处有了深刻的认识；对自己具有的与家人同样的弱点感到绝望，觉得自己没有可能再改变。为此，我们常常采用的处理方法，是告诉来访者：

1. 从认识原生家庭开始认识自我，有助于人深化对自我的认识。

2. 我们要感谢原生家庭给予我们生命，抚育我们成长，并给予我们许多优秀的性格特点。

3. 尽管我们有些性格弱点与原生家庭有密切的关系，但是作为成人，我们现在可以选择重新塑造自己的性格。尽管重塑或者调节自己的性格的确是一件辛苦的事，但是比起我们被性格弱点左右而可能丧失的机会，比起我们在埋怨父母时情感上所受到的腐蚀，重塑或者调节自己的性格所要付出的代价是最小的。如果再考虑到好性格必然会给人带来的益处，那么，从现在开始，停止对父母的抱怨，选择把精力放在自我调节和完善上，是一个人能够为自己的成长做的最好的事。

再次重申，如果你曾被原生家庭有意伤害过，如果你的确有过不幸的童年，那么，我的建议是去看心理治疗师。他会帮你对过去的不幸进行梳理和清理，帮你用新的视角看待曾经发生在你身上的不幸，帮你用新的方法去处理老问题，从而使你从过去的阴影中走出来，开始新的人生。

4. 请为自己制定一个可以操作的性格调节计划，其中包括具体的目标、时间和方法。

5. 记录你的感觉和感想。

练习四：接受自己曾经有过一个不愉快的童年

有时候，只有接受才能够真正放下。人的能量有限，生命有限，与其继续纠缠父母的问题，不如把能量用到个人的成长和发展上，用到开创自己的幸福人生上。实践与研究都证明，一个成年人，有能力带着一些可能永远无法弥补的伤痕继续自己的人生。

（一）了解把无意识提到意识层面的作用。

弗洛伊德学说的核心是：当一个人把无意识层面的东西提到意识层面后，那些原先困扰他的问题的程度就会削弱甚至消退。所以精神分析的工作就是要帮助人们把无意识的东西发掘出来，从而让人们获得自由选择的掌控感。

我们和父母的关系也一样，如果问题实在解决不了，我们至少可以通过让其意识化而降低其腐蚀我们心情的程度。因此，请完成下面的内容。

（二）请大声对自己说出来（让下面的决定进入意识）：

1. 我决定接受我有一个不愉快的童年的事实。

2. 我决定放下过去，开启属于我自己的新的人生。

3. 我相信我能够凭借自身的力量开创我所向往的美好人生。

（三）请记录你的感觉和感想。

你可以依赖的最重要的内在资源
——术语二十一：心理健康

就算错过了一年，也没什么关系，

山，哪儿都不会去，

百里香、迷迭香会一再回来，

太阳会一再升起，灌木会一再结果——

——露易丝·格丽克

有关**心理健康**（Mental Health）的定义非常多，最常见的有几个："一种适应良好的状态""心理健康包括情感健康、精神健康和社会健康"等等。

我在心理咨询和心理教育中经过多年思考，从操作角度做出了一个心理健康的定义，即：自我认识和认识他人，自我接纳与接纳他人，自我成长以及与他人共同成长。这本心理学科普著作就是从这三个框架入手展开叙述的。

心理健康是一种内在资源。我们每个人都有许多资源，包括内在资源与外在资源。外在资源小到亲友、熟人、陌生人等，大到时间、空间、社会与自然。内在资源则包括诸如身体状况、性格特点、心智水平、外在长相、各种身心调节机能，以及生理和心理健康状况等。

一般说来，人的内在资源大于外在资源。“天助自助者”说的就是这个道理。而在所有的内在资源中，心理健康是一个人可以依赖的最重要的内在资源。因为心理健康是个人内在资源的核心，有心理健康做基石，人的其他内在资源才有可能获得最高效的利用和提升，从而帮助人实现节能成长。

谈到躯体的自我保健，首先得有关于躯体健康与不健康的基本常识和鉴别力，其次才谈得上自我保健。如感冒时有哪些症状，我们自己可以做哪些处理。如果发高烧了，我们就要慎重考虑是否需要去医院。

心理上的自我保健也一样，我们要了解什么是心理健康，首先要了解什么是心理不健康。对心理不健康有基本的常识和鉴别力，才谈得上自我心理保健。

和躯体健康一样，心理问题也是分程度的，它们由轻到重依次表现为：一般心理问题、心理障碍、精神障碍。

一般心理问题是指由一般的**适应问题**所引起的**负性情绪**、认知问题和行为问题。如果一个人的负性情绪、认知问题和行为问题在时间和程度上都与其所受的挫折不匹配，其强度远远超出了 TA 所遇到的问题所应呈现的，比如失恋后总缓不过来（情绪），或对同事间的某个工作分歧总耿耿于怀（认知），以至于影响了个人的生活和工作（行为）等，就有可能是一般心理问题了。

有可能引发一般心理问题的适应问题包括：环境适应、人际关系的适应、学习与工作适应，以及自我适应等。

环境适应问题主要指物理环境与人文环境的适应。像老人离退休、年轻人参加工作、从农村到城市生活，或结婚生子、孩子长大离家、搬迁、亲友离世等，所有这些变化，都向人的环境适应力发出挑战。善于适应的人，很快就能适应新环境，而不善于适应的人，则有可能在新环境中产生大量的负性情绪和偏见，甚至无法自拔，从而影响自己的社会功能。

很多人有一个认知误区，以为在职位升迁、恋爱婚姻、结婚生子、搬进大房子等这样的好事中不存在适应问题。其实不然，所有环境变迁，都存在适应问题。以婚姻为例，人通常需要两年左右的时间才能够适应。

人文环境适应中的重要问题是**人际关系的适应**，是指如工作关系、学习关系、家庭关系、友情关系及熟人关系的适应等。以熟人关系的适应为例，熟人关系包括同学、同事、同屋以及邻里关系等。

熟人关系看起来是人际关系中最松散、最不重要的一部分，但事实上，它却往往是最容易困扰人们情绪的一种人际关系。因为这种关系的发生频率最高，免不了要产生摩擦，而且不经意间就有可能造成误解；加之如果缺乏有效的沟通渠道和方法，处理不好问题，便常常给人带来坏心情。

再者是**学习与工作适应**问题，包括能否很快了解和胜任学习与工作，能否在学习与工作中充分体现自己的能力并从中体验到乐趣。

这主要是一个能力适应问题。网络时代发展速度非常快，不仅老年人需要适应各种智能用品，年轻人也需要不断刷新自己的认知才能够适应环境。

作为学生最常遇到的就是学习适应问题，小学、初中、高中、大学，每一个阶段都存在学习适应问题。这样的时刻，最需要家长或是老师具体而细致的指点。很希望下面的个案能够引起家长和老师的重视，这样就会少许多在黑暗中摸索的学生，多许多能够享受学习的学生。

曾有一位大二的同学因为学习问题来做咨询。她自律、勤奋，但是学习成绩一直上不去。我仔细了解她的情况后，发现她最大的问题在于缺乏好的**学习方法**，于是我们花时间寻找适合她的课业学习策略、考试策略和时间管理策略。

那天咨询结束时，她沉思着说了一句让我至今记忆犹新的话："我上小学的时候，爸爸妈妈就说我的学习方法不对，但是他们从来没有告诉我什么是对的，现在我才知道原来真有学习方法这件事。"

适应还包括自我适应的问题。

自我适应包括很多内容：（1）对自己身心发育的适应，如从儿童到少年，再到成年、中年，最后到老年；（2）对自己社会角色的适应，如从子女到配偶，从父母到祖父母，从学生到员工，从农民到打工者；（3）对不断的自我发现的适应，如对自己的优势潜能的新发现；（4）对自己不断增长的愿望和自身局限性的适应等。

每一个重大的人生发展阶段，同时也是人自我适应的关键期，如青春期和中年期。在这些关键的人生发展阶段，很多困扰都是人的自我适应能力没有调节好而引发的。而很多环境适应问题，其根源往往也在于此。一个未曾学会自我适应的人是很难与环境和平共处的。

由各种适应问题引起的负性情绪，相当于躯体疾病中一般的着凉感冒或热伤风等，你可以自己处理，如读一两本比较好的心理自助手册，也可以拨打心理咨询热线电话或寻求面对面的咨询帮助，通常就能有效地解决这类问题。

除此之外，如果问题不涉及隐私，可以先直接求助于我们的亲友，尤其是父母、老师、兄长这样的长辈。以他们的人生经验，处理非隐私的一般心理问题，通常都是游刃有余的，他们是我们重要的**社会资源**，对我们又有特殊的了解，因而我们没必要舍近求远。当然，如果涉及隐私，最好还是向专业人员咨询，否则以后有可能影响你和亲友之间的关系。

如果邀请一般亲友帮自己处理隐私问题，自己有可能会顾及面子。如亲友是否会说给别人听？亲友是否因此而小看自己？等。因为自己心存疑虑，就会像“疑人偷斧”一样对亲友起疑心，久而久之，就会损害你们之间的关系。

比一般心理问题严重的是**心理障碍**（Psychological Disorder），心理障碍包括：人格障碍和神经症性障碍（目前的诊断分类有变化，因为太专业，不利于科普，所以我沿用老分类）。特别提示：真正的诊断得由专业人员做，他们会从认知、情感、社会功能和人格几个方面入手。我这里为了科普，做了大致的分类。如果有人需要做具体的诊断请一定到专科医院看医生（心理治疗师或精神科医生），以免耽误病情。

人格障碍（Personality Disorder, 又译作人格异常）指心理失常者中情感性或焦虑性成分较低的一类患者。[1] 人格障碍者会在某些方面与自己所处的文化背景中一般人的认知、情感和行为尤其是待人接物的方式有明显的偏离，因而常常表现出极端偏离常态的行为。又因为这些极端偏离常态的行为模式较稳定，因此他们很难适应工作环境或人际关系。例如残杀章莹颖女士的凶犯——美国人克里斯滕森就是典型的反社会人格障碍患者。由于这类患者缺乏最基本的共情和良知，无法感同身受于他人的痛苦，所以在伤害他人时毫无内疚和迟疑。再如经常实施家暴者，他们也是因为缺乏良知和共情，而有了这种反社会行为。

人格障碍有很多种，如偏执型、反社会型、依赖型、强迫型、被动攻击型、表演型、自恋型等。人格障碍患者还有一个特点：尽管他周围的人常常被他极端偏离常态的行为和拒绝改变的态度所困扰，但他本人却不为自己的行为异常烦恼，因为他意识不到自己的问题。

所以，面对一个人格障碍患者，我们更应该关注的是如何尽快了解他的行为模式，以降低他可能给我们造成的伤害。如果我们自己或亲友中有因固定的行为模式而反复出现人际关系问题、工作问题、情感问题的，则应考虑去看心理治疗师或精神科医生。

---

1 张春兴 . 张氏心理学辞典 [M]. 上海：上海辞书出版社，1991：481.

神经症性障碍患者有基本正常的社会功能，外表看来很正常，能工作，能与人交往，也能有基本正常的家庭生活，但是他们的内心却有比常人多得多的情绪困扰，主要症状表现为焦虑、恐惧、抑郁、紧张、担心、害怕、不安等。

神经症性障碍包括：焦虑症、恐怖症、抑郁症、疑病症、癔症、强迫症等。与人格障碍患者不同，神经症患者有清楚的自制力，他知道自己出了问题， 知道自己不太正常，并且主观上急切地想要尽早摆脱这种状况，为此，他会四处就医。

人格障碍和神经症性障碍可以向心理治疗师或精神科专科医生寻求帮助。

心理障碍类似于躯体疾患中一些会妨碍人生活质量的慢性病，如慢性胃炎。要消除心理障碍，可以去做心理咨询或治疗，必要时还可能需要去看精神科医生并辅以药物治疗。

重症精神障碍包括精神分裂症、双相障碍、妄想型障碍等。

重症精神障碍类似于较严重的躯体慢性病，治疗必须以药物为主，心理治疗为辅。由于**重症精神病**患者缺乏自知力，他认知不到自己心理或精神上出了问题，不认为自己有病，所以他们通常不得不由家人带去医院。

有关心理障碍和重症精神障碍，多数人存在一些认识上的误区，这里有必要特别说明：

误区一：如果我情绪不对头，就是得了心理障碍或者精神病。

这是不符合事实的。很多时候，由于个人与环境因素的综合作用，人们会产生一过性的激烈情绪，但是很快就会过去。比如被领导误会的当下，感觉非常愤怒，但是等亲友开导和自我调节之后，这种情绪很快就过去了，因此不会构成心理问题。

这里有一个常识需要大家记住：对心理障碍和重症精神障碍的**诊断维度**，不仅涉及症状、程度，而且要考虑时间和社会功能。绝大多数情况下，仅有症状是不能做疾病诊断的（癔症除外，只要达到一定强度，癔症一次就可以诊断出来）。但一个达到某种强度的症状超出一定的时间后，就要考虑做疾病诊断。当然，这是专业人员的工作了。

误区二：我可以按照网络上的各种**心理症状量表**给自己做诊断。

这是非常危险的，诊断一定得由专业人员来做。借助网络有两个重大风险：一是诊断错误，这不用赘述；二是出现**预言的自动兑现**情况，也就是对某一行为或现象的预言，会引起预期的行为，使这种解释变成现实。

误区三：如果我去专科医院看，只需要一位医生做诊断后就可以开始用药。

我的观点，如果需要用药，那至少也要有三个专业人员的诊断之后才开始。因为多重因素，比如你当时的心情、环境、事件，你对医生的感觉等，都决定了仅仅一次诊断是不够的，因此，为了对自己或者亲人负责，要多做两次诊断。

误区四：如果这个医生对我没有帮助，那么我就没有必要再继续了。

医生和病患之间有时候也存在匹配度问题，尤其是做心理方面的咨询与治疗。因此，如果一段时间后，你感觉甲医生真的不适合你，可以去换乙医生继续。你要给自己机会，也要给医生机会，这样才能使你自己真正受益。

误区五：人得了重症精神病就废了。

其实，重症精神病治疗及时，是有可能有效控制症状，使患者恢复社会功能或说是重返社会的。而如果我们能像正常人一样生活、工作，那我们就是正常人。

误区六：重症精神病只能靠药物控制。

事实是：重症精神病的治疗必须以药物治疗为主，心理治疗为辅。药物治疗的目的在于尽快控制住阳性症状，但是当症状被控制住以后，心理治疗就要跟上，这样才可能帮助患者在较短的时间内以较小的代价恢复社会功能，使其重返社会。

误区七：病好了就可以自己停药。

这是最容易导致精神病复发的主要原因。重症精神病的药物治疗一定要严格遵从医嘱，不能擅自停药或者减药。

重症精神病药物治疗的一般规则是：当症状控制住以后，医生会逐渐减少药量，当减到一定程度时，就会让患者长期服用维持量。很多患者及其家属往往会在病情见好但是还未真正达到医生规定的用药疗程时，擅自停药或减药，结果往往导致病情复发，而每复发一次就有可能严重一点。所以，用药时一定要保证药量足、疗程足

（医生的说法是：**足量足疗程**）。

误区八：抗精神病药物会使人变傻。

其实抗精神病的药物不会影响人的智力。很多家属看到有些病人服药后表情呆板，动作及语言反应变慢，就担心长期服用这类药物会使病人的智力受损，甚至以为会使人变傻，这是一种误解。

病人服用某些药物后表情呆板，动作及语言反应变慢只是药物的副作用，当病人适应后，这种症状就会减缓甚至消退。而且现在的抗精神病药物一直朝着正作用大、副作用小的方向发展，所以总体来看，药物副作用正越来越小。此外，病情好转后医生也会减少药量，这也可以改善身体不适等情况。因此，病人家属一定要相信科学，相信医生，绝不能擅自给病人减药或停药。

在了解了什么是心理不健康后，我们再来看什么是心理健康。就像上文中提到的三点：（1）自我认识与认识他人；（2）自我接纳与接纳他人；（3）自我成长以及与他人共同成长。但其实，在人的问题上往往没有标准答案，有关心理健康的定义也一样。

大家在了解了有关心理健康与心理不健康的基本知识后，想必注意到了这样几个事实：

首先，世界上不存在绝对的心理健康或心理不健康，因为二者不是截然分开的，它们是一个连续谱，这是弗洛伊德——心理治疗的首创者——最先发现的，其后的心理治疗家也都有类似的发现，若用图示呈现：

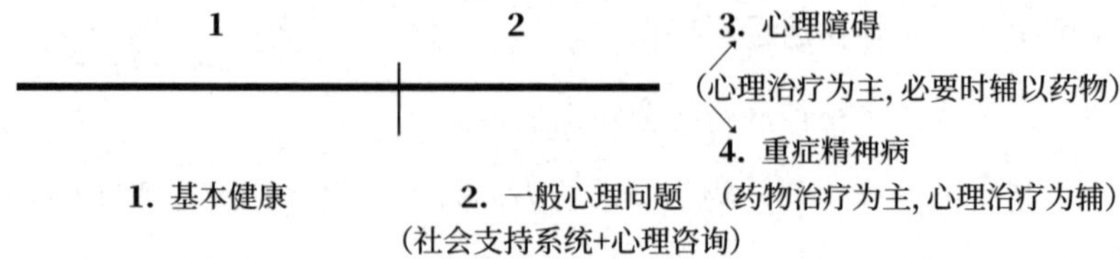

需要指出的是，这个连续谱不是单行道，不仅一般心理问题可逆，大多数心理障碍，甚至重症精神病也部分可逆，只要治疗及时且得当，就能让患者恢复社会功能。

再者，在生命中大部分的时间内，人都在不停地适应各种新事物，绝大部分人在绝大部分时间中如果都具有一种基本良好的生活适应状态，那我们就是正常且健康的。

如前所述，如果我们要求自己在100%的时间内都保持良好的生活适应状态，这既不现实，也不可能。因为我们在生活中总会遇到各种事件甚至挫折，这时出现短期的反应性情绪波动，如悲痛欲绝、抑郁消沉，甚至愤怒狂暴等情绪和错误认知都很自然，只要这些负性情绪、错误认知不是很过度和延续太久，并且没有影响你的行为和社会功能，就都是一过性的，都可以算作正常范围。

现在，我们来看自我心理保健该从哪里入手。

这些年来，越来越多的中国人具备了躯体自我保健的常识，这在预防躯体疾病、促进身体健康方面发挥了不小的作用。如果我们同时也能具备基本的心理保健常识，那不仅有助于我们避免心理疾病，有助于我们与他人共享生活，而且能使我们的生命潜能得到最充分的发挥。

通过前面的章节，我已经对心理健康的三方面做了充分的介绍，这里从微观角度，我提供一些具体的心理保健理念。

首先，我们要确立大健康意识。

所谓大健康，一是指身心健康二者缺一不可；二是指健康不仅意味着没有疾病，还意味着一种更为积极的身心幸福感。所以，没有疾病只能是我们追求大健康的初级目标，具备积极的身心幸福感才应是我们大健康追求中的更高目标。

有必要提醒，有时候心理健康比躯体健康更为重要。例如一个心理不健康的人，即使他没有病也很难有身心幸福感。相反，一个身患重病但心理健康的人，却仍然能有生活满意度。

因此，能具备身心大健康当然最好，但如果不幸身患躯体疾病，也不要灰心：一是积极就医，二是要特别注意自己的心理保健。健康的心态不仅会对躯体康复起到积极的作用，尤为重要的是，它能使人在逆境中保持乐观与斗志，并能极大地调动人的生命潜能和自调节与自愈力。

其次，我们要有对自己的健康负责任的意识。

多少年来，人们习惯了把自己的健康问题交给医生负责，但事实上，我们每个人都对自己的健康负有责任，因为很多影响大健康的因素是我们个人完全可以控制的，如心态、生活习惯、工作习惯等。

不仅如此，生病以后能否积极主动寻找并配合医生，也反映了一个人能否对自己的健康负责。1970 年以来，应用心理学中兴起了一门分支学科“健康心理学”，其核心理念便是：在身心健康问题上，人应该对自己负起责任！

第三，要懂得注意身体保健。

2020 年持续至今的新冠肺炎一定让大家看到了生命的脆弱和身体健康的重要性。

身体健康的人免疫力强，精力饱满，这不仅有助于其处理与应付工作与生活中的问题，同时也是一个人得以享受生活与工作的前提。更重要的是，在抵御传染病时也会有更大的优势。而一个总被身体疾病折磨的人，即使他很坚强，其生活质量也会大受影响，在传染病面前更是不堪一击。所以，身体健康对人的心理健康是有重要意义的。

要保持身体健康，首先要从培养健康的生活方式或说健康的生活习惯入手（世界卫生组织提出：人的健康获得，15% 取决于遗传因素，10% 取决于社会因素，8% 取决于医疗条件，7% 取决于自然环境，60% 取决于个人的行为、生活方式因素）。这些数据提醒我们：人可以通过培养健康的生活习惯来实现身体健康。

运动与身体健康的关系大家都知道，这里要补充的是，运动能达到的效果不仅仅是保持人的身体健康，也包括心情的愉悦。因为运动促进大脑分泌一种叫**内啡肽**（Endorphin，又译作脑内啡）的化学物质，它不仅有止痛镇静的作用，而且可以增加人的幸福感。

第四，我们要学习享受工作和生活。

工作乐趣是人生三大乐趣之一（其他两项是生活与感情，这是心理治疗师的说法之一）。工作又为我们享受后两种乐趣提供了物质保障。要能享受工作，从操作上看，就是要尽可能去做自己喜欢的工作，如果我们暂时做不到，那就要努力学习去喜欢自己现有的工作。

很多人暂时没条件从事自己感兴趣的事，又不肯去学习喜欢自己现有的工作，结果使工作、生活、情绪，甚至感情都受到很大影响。其实不论是从事自己喜欢的工作还是去喜欢现有的工作，都是对我们能力的检验，我们完全可以将其视作一种智力游戏，去锻炼并表现自己的能力。

此外，要想有好的生活质量，还要能区分生活与工作中的自我角色，并处理好它们的关系。要知道，地球缺了谁都依然会转动，但我们和亲友若是缺了彼此，生活质量就会下降许多！

第五，要注意维护自己的**社会支持系统**。

我们最需要维护的社会支持系统就是亲密关系，也就是我们与家人的关系。很多人有个认知误区，认为家人是属于自己的，因此不需要特别的呵护，这很容易导致对亲密关系的伤害。事实上，越是家人就越需要特别的关爱，因为物理空间太近，容易发生摩擦，也就更需要平时的精心呵护。比如与家人之间的仪式性时间是一定要有的，这对增进感情有很重要的作用。

寻求其他社会支持时要懂得区分社会支持系统中不同关系所具有的不同功能。因此，求助时要能够体谅他人，不强人所难。有时候，人们求助失败，不是因为他没有社会支持系统，而是因为他不懂得区分远近亲疏。所以，要对**人际距离**和**人际界限**增加了解。

网上流行过一段富含生活哲理的话："帮你是情分，不帮你是本分，别拿我对你的情分当作是我应尽的本分。没有什么是理所当然的。"这段话就是在提醒我们，要清楚区分人际距离和界限。操作上来讲，就是别人帮我们时要知道感恩，别人不帮我们时则要知道体谅。

第六，必要时，及时寻求专业帮助。

这里的“必要时”一是指你遇到了重大应激事件；二是指按照你自己的直觉，你感觉这段时间情绪不正常，对自己看待问题的方式存疑，导致了人际冲突，或者行为上与以往有比较大的不同。这些时候，为了尽快恢复状态，我们要去寻求专业人员的帮助。

有必要指出，心理咨询师和医生都没有灵丹妙药，所以我们不能指望去医院看过几次，就解决一切问题。心理咨询师能为我们做的，是帮助我们调动机体自身的自愈潜能，使我们学会借助自身力量恢复健康。

此外，心理咨询师也各有专长，如果你在某位医生那里看了一段时间后仍不见改善，你就要考虑换一位医生。其实这和看躯体疾病一样，如果甲医生没看好你的病，你需要质疑的只应是这个医生，而不应是医学。

一个好的心理咨询师不仅可以帮助我们解决问题，更能帮我们发现并实现我们自身的潜能，提升我们的生活质量。但是能为我们做到这点的并非只有心理咨询师。

如果我们能为自己做到这一切，使自己得以成长和发展，得以充满幸福感地享受生活，那我们就成了自己的心理咨询师，而且一定会是最好的。没有哪个心理咨询师能比我们更渴望了解我们自己，也没有哪个心理咨询师能比我们更急切地想要实现我们的自身潜能！

本章涉及术语：心理健康、外在资源、内在资源、一般心理问题、心理障碍（人格障碍、神经症性障碍）、精神疾病、适应问题（环境适应、人际关系的适应、学习与工作适应和自我适应）、学习方法（学习策略、考试策略、时间管理策略）、负性情绪、社会资源、重症精神障碍、重症精神病、社会适应良好、道德健康、一过性、诊断维度（症状、程度、时间和社会功能）、预言的自动兑现、足量足疗程、人际距离、人际界限、社会支持系统。

当你以你的灵魂去做事，
你就会感到一条河流
在你内在流动，
一种喜悦。

——鲁米

练 习 题

练习一：制定一个符合你主客观条件的身体保健计划

注：现在我们都已了解了身心之间的关系。而好的身体又与健康的生活方式密切相关。因此，请制定符合你主客观条件的身体保健计划。做身体锻炼计划时请注意，这个计划不需要面面俱到，不需要完美，尤其是最初时不需要去准备什么行头。重要的是，你的计划要能在日常的工作和生活中实施，而不是非得去健身房不可。其他计划也一样，不需要完美，只需要可行。

1. 锻炼：

2. 饮食：

3. 起居：

练习二：科技节食——恢复与自己的联结

“科技节食”这个概念是我从网络上看到的，我觉得很形象，因此用在这里。由于网络和智能手机的发展，人们现在与自己常常处于失联状态。每天都有无数事情，让人无暇自顾，疲惫和烦躁与日俱增，受影响的不仅是心情，也有身体。

我所见到和听到的“科技节食”方法包括：每两个小时查看一次手机，而不是时时刻刻都在看手机；改变立即回复微信的习惯，除非有急事；关闭短信、微信提示音；从朋友圈中抽身而出；不发朋友圈；卸载QQ；在电脑上工作时不浏览电脑推送的信息；卸载抖音等。

为了恢复与自己的联结，为了提高自己的身心健康水平，请制定一个符合你自己主客观条件的科技节食计划。

1.

2.

3.

练习三：设置几个重要的仪式时间

前文中已经阐明了仪式时间对人的意义。在这个高速发展的世界中，我们尤其需要仪式时间来平衡自己与世界的关系。因此，请从以下几方面为自己设置仪式时间，最初不必太全面，尤其是设置后，也不要一下子铺开去实践，这样很容易导致半途而废。凡是涉及家人或朋友的，要与大家共同商量着做。

1. 生活上的仪式时间：

2. 学习上的仪式时间：

3. 工作上的仪式时间：

4. 关系上的仪式时间：

第三版结束语：让心理学术语照亮我们的经验世界

1985 年，我开始讲授“健康人格心理学”[1]，从此开始了心理教育和心理学科普的职业生涯。

那时，我完全是凭着直觉为非心理学专业的学生开设了这门心理教育的科普选修课。当时我认定心理学能够帮到我的学生，就像当年它帮了我一样。我很高兴，我一直忠于自己的直觉。更高兴的是，我的直觉是正确的。

马克斯·韦伯在其著名演讲中提道：“对个人而言，凡不能怀着激情去做的事情，都是没有意义的。”

我很幸运，这么多年，我对自己所做的心理教育和心理学科普一直满怀激情。每一次开学，想到又要去见弗洛伊德和其他心理学大家，内心总是充满喜悦。

说到这本书，我用 21 个术语串起了 300 多个心理学概念（其中有 10 个左右的非心理学术语，例如“平庸之恶”“平凡的善”等，

1　1985 年，我讲授这门课的时候，用的是“个性心理学”（Personality Psychology）这个译名，后更名为“人格心理学”。1996 年以后，根据课程内容，又将其更名为积极心理学取向的“健康人格心理学”。

但因为与人的暗影密切相关，也就算上了）。以我多年心理教育和心理咨询与治疗的经验，这些概念不仅可以帮助我们在预防心理问题上起到“治未病”的作用，更可以帮我们发现自己的潜能，从而实现节能成长。有关这本书的前世今生我已经在前几版序言中说了，这里不赘述。

下面是我的学生苗琛宇同学在学习书中理论之后的感受，与各位分享。大家可以看到，知行合一、学以致用会创造出多么美好的现实。

“弗洛伊德重视童年经历对人的影响，所以我在自我觉察的基础上，不断向前溯源——如果说现在成长中遇到的阻碍、面临的困难是一场‘龙卷风’，那么我成功地找到最初的‘蝴蝶翅膀的扇动’时，便豁然开朗——不过如此嘛，有什么了不起的，哪有那么大的问题。幸运的是，我似乎已经为自己现在的性格、为人处世中的不足之处寻到了‘根’，它们不会再继续阻碍我了。我现在更倾向于运用弗兰克尔[1]的理论，向前看，追求生命的意义，实现更加精彩的人生。”

一个年轻人，能够在20岁的时候遇到这些伟大的心理学家和他们的学说，还能学以致用，这样的成长不可限量。

如果我们是在读这本书时才遇到这些心理学术语，那就不要再错过，请将这些术语引入我们的经验世界，让我们借由这些术语，站在巨人的肩上，开启我们更值得期待的人生。让我们忽明忽暗的

1 维克多·弗兰克尔（1905—1997），奥地利心理治疗家，提倡“意义疗法”，他是存在-人本主义治疗领域的大家。

经验世界，从此呈现更多——“白昼的明亮”！

谢谢你的阅读，谢谢你的参与，谢谢。

2021 年 11 月 7 日

于北京滴水斋

第一、二版结束语：你不知道你有多么美丽！

人们常常用“鬼斧神工”形容大自然中的奇观，而多年的咨询与教学经验使我发现，其实，造化给人的心灵同样赋予了许多神奇而又美丽的力量。

但问题是，许多人与自己相处了一辈子，都不曾发现造化赋予自己的力量与美丽，更不曾想过让自己心中的玫瑰绽放。结果，就这样徒然辜负了大自然在我们每个人心中安置的玫瑰园。

其实，从人类诞生以来，人对自身的思考就从未中断过，那么多哲学家、史学家、文学家，同时也包括科学家，在人类的自我认识和发掘中做了那么多的贡献，尤其是近一个多世纪以来，心理学家以及心理咨询师更是贡献了许许多多有关认识自己、“治未病”以及促进心理健康的有效方法。

遗憾的是，他们发现的许多非常重要的理念和方法，至今都未曾得到过普及，以至于很多人仍然在黑暗中摸索，还在以试错排错的方式寻求自我认识和自我疗伤的方法，这不仅造成了太多资源的浪费，更造成了许多生命的痛苦、不幸和生活质量的严重下降。

中国人太需要了解自我觉察、自我认识、自我发掘和自我心理保健的常识了，太需要从各种思想，尤其是心理学家那里获取帮助其自我认识、自我保健和自我成长方面的资源了。

写到此，想到我的几位同行，他们都是心理咨询与治疗专业中的佼佼者，前段时间，他们相继得了大病，他们接受疾病的速度和采取建设性方式处理疾病的效率都给我留下了极为深刻的印象。

通常，人们从拒绝承认自己得了重大疾病，到接受现实是需要一段时间的，少则十天半月，多则数十天。而我的这几位同行，都是在短短 3~5 天之内就从接受疾病转为采取积极有效的措施应付疾病了。

以其中一位为例，她在例行检查中发现了癌症，在上班时得知了这个消息。当时，她正在为一位来访者做心理治疗，当同事通知她做进一步的检查时，她非常镇定，不仅继续完成了当下的治疗工作，还把等候在门外的来访者的问题处理好，而且以非常镇静的态度告诉每一位来访者，因为生病，她之后一段时间内暂时不能继续为他们治疗了，如果他们有需要，应该去找谁。待把这一切处理好之后，她才下班。

她用两天时间做了许多咨询，查询了大量的网络资料后，就与医生确立了五天后的手术治疗方案。

去看这几位病中的朋友时，我最大的感受就是，我们这些做心理咨询与治疗的人是心理学的最大受益者。我这些朋友以他们在灾难性事件面前表现出的沉着、镇定和从容，证实了一个追求心理健康的人在必要时能爆发出多么巨大的勇气、力量和潜能。

当然，人并非只有学了心理学知识才能在必要时爆发出勇气、力量和潜能。心理学方法只是所有有关人自我认识和自我把握的学说中最具操作性的一种。它最大的意义，在于向那些有心提升自己心理健康水平和生活质量的人提供了许多具体的操作方法，从而可以加速人们完善自己的步伐。

其实，各种学问，包括心理学知识，向人们提供的最重要的自助建议都是让人听从自己内心的呼唤。而所有有关人的最好的或最重要的发现，都是以各种方式、各个角度告诫人们，要返璞归真，顺其自然。

这个“真”，是指生命的本身，是生命的本来面目，是生存，是发展，是生生不息，是尊重和敬畏生命本身。

“自然”是指造化原有的设置、安排和节律，而“顺其自然”则是指按照造化原有的设置、安排和节律，与自己以及周围的环境和谐相处。

我们要顺其自然，还因为自然把我们设计得如此精美。自然总是通过生命的进程教导并且引导我们，但我们却常常因为过于浮躁和喧嚣而忽略了造化的暗示。我们不要辜负造化赋予我们的一切，不要辜负我们自己，我们内在的自我一直在注视着我们，等着我们在喧嚣中注意到自己，并呵护自己。

我们要听凭自然的引导，学习信赖并且关心自己的机体，要知道，它们最被信赖和关心的时候也是它们最能自由发挥潜能并且发挥得最好的时候。

我们在自然与生命面前要做一个好学生，一个谦虚、好学、积极上进的好学生。每一门学科、每一种优秀的学说都是无数好老师、好学生集体智慧的产物。而我们，也可以成为那无数好学生中的一个。

人活在世上，毫无疑问会受制于环境，自然的、人文的因素都会影响到我们。但是，人更受制于自己，受制于我们对自己的态度、希望和信心。

如果我们好好待自己、珍惜自己，好好和自己相处，那么，不论外面的世界发生了什么，我们心中的玫瑰都必然会花开满园。

一旦我们的心中有玫瑰，我们就能看到别人心中的玫瑰。

我们也要好好待别人、珍惜别人，好好和别人相处，因为每一个“别人”，都是另一个“自己”，就如同每一个“自己”，都是另一个“别人”。

一旦我们能够看到别人心中的玫瑰，别人就能看到我们心中的玫瑰。

杰克·伦敦有一句名言：生命在表现自己的时候是快乐的。

生命在健康地表现自己的时候不仅是最快乐的，而且也是最美丽和最有魅力的。

让我们现在就踏上自我发现之路，让我们现在就开始健康地自我表现。用不了多久，你就会看到自己心中的玫瑰，并领略玫瑰在心中满园开放的灿烂与美丽！

2011 年

于北京滴水斋

致谢

首先，要感谢此书第一版时中国城市出版社的郭恳编辑让我在每一章后加上实践环节的建议。我接受了郭恳编辑的建议，但起初，我自己心里却一直没有把握，非常担心这样会破坏整本书的散文风格。虽然这些大多来自西方的练习方法早已经过东西方无数心理治疗者的实践检验，并被证明是有效的。

但是现在，当我再看这本已完成的书，我发现，加上练习之后更符合我当初想要为中国人写一本心理学自助书的初衷。

其次，要感谢曾在中国青年报任职的记者陆晓娅，是她向花城出版社推荐我的一本书，才使我有了再版此书的机会。

感谢花城出版社的余红梅编辑，为了让这本书能够被更多的中国人读到，她做了大量的市场调查，并提出了第二版的书名。

感谢我去年遇到的李娟编辑，很幸运能够遇到这样一位重视对公众进行心理学科普的编辑。她知道这本书已经出过两版，但仍然决定出此书的第三版，虽然后来因为诸多原因未能合作。再次由衷感谢朋友晓娅，很快又帮我联系了广西师范大学出版社，感谢刘汝怡老师，她同样对这本书怀有信心，尤其对向公众科普心理学知识满怀热情。

感谢我的朋友包天奎医生，他在百忙之中帮我审阅了本书有关心理健康部分的内容，让我对精神障碍有了更多的认识。

感谢东西方心理咨询与治疗领域的所有先驱与前辈，是他们为我的助人自助行动提供了最宝贵的理论与方法上的资源。

感谢我挚爱的亲友，感谢你们这么多年来给予我的支持。

最后，我要感谢这些年我遇到的所有来访者和我所有的学生，正是在与你们同行的过程中，我才一点点地看到并且接近了自己和你们心中的玫瑰园，我才知道，生命原来是如此的神奇而又美丽！

2021 年 11 月 7 日

于北京滴水斋